中国石油天然气集团公司统编培训教材

天然气与管道业务分册

油气管道工程环境监理技术

《油气管道工程环境监理技术》编委会　编

石 油 工 业 出 版 社

内 容 提 要

本教材系统地介绍了油气管道工程环境监理概论、环境影响评价技术、环境监理工作制度和工作程序、环境监理工作内容及方法、环境监理规划和实施细则、油气管道工程环境监理要点(包括环境敏感区、环境敏感点、环境敏感作业环境和生态因素监理要点)、环境监理资料、环境监理案例及环境相关法律法规和标准等内容。工程案例分析资料源自于西气东输二线管道工程、漠大输油管道工程、中缅国内段输油输气管道工程等。本教材基础资料翔实、内容丰富,工程案例典型。

本书主要适用于从事油气管道工程环境监理工作的技术与管理人员,也可供施工HSE管理人员参考使用。

图书在版编目(CIP)数据

油气管道工程环境监理技术/《油气管道工程环境监理技术》编委会编. —北京:石油工业出版社,2017.6

中国石油天然气集团公司统编培训教材

ISBN 978-7-5183-1909-1

Ⅰ. ①油… Ⅱ. ①油… Ⅲ. ①石油管道-环境监理-技术培训-教材 Ⅳ. ①TE973 ②X328

中国版本图书馆CIP数据核字(2017)第105851号

出版发行:石油工业出版社

(北京安定门外安华里2区1号 100011)

网 址:www.petropub.com

编辑部:(010)64251682 图书营销中心:(010)64523633

经 销:全国新华书店

印 刷:北京中石油彩色印刷有限责任公司

2017年6月第1版 2017年6月第1次印刷

710×1000毫米 开本:1/16 印张:18.25

字数:302千字

定价:64.00元

(如出现印装质量问题,我社图书营销中心负责调换)

《中国石油天然气集团公司统编培训教材》
编 审 委 员 会

《天然气与管道业务分册》
编审委员会

《油气管道工程环境监理技术》
编　委　会

主　　编： 王　峰

副 主 编： 代炳涛　叶可仲　王　凯　王兆伟

编写人员： 刘广春　刘海春　张树民　胡　颖
李海鹏　王　坤　张　瑞　韩强忠
李　勇　董连江　张东浩　王　斌
李志勇　朱生旗　张红兵　孙高杉
王帅玲　程志飞　孙文广　牛益民

审定人员： 刘　锴　宋江卫

序

企业发展靠人才,人才发展靠培训。当前,集团公司正处在加快转变增长方式,调整产业结构,全面建设综合性国际能源公司的关键时期。做好“发展”“转变”“和谐”三件大事,更深更广参与全球竞争,实现全面协调可持续,特别是海外油气作业产量“半壁江山”的目标,人才是根本。培训工作作为影响集团公司人才发展水平和实力的重要因素,肩负着艰巨而繁重的战略任务和历史使命,面临着前所未有的发展机遇。健全和完善员工培训教材体系,是加强培训基础建设,推进培训战略性和国际化转型升级的重要举措,是提升公司人力资源开发整体能力的一项重要基础工作。

集团公司始终高度重视培训教材开发等人力资源开发基础建设工作,明确提出要“由专家制定大纲、按大纲选编教材、按教材开展培训”的目标和要求。2009 年以来,由人事部牵头,各部门和专业分公司参与,在分析优化公司现有部分专业培训教材、职业资格培训教材和培训课件的基础上,经反复研究论证,形成了比较系统、科学的教材编审目录、方案和编写计划,全面启动了《中国石油天然气集团公司统编培训教材》(以下简称“统编培训教材”)的开发和编审工作。“统编培训教材”以国内外知名专家学者、集团公司两级专家、现场管理技术骨干等力量为主体,充分发挥地区公司、研究院所、培训机构的作用,瞄准世界前沿及集团公司技术发展的最新进展,突出现场应用和实际操作,精心组织编写,由集团公司“统编培训教材”编审委员会审定,集团公司统一出版和发行。

根据集团公司员工队伍专业构成及业务布局,“统编培训教材”按“综合管理类、专业技术类、操作技能类、国际业务类”四类组织编写。综合管理类侧重中高级综合管理岗位员工的培训,具有石油石化管理特色的教材,以自编方式为主,行业适用或社会通用教材,可从社会选购,作为指定培训教材;专业技术类侧重中高级专业技术岗位员工的培训,是教材编审的主体,按照《专业培训教材开发目录及编审规划》逐套编审,循序推进,计划编审 300 余门;操作技能类以国家制定的操作工种技能鉴定培训教材为基础,侧重主体专业(主要工种)骨干岗位的培训;国际业务类侧重海外项目中外员工的培训。

“统编培训教材”具有以下特点:

一是前瞻性。教材充分吸收各业务领域当前及今后一个时期世界前沿理论、先进技术和领先标准,以及集团公司技术发展的最新进展,并将其转化为员工培训的知识和技能要求,具有较强的前瞻性。

二是系统性。教材由“统编培训教材”编审委员会统一编制开发规划,统一确定专业目录,统一组织编写与审定,避免内容交叉重叠,具有较强的系统性、规范性和科学性。

三是实用性。教材内容侧重现场应用和实际操作,既有应用理论,又有实际案例和操作规程要求,具有较高的实用价值。

四是权威性。由集团公司总部组织各个领域的技术和管理权威,集中编写教材,体现了教材的权威性。

五是专业性。不仅教材的组织按照业务领域,根据专业目录进行开发,且教材的内容更加注重专业特色,强调各业务领域自身发展的特色技术、特色经验和做法,也是对公司各业务领域知识和经验的一次集中梳理,符合知识管理的要求和方向。

经过多方共同努力,集团公司“统编培训教材”已按计划陆续编审出版,与各企事业单位和广大员工见面了,将成为集团公司统一组织开发和编审的中高级管理、技术、技能骨干人员培训的基本教材。“统编培训教材”的出版发行,对于完善建立起与综合性国际能源公司形象和任务相适应的系列培训教材,推进集团公司培训的标准化、国际化建设,具有划时代意义。希望各企事业单位和广大石油员工用好、用活本套教材,为持续推进人才培训工程,激发员工创新活力和创造智慧,加快建设综合性国际能源公司发挥更大作用。

《中国石油天然气集团公司统编培训教材》
编审委员会

前言

油气长输管道工程建设对环境的影响开始于勘探和选线阶段，重点发生于施工建设期。由于自然保护区、生态功能保护区、湿地、珍稀动植物及其栖息地的破坏是不可逆转的，因此，需要环境监理对工程建设项目实施过程进行监督管理。为了不断提高集团公司油气管道工程环境监理水平，规范环境监理行为，使环境监理人员熟悉和掌握油气管道工程环境监理的相关知识，提高实际工作能力，逐步达到对油气管道项目环境监理管理的标准化，由中国石油天然气与管道分公司组织，廊坊中油朗威工程项目管理有限公司承担了《油气管道工程环境监理技术》一书的编写任务。

本书针对油气管道工程环境监理管理的实际需要，总结国内环境管理经验，借鉴国际工程环保管理理念，以现行国家法律法规、标准规范为基础，围绕油气管道建设项目环境影响评价、建设期环境风险、环境敏感区给出了监理管理标准和实践做法。同时结合西气东输二线、漠大输油管线、中缅管线等项目，借鉴其环境监理管理方法，使本书达到全面覆盖、重点突出、适用教学的目的。

本书共计 8 章 26 节，重点介绍了油气管道工程环境监理概述、环境影响评价技术、环境监理工作制度和工作程序、环境监理工作内容及方法、环境监理规划和实施细则、油气管道工程环境监理要点、环境监理资料、环境监理案例及环境相关法律法规和标准简介等内容。

本书注重实用性，侧重于环境监理工作的实施技术，在第六章重点介绍了油气管道工程环境监理要点，针对环境敏感区（环境保护区、水源地、自然保护区等）、环境敏感点（大开挖、定向钻、隧道工程等）、环境敏感作业（表层土开挖、弃土弃渣等）、生态要素（大气、水、声环境等）阐述了油气管道工程环境监理要点。

本书第一章与附录一由刘广春、刘海春、张树民编写，第二章由胡颖、李海鹏、王坤编写，第三章由张瑞、韩强忠、李勇编写，第四章、附录二与附录三由董连江、张东浩、王斌编写，第五章与附录四由李志勇、朱生旗编写，第六章由张红兵、孙高杉编写，第七章由王帅玲、程志飞编写，第八章由牛益民、孙文广编写。

感谢编写过程中有关领导的关心与支持，感谢相关专家对本书内容的审阅并提出的宝贵意见。

由于编者水平所限，书中内容难免有不当之处，敬请读者和同行批评指正。

《油气管道工程环境监理技术》编委会

2017 年 4 月

说明

本教材主要是针对从事油气长输管道工程环境监理人员编写的。教材的内容主要来源于国家环境相关法律法规、环境监理相关标准规范、环境监理管理规定和实际监理工作经验总结，尤其是对油气管道施工环境敏感区、环境敏感点及环境敏感作业的环境监理要点进行了梳理和重点阐述，并介绍了环境敏感区的施工工法，实践性和专业性较强，涉及内容广泛。本书适合油气管道工程环境监理相关人员及施工 HSE 管理人员学习使用。

为便于读者正确使用本教材，在此对培训对象进行了划分，并规定了环境监理人员和施工 HSE 管理人员应该掌握或了解的主要内容。

培训对象应该掌握或了解的主要内容在本书中章节分布说明如下，仅供参考：

(1)环境监理人员，要求掌握第三章、第四章、第五章、第六章、第七章以及附录四的内容，要求了解第一章、第二章、第八章以及附录一的内容。

(2) 施工 HSE 管理人员，要求掌握第六章内容，熟悉第七章内容，了解第一章、第二章、第三章、第四章、第五章的内容。

各单位在培训中要密切联系生产实际，在课堂培训为主的基础上，还应增加施工现场的实习实践环节。建议根据教材内容进一步收集和整理环境监理过程照片或视频，以进行辅助培训，从而增强培训效果。

目录

第一章　环境监理概述

第一节　环境监理简介

一、环境监理的定义

建设项目环境监理是指建设项目环境监理单位受建设单位委托，依据有关环境保护法律法规、建设项目环境影响评价文件及其批复文件、环境监理合同等，对建设项目实施专业化的环境保护咨询和技术服务，协助和指导建设单位全面落实建设项目各项环保措施。

建设项目环境监理有两层含义：一方面是对建设项目落实环境影响评价文件及其批复文件的现场监督检查，另一方面是对建设项目执行“三同时”制度（同时设计、同时施工、同时投产使用）的现场监督检查。

二、环境监理的功能

（1）建设项目环境监理单位受建设单位委托，承担全面核实设计文件与环境影响评价报告及其批复文件的相符性任务。

（2）依据环境影响评价文件及其批复文件，督查项目施工过程中各项环保措施的落实情况。

（3）组织建设期环保宣传和培训。以驻场、旁站或巡查方式实行监理。

（4）发挥业务优势，搭建环保信息交流平台，建立环保沟通、协调、会议协商机制。

（5）协助建设单位配合好环保部门监督检查、试生产审查和环保验收工作。

三、环境监理的依据

工程环境监理的主要依据是:与建设项目环境保护相关的法律、法规、技术规范和标准、工程及环境质量标准、环境影响评价报告书(表)及其批复文件、项目初步设计文件和项目工程施工设计文件、工程环境监理合同、工程监理合同和建设工程承包合同等。工程环境监理合同、工程环境监理过程各种文件以及工程环境监理总结报告是工程项目试生产环保验收的重要依据。

1. 建设项目环境影响评价报告及其批复文件

建设项目的环境影响评价报告及其环境行政主管部门的批复文件,是建设项目环境监理最重要的依据之一,其中,针对建设项目提出的环境敏感点、污染防治设施和保护措施、生态保护修复措施等,是项目环境监理工作关注的重点,也是必须达到的底线。

2. 建设项目工程设计文件及其审查意见

建设项目的设计阶段往往已经考虑了一些重大的环境保护问题,并在设计文件中有所反映,如污染防治设施与措施、生态保护、水土保持措施等,可以作为环境监理工作的依据。

3. 建设项目施工方的施工组织设计

项目各施工方的施工组织设计中考虑了施工过程可能发生的扬尘污染、施工污水排放、取(弃)土场生态环境破坏、施工噪声扰民等环境问题的预防和减缓措施,可以作为环境监理工作的依据。

4. 工程环境监理合同、建设项目施工合同及有关补充协议

建设单位委托开展环境监理的合同以及有关的补充协议都明确规定了环境监理单位的权利、责任和义务,是环境监理单位开展工作的直接依据。作为建设项目环保措施具体执行者的施工单位,环保责任和义务在建设项目施工合同中有明确的表述,也是环境监理单位开展工作的重要依据。

5. 建设项目施工过程的会议纪要、文件

在建设项目施工过程中根据实际情况形成的有关环保问题的会议纪要、文件,可以作为建设项目环境监理的依据。

四、环境监理服务

工程环境监理单位的业务范围，按国际惯例可以像建设监理一样在工程建设不同阶段提供种类繁多的智力服务，但目前仅在施工阶段提供智力服务。工程环境监理单位只是建设项目监督管理服务的主体，不是工程建设项目管理的主体。

1. 环境监理服务的范围

(1)建设项目施工的环境影响区域。

(2)建设项目潜在环境影响区域。

(3)环境敏感点(各类保护区、居住区、学校、医院、受保护的野生动植物等)。

2. 环境监理服务区域

(1)施工区域，一般为施工现场。

(2)施工辅助区域，一般为办公场地、生活营地、施工道路、临时工程、附属设施及取(弃)土场、预制场、料场等。

(3)环境影响区域，如河流下游、饮用水水源地、自然保护区等。

(4)专项环保设施建设区等。

3. 环境监理范围的确定方式

根据建设项目的建设内容(包括"以新带老、总量削减"工程)和项目拟建地的环境敏感点，结合施工期的环境影响，环境监理范围一般按下列情况确定：

(1)片状工程。

① 建设施工场地(包括项目建设场地、施工营地、材料场、加工场、组装场等)：边界外100~300m范围内。

② 取(石、砂、土)场、弃(土、渣)场、灰场、矸石场、尾矿库等：边界外100~500m范围内。

(2)线状工程。

道路、桥涵、管线等：线路边界两侧各50~200m范围内。

4. 开展环境监理的建设项目类型

环境保护部《关于进一步推进建设项目环境监理试点工作的通知》(环

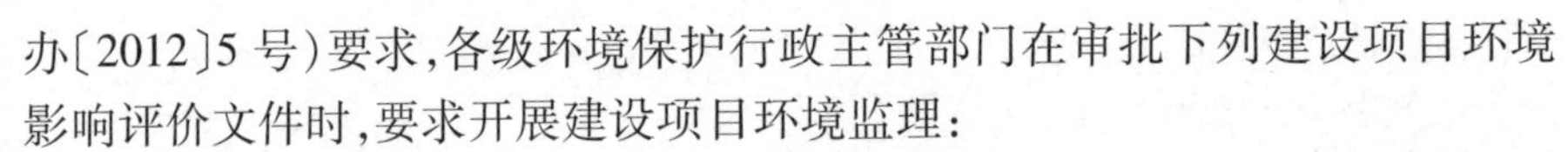

办〔2012〕5号)要求,各级环境保护行政主管部门在审批下列建设项目环境影响评价文件时,要求开展建设项目环境监理:

(1)涉及饮用水水源、自然保护区、风景名胜区等环境敏感区的建设项目。

(2)环境风险高或污染较重的建设项目。

(3)施工期环境影响较大的建设项目。

(4)环境保护行政主管部门认为需开展环境监理的其他建设项目。

五、环境监理的性质

工程环境监理作为一种第三方咨询服务活动,具有服务性、独立性、公正性和科学性等特性。

1. 服务性

在工程项目建设过程中,工程环境监理人员是利用自己的环保知识、技能和经验、信息以及必要的检测手段,为项目业主对项目建设管理提供服务。工程环境监理单位不能完全取代项目业主对项目建设的管理活动。它不具有工程建设项目重大问题的决策权,它只能在委托工程环境监理合同授权内代表项目业主进行管理。

2. 独立性

独立性是指按照工程监理国际惯例和我国有关法规,工程环境监理单位是直接参与工程建设项目的“三方当事人”之一,它与项目业主、工程承包商之间的关系是平等的、横向的,工程环境监理单位是除项目业主(甲方)、工程承包商(乙方)之外独立的第三方。

工程环境监理单位及其环境监理工程师在履行工程环境监理义务和开展工程环境监理活动中,必须建立自己的组织,按照自己的工作计划、程序、流程、方法、手段,根据自己的判断独立地开展工作。

3. 公正性

公正性是社会公认的职业道德准则,是工程环境监理行业存在和发展的基础。在开展工程环境监理过程中,工程环境监理单位应当排除各种干扰,客观、公正地对待环境监理的委托单位和工程项目承建单位。

工程环境监理单位应以事实为根据,以法律和有关合同为准绳,在维护建设单位的合法权益时,不损害承建单位的合法权益,不以牺牲环境为代价。

4. 科学性

环境监理应当遵循科学性准则。环境监理的科学性体现为其工作的内涵是为工程环境管理与工程环境保护提供技术知识的服务。环境监理的任务决定了它应当采用科学的思想、理论、方法和手段;环境监理的社会性、专业化特点要求环境监理单位按照高智能原则组建;环境监理的服务性质决定了它应当提供科技含量高的管理服务;工程环境监理维护社会公众利益和国家利益的使命决定了它必须提供科学性服务。

六、开展环境监理工作的意义

近年来,随着我国国民经济的快速发展,建设项目的数量明显上升,环境监理任务十分繁重。建设项目在建设过程中环保措施和设施"三同时"落实不到位、未经批准建设内容擅自发生重大变动等违法违规现象仍比较突出,由此引发的环境污染和生态破坏事件时有发生,有些环境影响不可逆转,有些环保措施难以补救。各级环境保护主管部门现有监管力量难以对所有建设项目进行全面的"三同时"监督检查和日常检查,使得项目建设过程中产生的环境问题存在投产后集中体现的隐患,为环保验收管理带来很大压力。推行建设项目环境监理,有利于实现建设项目环境管理由事后管理向全过程管理的转变,由单一环保行政监管向行政监管与建设单位内部监管相结合的转变,对于促进建设项目全面、同步落实环境影响评价提出的各项环保措施具有重要意义。

(1)环境监理是提高环境影响评价有效性、落实"三同时"制度、实现建设项目全生命周期环境监管的重要手段。

为了加强建设项目的环境保护管理,严格控制新的污染,加快治理原有的污染,保护和改善环境,国家先后颁布了《中华人民共和国环境保护法》《中华人民共和国环境影响评价法》《建设项目环境保护管理办法》《建设项目环境保护管理条例》和《建设项目竣工环境保护验收管理办法》等法律法规。确立了以环境影响评价和"三同时"制度为核心的建设项目环境管理的法律地位和管理体系,明确了建设项目管理程序和要求,从而使我国建设项目环境保护管理步入法制化管理轨道。

在落实环保"三同时"制度过程中,"同时设计"可依靠环境影响评价和相关设计规范加以保障和制约,"同时投产使用"也有竣工验收的相关法规

和规范加以保障落实，唯独“同时施工”缺乏相应的监督管理手段。如何加强项目建设期的环境管理，成为提高建设项目环境管理水平的关键问题。如果在项目实施阶段不切实地落实各项环保措施，不对施工活动加以规范，在建设项目竣工时，工程建设可能已对环境造成不可逆的破坏，公众环境利益得不到保护也可能会加深社会公众对工程建设的误解，甚至引发抵制行为。因此，重结果、轻过程的“沙漏型”环境管理制度不利于生态环境的保护和社会环境的和谐。

环境监理是一条将事后管理转变为全过程跟踪管理、将政府强制性管理转变为政府监督管理和建设单位自律的有效途径，对于减免施工对环境的不利影响、保证工程建设与环境保护相协调、预防和通过早期干预避免环境污染事故等方面都起着重要的作用。

(2)环境监理是强化建设单位环境保护自律行为的有效措施。

多数建设项目的环境保护具有点多面广，专业性、技术性和政策性强等特点，建设单位需要借助、利用社会监理机构的人力资源、技术和经验、信息及测试手段，委托监理单位作为“第三方”开展环境监理与环境管理。环境监理单位按照“公正、独立、自主”的原则为建设单位提供技术和管理服务，也是工程环境管理最经济有效的手段。

(3)环境监理是实现工程环境保护目标的重要保证。

工程建设期，将结合工程地质条件、场地条件，对工程施工布置、施工时序、部分辅助设施规模等进行优化调整，决定了施工期环境保护要求也应是动态变化并及时优化调整的，以符合实际需要。而基于前期设计成果形成的环境影响评价文件，其环境保护措施设计的深度难以较好地适应工程建设优化调整的需要，诸多环保问题需要环境监理进行专业性的现场协调和解决，以保证工程环境保护符合相关要求。

受主观、客观因素影响，工程参建单位环境保护意识及主动性可能存在不足或偏差，需要通过环境监理强化环保监督、宣传及环境管理。

对工程有关环境保护的大量过程记录和信息，需要系统化和规范化管理，以利于环境保护竣工验收的开展。

七、环境监理发展趋势

1. 环境监理发展历程

国外对公路等建设项目的环境管理问题关注较早，欧美一些国家早在

20世纪80年代就已着手建立多种类型建设项目的环境监理制度。

我国的建设项目环境监理自20世纪90年代起步，是随着我国环境保护事业的发展及征收排污费工作的深入而逐步展开的。在20多年的环境保护工作实践中，我国环境监理队伍从无到有，逐步发展壮大，环境监理工作的内涵也从最初的征收排污费扩大到环境保护日常现场监督执法的各个领域。其发展历程经历了从无到有、逐步发展的过程，主要包括起步（1995—2004年）、探索（2004—2010年）和试点（2010年之后）三个阶段。

1）起步阶段

（1）基本情况。

20世纪90年代，随着我国资源开发、基础设施建设项目投资力度加大，这些建设项目在施工阶段造成的环境污染和生态破坏问题表现更加突出，引起各级环境保护部门的重视以及社会各界的广泛关注。如何强化基本建设项目环境管理，探索一条既符合"三同时"制度要求，又符合市场经济运行法则的管理模式和工作制度，成为环境保护工作的一个重要课题。

（2）主要成果。

一是提高了社会对建设项目环境监理工作的认识。环境影响评价制度和"三同时"制度是我国建设项目环境保护管理中的两项重要制度。开展施工期建设项目环境监理工作，可以加强建设项目全过程中的环境管理，尤其是对施工阶段环境管理这一薄弱环节的补充与完善，是全国落实环境影响评价制度和"三同时"制度的有效监控手段。

二是探索并初步形成了环境监理的工作程序。建设单位通过招标方式确定工程环境监理单位，签订委托合同。承担环境监理试点工作的各环境监理单位在实践工作中大胆探索和实践，形成了各具特色的环境监理工作程序。

2）探索阶段

（1）基本情况。

在13个国家重点工程首次实施工程环境监理试点工作的基础上，部分省份和行业部门结合地区与行业状况对工程环境监理进行了积极探索。

（2）主要成果。

探索阶段的突出特点是建设项目环境监理的定位逐渐清晰，环境监理管理体系得以逐渐建立。在这个阶段开展环境监理工作的省份和行业部门非常重视环境监理队伍建设，部分省份和行业部门提出了资质管理要求。

3）试点阶段

（1）基本情况。

国家环境保护部于2010年6月18日发布《关于同意将辽宁省列为建设项目施工期环境监理工作试点省的复函》（环办函〔2010〕630号）。

随后在2011年7月11日国家环境保护部发出《关于同意将江苏省列为建设项目环境监理工作试点省份的函》（环办函〔2011〕821号）。这标志着我国建设项目环境监理工作进入试点推广阶段。

2012年1月，国家环境保护部下发了《关于进一步推进建设项目环境监理试点工作的通知》（环发〔2012〕5号），标志着我国建设项目环境监理工作进入迅速发展的新阶段。

（2）主要成果。

试点阶段各省相继发布了一些更为详尽的有关建设项目环境监理的法规、管理办法和技术规范等，更加明确地提出了资质管理要求及独立于工程监理的环境监理管理制度要求。

2. 环境监理下阶段发展重点

1）加快建设项目环境监理的制度建设

（1）进一步扩大试点省范围，抓紧总结经验教训，尽快形成全国性的建设项目环境监理管理办法，确定建设项目环境监理的法律地位；进一步明确环境监理工作范围、工作程序、工作内容、工作方法和要求。

（2）确定建设项目环境监理单位准入条件，加强对环境监理单位的监督与考核。

（3）建立环境监理人员的培训和资格管理制度，从业人员应持有相关业务上岗证书或培训合格证书，并定期参加环境监理业务培训。

2）建立建设项目环境监理技术质量保障体系

（1）逐步建立建设项目环境监理技术规范体系，颁布环境监理技术规范、技术细则、标准、指标考核与验收、收费指导标准等。统一建设项目环境监理技术工作程序、内容、方法和要求，推动建设项目环境监理工作的科学化、规范化发展。

（2）技术咨询和审查是提高建设项目环境监理工作质量和为“三同时”验收管理提供技术支持的重要手段与环节，应积极探索并开展环境监理方案和技术报告审查咨询制度。

(3)建设项目环境监理报告应全面、客观、公正地反映建设项目环保“三同时”的落实情况及施工期环境监测结果;建设项目环境监理单位和项目负责人应对环境监理结论负责。

3)强化建设项目环境监理工作的监督实施

环境影响评价报告批复文件明确要求开展环境监理的建设项目,工程概预算应包括环境监理费用,建设单位应将环境监理作为该项目的一项重要环保要求予以落实,并将环境监理费用纳入工程概预算;建设单位应定期向负责“三同时”监督管理的环境保护行政主管部门报送建设项目环境监理报告;环境保护行政主管部门应将建设项目环境监理报告作为进行试生产检查和竣工环保验收的重要依据之一。

4)探索符合环境监理发展实际的人才培养机制

提高环境监理队伍业务素质是一项长期而艰巨的任务,必须探索符合环境监理发展实际的人才培养机制。当务之急是多渠道并举,全面提高环境监理从业人员的业务素质,以缓解并彻底解决监理人才的年龄和知识结构问题。

第二节 环境监理的关系定位和组织协调

组织协调是环境监理工作的一项重要工作内容,目的是对环境监理工作过程中产生的各种关系进行疏导,对生产的干扰和障碍予以排除,以便理顺各种关系,使环境监理的全过程处于顺畅的运行状态,确保环境监理总目标的实现。建设单位、施工单位、设计单位、工程监理单位构成了项目建设工程管理的一个整体,环境监理作为一个专业咨询、技术服务单位要融入其中,必须明确自身的关系定位,才能做好与各方的组织协调工作。

环境监理组织协调的内容主要包括环境监理机构内部组织协调、与参建各方间的组织协调、与环保主管部门及其他外界单位的组织协调等。

一、环境监理的关系定位

1. 环境监理与建设单位的关系

环境监理与建设单位之间是委托与被委托的关系。环境监理作为第三方咨询单位，接受建设单位委托，应为建设单位提供咨询服务，帮助建设单位理解落实环境影响评价文件及其批复文件的具体要求，切实帮助建设单位解决实际问题。

(1)由于建设单位的专业所限，环境监理应首先熟悉掌握项目环境影响评价报告及其批复文件的内容，帮助建设单位理解环保主管部门对于项目的具体环保要求，特别是某些环保"硬性"政策要求，并向建设单位提出实际可操作的实施方案。在日常工作中，应加强对建设单位的环保宣传工作，提高建设单位对环保工作的认识。

(2)环境监理可以发挥自身的专业优势为建设单位提供咨询服务，如参与项目环境保护工程设计招评标，从工艺路线、工程造价、设备选型等方面提出建议，为建设单位提供咨询意见供其决策；同时可以在环境管理体系、环境事故应急体系建立以及清洁生产、资源综合利用等方面为建设单位提供咨询服务，在协助建设单位落实环境保护措施的同时，也为建设单位带来经济效益。

(3)对于建设项目出现擅自调整、批建不符、环保"三同时"落实不到位等问题时，环境监理应及时以环境监理联系单的形式告知建设单位，督促建设单位整改落实。

2. 环境监理与施工单位的关系

环境监理与施工单位之间是监理与被监理的工作关系。环境监理人员主要针对施工单位施工行为、临时营地的污染防治和生态保护措施开展环境监理工作，主要侧重点在于环境保护方面，对于工程的质量、进度和投资的控制并不是环境监理的关注点，但考虑到施工单位管理能够得到有效贯彻，采取环境保护押金等形式是必要的。

在环境监理处理与施工单位的关系时，应注意以下原则：

(1)环境监理必须坚持保护环境的原则，时刻牢记自身作为建设单位在工程建设环境保护方面的代表，应公平、公正、客观，秉持良好的职业操守，按环境影响评价报告及其批复、环境标准和技术规范要求，以科学态度开展工作。

(2)以施工合同中有关环境保护条款为准则，公正划分建设单位与承包商之间的环境责任，督促双方切实履行自身的环境保护合同义务，维护双方的正当权益。

(3)对待施工单位存在的环保问题，在坚持环境保护原则的前提下，应采取多重方式进行协调，不仅是采取罚款、书面通知等强硬手段、方法，更多的是语言艺术、感情交流和用权适度问题,可采用妥善的表达方式令各方面都满意。

(4)环境监理单位发现施工引起的环境污染问题时,应立即通知施工单位的现场负责人员纠正,对一般性或操作性问题,采取口头通知形式:口头通知无效或有重大环境问题、污染隐患时,环境监理工程师应及时与施工方项目经理进行沟通,充分说明情况,并向施工方发出《环境监理整改通知单》,要求施工单位整改,通知单同时抄送建设单位。在整改完成后,施工单位应向环境监理单位递交整改检查申请,由环境监理协同建设单位、工程监理单位检查整改结果并决定是否通过。

(5)对施工单位违反合同中约定的环境保护条款行为的处理,应慎重对待。如施工单位对合同条款存在争议,环境监理工程师应首先采用协商解决的方式,协商不成时再将争议提交建设单位或合同管理机关进行仲裁调解。

3. 环境监理与设计单位的关系

环境监理与设计单位之间是协作、配合的工作关系。环境监理单位在开展环境监理时,在设计阶段、施工阶段和试运行阶段均可能发现设计中存在的问题,因此,环境监理单位必须协调与设计单位的工作,以确保环境影响评价报告及其批复文件的要求在项目建设中得到充分落实。

(1)设计阶段环境监理通过对比环境影响评价报告及其批复文件,如发现设计中配套环保设施存在遗漏或落实不到位的,应及时以书面形式通过建设单位向设计单位提出;参与修改设计文件的工作讨论,关注环境问题,提出相应要求。

(2)在项目试运行阶段,环境监理单位通过对环保配套设施运行情况的调查,发现环保配套设施设计中存在不合理之处时,通过建设单位向设计单位提出,由设计单位完善修改。

(3)注意信息传递的及时性和程序性。环境监理工作联系单、设计单位意见回复或设计变更通知单的传递,要按环境监理单位—建设单位—设计单位的程序进行。

4. 环境监理与工程监理的关系

环境监理与工程监理之间是相互配合、互为补充的工作关系。工程监理的工作重点在于工程的质量、进度和投资的控制;环境监理的工作重点在于工程的环境保护方面,两者存在明显差异,两者的工作范围、目的和内容具有明显区别,工作体系和制度各具特点。作为同时受建设单位委托的第三方咨询单位，工程监理和环境监理具有共同的工作对象：建设单位、承包商，与设计单位有紧密的工作关系；控制环境影响、落实环保措施，是工程监理与环境监理共同的工作目标。环境监理可以借鉴工程监理较为成熟的监理方法体系，工程监理应借助环境监理的力量，在监理管理中融入环境保护理念，共同协助建设单位实现工程开发在经济、社会和环境方面的综合效益。

(1)环境污染防治工程、生态保护措施和建设项目配套环保设施，要长期稳定发挥环保效用，其工程质量是基础，因此，环境监理对上述内容开展工作时，应依靠工程监理对工程质量进行把关，工程监理的质量验收资料可作为环境监理工作成果的补充。环保工程和环保设施的工艺流程、运行管理等专业性环保事项，需由环境监理进行技术把关和咨询。

(2)在施工引起环境污染问题时，经施工单位整改后，为确保问题得到妥善解决，彻底消除隐患，由环境监理协同建设单位、工程监理单位联合检查整改结果并给出检查意见。

(3)鉴于工程监理和环境监理均具有专业局限性，环境监理环保指令的下达需要事先与工程监理进行充分沟通，努力达成共识，避免环境监理的要求与工程监理的要求出现冲突，造成施工单位执行的混乱。

环境监理管理界面见图1－1。

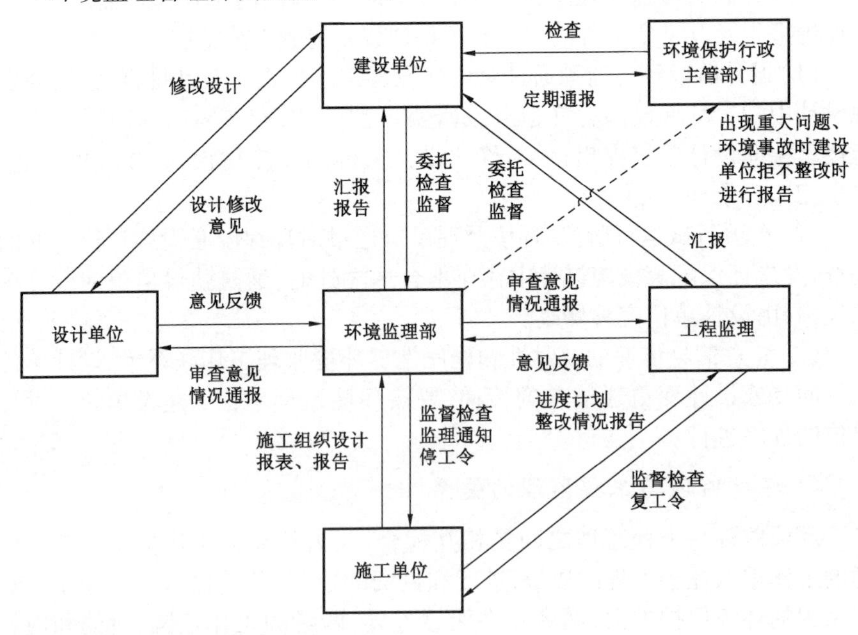

图1－1　环境监理管理界面

二、环境监理的组织协调

为了顺利开展环境监理工作，环境监理单位应协调好工程参建各方的关系，其中主要包括环境监理机构内部、施工单位与施工单位、建设单位与施工单位、施工单位与设计单位间的关系等。

1. 环境监理组织协调的基本原则

(1)严格守法。

(2)公平、公正。

(3)充分调查、科学分析。

(4)选择合理的协调方式(文件、会议、现场协商等)。

(5)理清主要矛盾，有针对性地组织协调。

2. 环境监理机构内部的组织协调

环境监理单位根据建设项目的规模、复杂程度及行业特点选择合适的专业技术人员组建环境监理机构，环境监理机构一般由总监理工程师、监理工程师、旁站监理员、文员及辅助工作人员组成。

环境监理机构内部的组织协调主要包括对工作关系的协调、内部组织关系的协调以及内部需求关系的协调。

项目监理机构内部组织关系的协调可从以下几个方面进行：

(1)在职能划分的基础上设置组织机构。根据工程内容及委托监理合同所规定的工作内容确定职能划分，并相应设置配套的组织机构。

(2)明确规定各工作岗位的目标、职责和权限，最好以规章制度的形式做出明文规定。

(3)事先约定各工作岗位在工作中的相互关系。

(4)建立信息沟通制度。

(5)及时消除工作中的矛盾和冲突。

(6)根据项目建设阶段或当时重点关注对象的变化，动态地优化调整人员分工或人员配置。

项目监理机构内部需求关系的协调需重视：

(1)对监理设备、工作量的平衡协调。

(2)对监理人员投入的平衡协调。

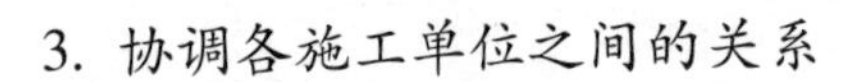

3. 协调各施工单位之间的关系

不同施工单位在平行作业、交叉作业、工作面交接中可能涉及环保措施责任划分和污染物排放交叉等问题，对此环境监理应按照以下原则进行协调：

(1)工作面邻近的不同施工单位，按“谁污染谁治理”的原则处理，即使排污口已在其他施工单位工作面。

(2)工作面交接时，应将污染治理设施的运行维护一并交接。

(3)如环境污染事故或生态破坏出现在工作面交接处或交叉区，环境监理应对现场进行充分调查，通过协调沟通，客观、公正地划分承包商的责任，并督促其按承担的责任实施污染治理和生态恢复工作。

4. 协调施工单位与建设单位的关系

我国环境保护政策水平和技术体系发展较快，同时项目建设环境处于动态变化中，因此在项目建设中因外部环境变化、新法律法规出台等其他原因，可能会造成承包商合同约定的环保工作内容需要变更，进而引发相关的合同纠纷。由于环保竣工验收的责任主体是建设单位，因此环境监理在处理相关纠纷时，应本着“考虑建设单位，兼顾施工单位”的原则进行协商。

首先，环境监理应向施工单位充分说明环保更新要求的严肃性及与环保竣工验收的相关性，使施工单位从心理上接受变更的必要性；其次，应根据实际变更情况向建设单位提出建议，对需调整的内容补充合理建设费用，采取变更、补充合同以及另行委托等方式落实工作内容，补充相关建设费用。

5. 协调施工单位与设计单位的关系

(1)环境监理应参加设计单位向施工单位的设计交底，就设计中的环保设施或措施内容协助设计单位介绍和说明。

(2)由于环境监理工作指令而发生的设计变更，环境监理应就该设计变更向施工单位说明和指导实施，以保证设计变更切实得到落实。

(3)环保设施或措施在施工过程或运行维护中出现设计问题时，应充分听取施工单位的书面意见和建议，并协调设计单位和施工单位处理解决。

第三节 环境监理单位和环境监理人员

一、环境监理单位

1. 环境监理管理模式

环境监理单位是承担环境监理工作的主体，主要的环境监理模式有包容式环境监理、独立式环境监理及结合式环境监理。

1）包容式环境监理

包容式监理是指各工程监理单位完全负责各自标段内的环境监理工作。这种模式一般需在项目监理部设置一个环境保护职能部门，负责工程项目环境监理的规划和组织落实，环境监理工作由各专业监理工程师共同承担，全体监理人员参加环境监理工作。有些项目会结合施工期环境监测，使环境监理更加科学、更有针对性。

该模式的优点是充分依靠工程监理体制，环境保护工作与质量、进度、费用直接挂钩，因而具有较强的执行力。突出的弊端是：监理人员环保专业知识不足、对环境影响评价报告及其批复文件要求理解不到位、对环境政策法规把握不准确、监理措施针对性不强等因素，导致环保措施实施状况及效果不能很好地满足环境影响评价报告及其批复文件的要求。

2）独立式环境监理

独立式环境监理：环境监理机构独立于工程监理，与建设单位直接签订环境监理工作合同，与工程监理呈并列关系，环境监理由具有环境保护相关资质（环境影响评价证书持有单位、环科院、大专院校等）承担，由具有生态、环境工程、大气、水污染等相关专业人员承担环境监理工作。

独立式环境监理模式的优点是环境监理人员政策法规与知识水平较高，环保知识专业化，与环境保护主管部门协调能力强，对工程环境问题和环境保护要求把握准确；缺点是环境监理人员对主体工程内容、工艺等专业知识理解不足，对某些容易破坏环境或造成环境污染的施工过程监理力度不够，特别是多采用巡视的方法开展工作，难以从始至终进行环境监理，不能及时发现环境问题，难以达到监理工作五大控制目标“质量、进度、费用、

安全和环保”的有机统一;同时,与工程监理的协调性较差,环境监理往往脱离项目经理部的领导,自行其是、独尽其职,反而对施工单位及时约束、指导的影响力、执行力打了折扣。

3)结合式环境监理

结合式环境监理:项目工程监理统一设置,监理单位内设环境监理部门,由环境监测、环境工程等专业人员担任环境监理工作,在总监理工程师的领导下,对承包人的主体工程和污染防治及生态保护工程的质量、进度、费用情况进行监督管理。

采用结合式环境监理模式时,取得执业资格的环境监理人员纳入工程监理公司统一体制中,常驻工地。同时,为增强环境监理同工程监理的协作,环保职能部门和项目监理部其他职能部门之间实现资源共享,在增强环境监理工作力度的同时,也较好地发挥了环境监理的专业性。其不足之处是环境监理工程师的工作可能受制于工程监理,独立性难以得到保证。

2. 环境监理机构的责、权、利

责、权、利相统一原则是经济法的一项核心原则。所谓责、权、利相统一,是指在经济法调整的每一具体社会经济关系中,各经济法主体的义务(职责)、权利(权力)、权益的内在相关,实现责字当先、以责安权、以责定利、责到利生。以下所述内容以环境监理合同为准。

1)环境监理机构的责任

建设项目环境监理应当承担建设单位委托环境监理合同所明确的环境监理责任。由于环境监理单位是通过环境监理合同接受业主委托的,因此,环境监理应当承担环境监理合同所明确的环境监理责任。

2)环境监理机构的权利

环境监理除享有监理权外,可享有知情权、参议权、支付权。

根据合同,工程环境监理单位享有监理权。环境监理机构为保证有效地行使监理权,享有知情权、参议权、支付权,有利于进一步强化环境监理的权力。

(1)知情权。

环境监理有权了解建设工程及其有关施工情况。环境监理是依附于工程主体的基本建设过程进行的环境保护工作,因此,了解工程及其有关施工情况,熟悉工程监理的工作流程、工作计划及工程合同十分必要。在实际工作中，为便于环境（含水土保持工程）监理工作安排，并能及时了解施工措施和方法及使用材料（固体或液体）是否会造成环境污染和生态破坏，经工程监理及建设单位批准的各施工单位与环境保护工程相关的施工计划和施工方案及措施，也应发送环境监理单位，以便及时配合开展环境监理工作。环境监理享有知情权，环境监理工作才可能与各方密切工作配合。

（2）参议权。

在熟悉建设单位或工程监理的工作流程、工作计划及施工合同，理顺各方关系的基础上，工程环境监理有权参加施工期涉及环境保护措施落实、变更等决策商议，并就合同允许范围内参与决策。参议形式可以多种多样，如工程监理会议或施工现场的班组会议相结合、召开专题环境监理会议，或者是参加建设单位、工程监理组织的与环保有关的单位工程和分部工程及单位工程的验收和质量评定等。参议权是保证监理权实施的一项重要的辅助权力。

（3）支付权。

环境监理机构有权按合同向环保设施或措施施工单位支付执行环境监理合同的费用。支付权是监理工程师控制施工活动的重要手段。合理赋予环境监理工程师支付权，更是环境监理工程师控制施工活动产生的生态环境问题、实施环境监督管理的有效措施。按照国家有关法律、法规规定，建设过程中发生的水土流失防治费、生态恢复治理费，可以从基本建设投资中列出；生产过程中发生的水土流失防治费、生态恢复治理费，从生产费中列支；施工期环境保护投资应当从基本建设投资中列支。

3）环境监理机构的利益

环境监理应当得到两方面的利益，包括监理费用和工作环境。

（1）监理费用。

环境监理是一种高质量的技术服务，而且一个大型工程的环境监理工作量巨大，监理对象多、区域广、时间长，对从业人员综合能力要求较高，投入的人力、物力通常很大，当监理价格过低时，监理单位很难出高素质的监理人员，或者无法保证监理人员数量，这样不仅无法提供优质服务，甚至有可能不能保证工作质量。环境监理费用应在参照现有的工程监理取费定额标准的基础上，按照工程环境监理的工作量和工作难度核定。

（2）工作环境。

必要的工作条件是开展工程环境监理的物质保障，是指工作环境的“硬件”部分。为了更好地开展环境监理工作,建设单位应为环境监理提供必要的工作条件,创建一定的工作环境。搞好环境保护有关知识的宣传教育,是工作环境的“软件”部分。加大宣传力度,提高工程监理与施工单位有关人员的环境保护意识,可以减少工程环境监理工作成本,获取间接利益。

二、环境监理人员

1. 环境监理人员素质要求

(1)熟悉工程建设项目环境污染和生态破坏的特点,掌握必要的环境保护专业知识,能对建设项目施工活动的环境影响、环保措施实施效果、环境监测成果等进行准确的分析和判断,从而保证全面实现工程环境预防保护目标、污染治理目标和恢复建设目标。

(2)必须具备一定的行业专业技术知识,熟悉工作对象;熟悉工程建设项目的技术要求、施工程序及特点和可能产生的生态环境问题。

(3)具备一定的管理工作经验和相应的工作能力(如表达能力、组织能力等),应当熟悉行业标准和环境保护法律法规,能够运用合同解决问题,能够很好地处理多方关系,有效地处理污染事故并有针对性地进行必需的社会调查研究等。

2. 环境监理人员的职责和守则

1)总环境监理工程师的职责

(1)全面负责并保证按合同要求规范地开展环境保护监理工作。

(2)审定环境保护监理部内部各项工作管理规定。

(3)组织编制工程环境监理规划和实施细则。

(4)组建项目环境监理部,调配监理人员,指导环境监理业务,并负责考核监理人员工作情况。

(5)审查、签署并汇编环境保护监理月报、季报、年报、期中环境保护质量评价表、环境监理情况通报及环境监理总结报告等。

(6)定期巡视工程现场,指导监理人员工作等。

(7)根据环境保护实施情况,向有关单位提出建议和意见。

(8)参与环境污染事故的调查与处理。

(9)定期召开环境监理工作会议,总结经验,改进工作。

(10)完成本单位及建设单位委派、必须完成的其他相关工作。

(11)对环境监理工程师提出的环境保护工程停工要求做进一步的现场调研,对确实存在重大环保隐患的质量问题,在征得工程监理单位同意后,下达停工令。

(12)对环境监理工程师转报的环保工程复工要求,须在接到复工要求48小时内做出回复,对可以重新开工的环保工程签署意见转报工程监理单位。

(13)对涉及环保工程的变更设计应进行审查,并向有关单位提出意见。

(14)监督检查环境监理工程师对各项环保工程的选址确认工作。

2)环境监理工程师的职责

(1)在环境总监理工程师的领导下,执行具体环境监理任务。

(2)深入施工现场履行监督检查职责,负责编写其分管的监理日志、监理工作月报、季报、年报和期中环境保护质量评价表。

(3)向环境总监理工程师汇报监理工作情况,并负责编写环境监理情况通报。

(4)根据施工单位提交的施工进度月计划审核表、月工作进度及执行情况报告表,合理地安排环境监理计划。

(5)深入现场调研,听取多方意见,对存在重大隐患的环保工程经科学合理的分析后,向环境总监理工程师申请下发停工令。对施工单位提出的复工要求须在24小时内连同对复工的意见一并上报环境总监理工程师。

(6)结合环境影响评价报告、设计文件,审查施工单位提交的环保工程选址确认材料,并在接到环保工程选址确认材料后24小时内做出回复,逾期未予回复者,施工单位可自行开工。

(7)完成环境总监理工程师安排的其他相关工作。

3)环境监理员的职责

(1)在监理工程师指导下开展环境监理工作。

(2)现场巡视与主体工程配套的环保工程、设施、措施落实情况,施工过程中产生的环境污染是否达到相应的环保标准或要求,并做好记录。

(3)在环境敏感区等重点施工区域、重要施工工序担任旁站工作,严格按照环境监理实施细则开展工作,发现问题及时汇报。

(4)做好环境监理日志和其他现场监理记录工作。

4)环境监理人员守则

(1)按照“守法、诚信、公正、科学”的准则执业。

(2)执行有关建设项目环境保护的法律、法规、规范、标准和制度,履行环境监理合同规定的义务和责任。

(3)努力学习,不断提高业务能力和专业水平。

(4)不为所监理项目指定承建商、建(筑)构配件、设备、材料和施工方法。

(5)不收所监理单位的任何礼品。

(6)不泄露所监理工程各方认为需要保密的事项。

(7)坚持独立自主地开展工作。

(8)严格监理,平等待人,虚心听取各方面意见,处理问题有理、有力、有节。

第四节　油气管道工程环境监理概述

一、油气管道工程简介

1. 油气管道工程的特点

油气管道运输是使用管道输运油品或天然气的一种运输方式,油气管道工程由三部分组成,一是管道线路工程,包括管道本体工程、防护结构工程、穿跨越工程及其他附属工程;二是管道站库工程,包括起点站、中间站、终点站,主要设备有驱动和监控货物运行的各种泵站、装置;三是其他如通信、供电、道路等附属设施。管道运输的特点:一是输送能力大,一条直径为720mm的管道一年可输送原油2000×10^4t以上;二是占地少,一般的管道都是埋于地下;三是漏失污染少、噪声低等。

管道工程属线性工程范畴,施工部署和工作量沿线性分布,具有以下特点:

(1)野外作业,作业线长。

一条油气管道一般延绵数百至数千公里,施工线路长,施工单位多,施工分散,点多面广。

(2)施工作业速度快,流动性大。

每个作业机组每日综合进度1～3km,施工作业搬迁频繁,一般采用流水作业。

(3)施工沿线地形地貌复杂,自然障碍多。

施工除了穿跨越工程外,还有管道穿越生态功能区、自然环境保护区、环境脆弱敏感区以及众多沟渠、道路、农田、森林等,需要采取有效的环保措施,并需办理施工许可。

除此之外,油气长输管线常常穿越不同的气候带、不同的生态类型,管沟开挖、回填、施工道路修筑和维修过程、隧道建设和穿跨越工程以及管道工程对植被的要求(如限制种植深根植物,以防止植物根芽穿破管线防护层)都会产生相应的生态环境影响,对土壤、植被、地表形态以及地表径流的改变,造成水土流失加剧,天然生物栖息地整体环境的分割,破坏生物迁移的天然通道,引起物种多样性的改变,特别是威胁到一些珍稀濒危生物的存在,从而使生态系统发生人为性的改变。

管道工程建设期环境影响因素主要来自管道敷设施工过程中的开挖管沟、管道穿跨越工程、修筑施工便道、施工车辆人员践踏等活动,另外,施工产生的固体废弃物以及工程临时和永久性占地也将对环境造成一定影响。

2. 油气管道工程的组成

油气管道由钢管焊接而成,一般采用埋地敷设,油气管道工程由线路和站场两大部分组成。

1)输油管道的基本构成

输油管道包括输油(首、末)站、输油泵站、管线、沿线阀室以及穿越河流、公路、铁路(三穿)、构筑物及电气、通信、仪表与消防等工程。

2)输气管道的基本构成

输气管道包括输气(首、末)站、压气站、管线、沿线阀室以及通过河流、公路、铁路(三穿)、构筑物及电信仪消等工程。

3. 油气管道的分类

(1)按管道铺设方式不同,可将油气管道分为埋地管道、架空管道与水下管道。

(2)按输送介质不同,可以分为原油管道、成品油管道、天然气管道、油气混输管道与固体物料浆体管道。

(3)按管道在油气生产中的作用不同,油气管道又可分为矿场集输管道,原油、成品油和天然气的长距离输送干线管道以及支干线、支线管道,城市输配管道或成品油的分配管道。

(4)按照压力高低,油气管道可分为高压、中压、低压管道等。

4. 油气管道行业的技术装备水平

管道运输始于19世纪中叶,1865年美国宾夕法尼亚州建成第一条原油输送管道。然而它的进一步发展则是从20世纪开始的,随着第二次世界大战后石油工业的发展,管道建设进入了一个新的阶段,各产油国竞相开始兴建大量石油及油气管道。20世纪60年代开始,输送管道的发展趋于采用大管径、长距离,并逐渐建成油气输送的管网系统。

我国油气管道运输从20世纪五六十年代起步,随着我国油气田建设,七八十年代管道运输发展较快,改革开放以来,我国经济建设快速发展,管道运输迎来了建设高潮。

在西气东输管道工程建设带动下,油气管道运输行业的技术装备水平取得突破性进展,高强度管线专用钢(X70)板材、螺旋埋弧焊钢管、热煨弯头、弯管、大口径冷弯机、自动焊和半自动焊接设备及其配套的焊接工艺、新型焊接检测设备、大口径钢管外防腐技术装备和材料等都达到国外同类产品的先进水平。

西气东输二线工程加快科技创新,提高国产化水平,首次实施X80高钢级、ϕ1219mm大口径、12MPa高压力管道工程,第一次采用CRC全自动焊接工艺,已经掌握并拥有X80钢级标准、检测、试验、制管成套技术,达到世界先进水平。

管道焊接等施工机具、吊装设备实现专业化配备,非开挖穿越施工技术创造了多项新纪录。现代化的油气输送管道工程建设已经实现了工艺设计先进、仪表设备高效、施工装备机械化、运行管理自动化等目标。

5. 油气管道行业的产业政策

石油天然气是主要能源之一。到目前为止,已经开发的油气田大多远离消费区,把油气田的产物变成国民经济建设和人民生活可用的产品,需要各种加工处理技术和运输手段将产品交给用户。油气管道储运系统不仅在石油企业内部是产、运、销的纽带,在全国乃至国际范围也是能源保障的重要环节。

随着我国经济建设的发展,结合国际形势的多变,油气管道运输是国家经济血液或命脉，实施油气工业国际化经营战略，建立一套完善的油气运输网络，是我国重点发展的行业。

在成品油管道建设上，将加快构建与资源结构相适应，逐步形成“北油南调、西油东送”的管网运输格局。正规划和建设天然气管线20多项，天然气管道将围绕全国天然气管道联网，进行配套城市分输支线建设，建成“横跨东西、纵贯南北、连通海外”基本框架，形成以四大气区（新疆、青海、陕甘宁、川渝）外输管线和进口天然气管线为主干线。由于中国的油气资源分布不均，进口油气量越来越大，中国需要加大投资建设油气管道的力度，未来10年将迎来中国修建跨国油气管线的高潮。

6. 油气管道工程建设项目的组成

油气管道工程建设项目内容一般应包括主体工程、公用工程、辅助设施等，其中，主体工程包括线路工程（含截断阀室、分输阀室）和站场工程；公用工程包括供水系统、供热系统、供电系统、污水排水系统和处理系统等；辅助设施工程包括阴极保护、通信、仪表自动化控制系统、施工道路、伴行道路、水工保护、水土保持等。

1）线路工程

油气管道线路工程按照区域或标段简述沿线起始点，沿线通过的省市（自治区）、县及线路终点，沿线通过的山岭隧道及长度、主要“三穿（河流、铁路、公路）”、施工道路、伴行道路、水工保护、水土保持工程统计情况，沿线经过环境敏感点名称及穿越长度，各个标段划分以及工程量；沿线主要地理和气象特征，自然条件和社会依托条件等。

2）站场工程

站场工程按照介质输送方向列举全线设置的站场、阀室的类型及其数量，储罐、储气站的类型、数量及总容量以及公用工程和辅助设施工程统计等列表说明。

7. 油气管道工程宏观选线原则

1）项目选线选址和建设方案的环境合理性与可行性

根据沿线的地形和地貌、水文、气候和气象、植物与生态、地质、矿产、地震等自然条件和交通、电力、水利、工矿企业、城市建设、社会经济等的现状与发展规划，综合分析、合理选择管道的走向，论证项目选线与城市（含建制镇）规划的协调一致性，局部选线应重点关注自然保护区、风景名胜区、饮用水水源保护区、集中居民区等环境敏感区。如涉及上述环境敏感区，应做环境比选方案，尽量避开；实在无法比避让的，应在相关法律法规允许的范围内，选择对环境敏感区影响最小、线路最短的路由通过。

2）施工方案选择

根据项目所经区域环境特征合理地选择环境影响小的施工方案，减缓环境影响，如穿越环境敏感水体（水源地、水库、环境敏感河流等），采用定向钻穿越或隧道穿越方式。

3）工作等级与评价范围

根据工程实际影响范围和环境影响评价导则规定，确定工作等级和评价范围，重点考虑生态、水环境和环境风险等要素。

4）环境风险分析评价

必须进行环境风险分析评价，分析产生环境风险的原因、风险概率及事故后果，提出有针对性的环境风险防范措施和事故应急计划。

5）沿线自然条件情况分析

（1）分析管线沿途所在地区海拔高度、地形特征、地貌类型等情况，崩塌、滑坡、泥石流、冻土等有危害的地貌分布。

（2）分析管线沿线所在地区的主要气候特征，年平均风速和主导风向，年平均气温，年平均相对湿度，平均降水量、降水天数以及降水量极值，主要天气特征等。

（3）分析管线沿途地区主要的动物、植物清单，生态系统的生产力，物质循环状况，生态系统与周围环境的关系以及影响生态系统的主要污染来源。

（4）分析管道通过地区的地质状况，当地已探明或已开采的矿产资源情况。

（5）土壤与水土流失：分析管道经过地区的主要土壤类型及其分布，土壤的肥力与使用情况，土壤污染的主要来源及其质量现状。

6）沿线社会依托条件

（1）交通运输：公路、铁路、乡村道路通行情况。

（2）人口：管线通过的城市、乡镇包括沿线居民区的分布情况及分布特点，人口数量和人口密度等。

（3）工业与能源：工程项目周围地区现有厂矿企业分布状况、工业结构、工业总产值及能源、原材料的供给与消耗方式等。

(4)农业与土地利用:包括可耕地面积、粮食作物与经济作物构成以及土地利用现状。

(5)重要文物与“珍贵”景观情况:包括文物或“珍贵”景观对于建设项目的相对位置和距离、基本情况以及国家或当地政府的保护政策和规定。

7)沿途环境敏感区分布情况

掌握沿线分布的自然保护区、风景名胜区、饮用水水源保护区、生态功能保护区的名称、位置、范围、级别、环保要求等内容。

8. 油气管道站场工程选址原则

(1)工艺站场选址应满足用户需求、输送工艺和线路路由的要求。

(2)站场不得设置在自然保护区、水源保护区、风景名胜区等敏感区域内。

(3)自然和社会依托条件较好。列出全线各站场名称、类型、位置、占地情况及各站址间里程。输气管道工程工艺站场通常划分为首站、压气站(压缩机)、分输清管站、分输站和末站;输油管道工程主要包括首站、中间加热站、中间分输热泵站和末站。

9. 油气管道工程项目施工

1)管道敷设方案

管道敷设方式通常采用埋地(开挖沟埋、穿越)敷设、半埋(管堤)敷设和地上架空(含跨越)敷设形式。一般地段以开挖沟埋埋地方式敷设为主;当管道穿越多年冻土地段或沙漠地段时,局部地段采用管堤敷设方式;工艺站场内管道有时采用在地上架空敷设形式。当遇到深而窄的冲沟或河谷时,采取跨越方式敷设;遇到高陡坡或地形起伏大的山岭时,采取隧道(钻爆或盾构)方式敷设;遇到水体敏感或通航河流时,定向钻、隧道(钻爆或盾构)等穿越方式敷设或采取跨越方式敷设;遇到高速公路、铁路时,采取顶管或定向钻方式穿越。管道工程施工可分为一般地段线路施工、穿跨越段工程施工、特殊区域施工和站场工程施工。

2)一般地段线路工程施工的基本工序

(1)施工准备。

施工准备是油气管道施工企业做好施工的基础和前提条件,施工准备的翔实程度不仅影响工程的工期,而且会影响整个工程施工质量、进度、安全、经济指标。开工前,必须做好充分的准备工作,施工准备包括技术准备、人力资源准备、施工机具准备、施工物资准备和施工现场准备。

施工承包商根据承担的施工任务和目标要求，组织编写施工组织设计，报监理审批，具备开工条件时向监理报送开工申请。

(2)一般地段管道工程线路施工工序。

以输气管道一般地段线路施工为例，施工工序包括：线路(设计)交桩—测量放线—施工作业带清理、修筑施工便道(以便施工人员、施工车辆、管材等进入施工场地)—材料设备检验、材料存放和钢管运输(弯头、弯管制作)—布管—管口清理与坡口加工—管道组对与焊接—焊缝检查与无损检测—管线防腐补口、补伤—管沟开挖—下沟前检漏补伤—管道下沟—管道回填—标志桩埋设—管道清管—管道试压—输气管道干燥—连头安装—清理施工现场，恢复地貌—恢复地表植被—交工验收。

3)穿跨越段工程施工

穿跨越段工程施工是指管线施工过程中，由于管线施工场地的特殊性，采用的一种技术复杂的施工方式。油气管道连绵几百千米，甚至数千千米，不可避免地要经过许多人工或天然障碍，例如，西二线工程沿线穿越多处公(铁)路、河流、峡谷、大山等，都需要采取特殊的施工方法。如穿越河流、水域、公路、铁路等采取的顶管、大开挖、定向钻、盾构等施工方式；根据具体情况也可采用隧道穿越、跨越(河流、沟渠)等方式。

4)管道特殊区域施工

管道特殊区域施工是指管道线路遭遇山区、黄土高原、沙漠、湿地、森林、地下文物、自然保护区等特殊地段，从而在施工过程中要采取必要的保护措施，以确保该地段的建筑或其他设施不被破坏。

5)站场工程施工

站场施工时，遵循先地下后地上，先土建后工艺的原则，各个专业统筹考虑，互相配合。首先要清理场地—土建施工—安装工艺装置—相应的辅助设施(电力、通信、仪表、自动化、消防、给排水等专业)施工。

6)工程用地情况

管道工程用地分永久占地(站场和阀室占地)和临时占地(作业带、作业场地、料场、临时建筑、临时设施占地)，按照国土资源部和地方国资委的规定，提前申请永久用地和临时用地类型及数量，提前办理征用或临时用地手续。

根据工程建设进度计划逐步开展地类调查、土地丈量、地面附着物清点和补偿工作，重点关注临时用地情况，包括管道敷设占地以及施工作业带、施工便道、综合施工场地（如定向钻施工场地）、弃渣场（主要是隧道弃渣、山区石方段）等。同时，关注林业草原、文物保护、矿产压覆调查与补偿工作。

7）环境敏感目标分布

确定工程与环境敏感目标（自然保护区、风景名胜区、饮用水水源保护区、生态功能保护区、集中居民区、学校、医院等）的位置关系。例如：西气东输工程沿线共经过9个自然保护区，工程经过这些自然保护区，不可避免地会对这些保护区的植被与动物、生物多样性造成影响。

管道工程建设施工期对环境的影响主要表现为各种施工活动对生态环境的影响；在施工过程中产生的噪声、扬尘、弃石、弃土、植被破坏与对河流、航道等淤积以及施工设备、施工人员生活产生的废水、废气、固体废弃物的排放。站场的建设将永久占用一定数量的土地，改变了土地使用功能，会对林业、农业生产造成一定的影响。

10. 油气管道工程环境风险分析及预防措施

1）油气管道工程环境风险分析

油气管道输送的介质属易燃易爆物品，管道输送具有一定的压力，沿线有不良地质地段，并且管道要穿越一些大、中型河流，易受到洪水、地震等自然因素的威胁，再加上人为破坏等因素的作用，工程上存在一定的事故风险性。

以往管道运行过程中造成管道事故的主要原因分别是腐蚀、施工质量和材料缺陷、第三方外力及不良环境影响。

2）油气管道工程环境风险预防措施

按风险源识别、源项分析、事故后果预测、环境风险评价进行风险分析并提出事故防范措施、环境应急措施及环境应急管理，最大限度地将不利的环境影响降到最低程度。风险预控措施如下：

（1）选择线路走向时，应尽可能地避开居民区以及复杂地质段与密集林区，以减少由于不良地质造成管道泄漏事故以及天然气泄漏引起的火灾、爆炸事故对居民的危害及产生的林业经济损失。

（2）对管道沿线人口密集、房屋距管线较近、由于地形地质等原因导致管线与其他基础设施距离达不到规范要求的地段、距离其他管线较近地段、自然保护区、水源地等敏感地区，提高设计系数，增加管线壁厚，以及采取其他保护管道的措施，以增强管道抵抗外部可能造成破坏的能力。

（3）根据《输气管道工程设计规范》（GB 50251—2015）的要求，对输气管道通过的地区，应按沿线居民户数和建筑物的密集程度划分为四个地区等级，并依据地区等级做出相应的管道设计。

预防环境风险采取的主要措施见表1－1。

表1－1　预防环境风险采取的主要措施

<table>
<tr><th>管段</th><th>类别</th><th colspan="2">设备、技术</th></tr>
<tr><td rowspan="11">全线</td><td>管材</td><td colspan="2">螺旋埋弧焊钢管和直缝埋弧焊钢管</td></tr>
<tr><td>防腐</td><td colspan="2">全线采用环氧粉末聚乙烯复合结构（三层PE）。一般地段埋地管线采用普通级三层PE，石方地段及穿越铁路、公路、河流、山体等处管线采用加强级三层PE防腐，同时采用强制电流为主、牺牲阳极为辅的阴极保护，在杂散电流流出点安装成组的锌阳极，以达到排流的目的，减轻干扰</td></tr>
<tr><td>施工探伤检测</td><td colspan="2">X探伤</td></tr>
<tr><td>试压</td><td colspan="2">全线试压</td></tr>
<tr><td>泄漏检测及自动控制</td><td colspan="2">SCADA智能检测</td></tr>
<tr><td>人工巡线</td><td colspan="2">全线，通信全天候畅通</td></tr>
<tr><td>防止误操作</td><td colspan="2">建立岗位操作规范</td></tr>
<tr><td rowspan="4">穿越段</td><td>截断阀室</td><td>两侧各一座</td></tr>
<tr><td>壁厚</td><td>厚壁，壁厚大于15mm</td></tr>
<tr><td>配重防护层</td><td>混凝土</td></tr>
<tr><td>防腐材料</td><td>双层熔结环氧粉末涂层</td></tr>
</table>

二、油气管道工程环境保护

1. 生态环境影响源分析

1）管道施工期间

管道施工期间产生污染涉及环境保护主要环节包括土石方工程、穿跨越工程、清管和试压。

对于土石方工程，管沟开挖后，弃土临时堆放存在水土流失隐患；管道吊装预留施工3m以上平台，同样是水土流失的潜在隐患；对地表植被和土壤的破坏而造成的水土流失；施工噪声，施工期产生的扬尘，对施工产生建筑垃圾的倾倒，对多余的弃土堆放处理；施工场地废气排放，施工人员产生的生活污水。

对于穿跨越工程，穿越施工时对河堤两侧土层会暂时存在破坏；钻屑沉淀池和泥浆收集池有可能泄漏而污染水体；施工后的废弃泥浆、钻屑等固体废弃物污染土壤；施工过程中产生的生活污水和生活垃圾等。跨越施工中排放的含油污水、生活污水和垃圾会污染水资源与土壤；大体积混凝土养护会产生一些废水，随意排放将污染河流等。

对于清管和试压，试压废水中主要含有悬浮物、泥沙、铁锈等，试压后废水若随意排放，将污染河流或地下水。

2）项目运行期

管道运行期间，由于采用密闭输送，正常情况下对环境的影响主要来自工艺站场的排污以及维抢修施工时的排放。

2. 主要污染物与源强分析

1）管道施工期间污染源

管道施工期间，污染源包括施工生活用锅炉产生的废气，产生的生活垃圾，建筑垃圾以及包装材料等。

2）项目运行期污染源

站场生产生活用锅炉产生的废气，清管作业产生的废气，事故下的放空，各站场分离器检修、系统超压将产生一定量的天然气通过工艺站场外的放空系统直接排放。

各站场产生的污水主要为生活污水，产生的固体废弃物除有值班人员站场生活垃圾外，在分离器检修（除尘）、清管收球作业时也会有一定量固体废弃物产生，压缩机维修保养时同样会产生部分废润滑油。

各工艺站场的主要噪声源包括压缩机机组、空冷系统、分离器、空气压缩系统、调压设备、放空系统等，放空系统噪声只有在紧急事故状态下才会产生。

3. 主要环境影响及其防治措施

1）管道施工对生态环境的影响及其防治措施

（1）管道施工对生态环境的影响。

管道工程对生态环境的影响主要发生在施工期：

① 管沟开挖对地表植被的破坏，导致的水土流失增加，对地表土壤结构的破坏，对耕地和土壤肥力产生的影响。

② 采用大开挖方式穿越河流施工，对河流水质产生局部或临时的影响，进而可能影响水生生物；废弃泥土影响河道，河堤完整性受到影响。

③ 隧道施工对一定范围内地下水及隧道上部植被会产生不同程度的影响，产生的弃土弃渣、施工排水等对周围环境也会产生影响。

④ 管道经过保护区施工时，尤其应关注对环境敏感区（自然保护区、风景名胜区、饮用水水源保护区、生态功能保护区等）的影响及对项目沿线受保护动植物的影响。

⑤ 山区临边坡施工时，边坡开挖过程中的土石方极易顺山坡滚落占压田土、淤塞河道、堵塞道路，受到雨水冲刷会造成水土流失。

⑥ 大型跨越施工时，对基础开挖、围堰、钻孔施工过程会对河道、行洪产生影响，开挖弃土堆放会对环境产生影响，钻孔泥浆排放、污水排放同样会产生污染。

（2）管道施工对生态环境影响的防治措施。

① 开挖沟埋方式敷设管道时应注意减小施工扰动面积（包括施工带宽度、施工营地面积、施工道路长度和宽度），严格控制施工活动范围，控制施工作业带宽度，严禁随意扩大施工用地范围；严禁乱铲乱踏周围的植被资源，所有施工车辆必须在伴行道路上行驶，严禁开辟新路乱碾乱压，以免对原有地表自然状态的进一步破坏，最大限度地减少对土壤和植被的扰动；管沟开挖土应分层开挖、分层堆放，管沟回填应分层回填并逐层夯实，这有利于对植被的恢复；回填剩余废弃的砂、石、土应运至指定的存放地，不得随意向其他地方倾倒；施工完毕后恢复地貌，并压实回填土，及时清理作业带内、周围各类施工废弃物，做到现场整洁、无杂物，保证农田在工程完工后能够及时复耕。

② 大开挖方式穿越河流施工时应优化施工方案，选择在枯水期施工，妥善清理弃渣，恢复河道原貌；对定向钻施工产生的废弃泥浆应设回收设施。

③ 隧道施工时，渣场选址应取得地方林业主管部门和所有权人的同意，弃渣前应将渣场的表层土剥离，单独堆放，并采取苫盖保护措施，对弃渣场应按要求进行围挡，严格执行“先拦后弃”的原则，挡墙质量应符合设计要求；隧道施工废水（含隧道的渗水）应经处理后排放，严禁直接将施工废水排放入农田、沟渠、河流等水体；弃渣完成后，应按要求整治渣面，并对渣场采取覆土复绿措施。

④ 选择环境合理的路由方案，避让环境敏感区，不得在核心区内设置营地，核心区外设置必须得到管理部门的同意，禁止施工人员对景区景点、植被的破坏，施工的弃渣也不得堆放在风景名胜区内；对施工作业区域内生态保护区和自然保护区，承包商应制定保护措施并组织实施，以确保该地区的自然环境得到最大限度的保护和恢复。优化施工方案，尽量缩短施工期，并快速回填，缩短土壤暴露时间，减缓环境影响。

⑤ 在山区临边坡等施工过程中，应及时设置挡墙、排水沟、截水沟，避免边坡崩塌、滑坡产生，防止水土流失或导致河道、道路堵塞等现象；采石场、取土场、弃渣场的水土保持设施实施情况应符合水土保持设计中制定的方案要求，严格执行“三同时”制度；对易忽视的“临时占地恢复”问题进行监控管理。

⑥ 大型跨越施工应优化施工方案，落实环保措施；对弃土弃渣预先进行寻址和遮挡，监控污水、泥浆处理效果，合理进行围堰并及时拆除恢复，必要时对水体进行检测。施工时，应得到主管部门许可。

2）管道施工对空气环境的影响及其防治措施

（1）管道施工对空气环境的影响。

① 管道线路施工对空气环境产生的影响包括：管道开挖表土裸露，产生扬尘；施工机械作业和车辆运输等产生粉尘；管道焊接产生少量焊接烟尘。站场施工对空气环境产生的影响包括：场地平整产生扬尘；施工机械作业和车辆运输等产生粉尘；设备、管道焊接产生焊接烟尘；设备、管道表面涂漆产生油气；其他施工过程可能产生影响环境的废气源。

② 管道运营期对空气环境产生的影响主要包括：站场生产生活用锅炉产生的废气；清管作业产生的废气；输气管道在处理事故情况下的放空。

（2）管道施工对空气环境影响的防治措施。

① 在容易产生扬尘地段施工，在连续起风情况下，开挖土方临时堆存处应采取洒水或苫盖措施，以防止扬尘产生。

② 对施工机具设备定期维修，保持其良好的运行状态；施工中产生的废气和粉尘要求达标排放；材料的堆放场应设置不低于堆放物高度的封闭性围栏；缩小施工扬尘扩散范围。

③ 站场施工采取加遮盖物、干燥天气施工需洒水、避免大风天气作业等减少扬尘的措施；减少在施工场地喷涂油漆量、加强施工机械和设备的维护与管理等措施。

④ 站场生活用能采用清洁能源;清管作业尽量采用密闭工艺;事故放空采用火炬燃烧,以减少对大气环境的影响。

3)管道施工对水环境的影响及其防治措施

(1)管道施工对水环境的影响。

① 大开挖穿越河流施工会影响水质,影响河道水流。

② 施工人员生活污水排放,施工机具含油施工废水外排。

③ 站场冲洗设备产生的污水和生活污水排放,清管作业的废水排放。

(2)管道施工对水环境影响的防治措施。

① 大开挖穿越河流应选择在枯水期,并做好导流明渠;施工结束后,应保持原有地表高度,恢复河床原貌,以保护水生生态系统的完整性。

② 施工时应尽量控制施工作业面,减小对地下水的污染;如穿越环境敏感水体,应采用不涉水的定向钻或隧道方式。

③ 生活污水、施工污水排放采取与地方排污连通,或进行处理后达标排放,经过许可排放到指定地点。

4)管道施工对社会环境的影响及防治措施

调查和分析管道施工、运行对农业生产影响;调查和了解当地居民房屋拆迁安置政策及规定;调查和分析经济发达地区以及与其他行业规划产生的相互干扰。

通过调研和分析,应对耕地占用和房屋拆迁应进行合理补偿;对项目选线选址应取得地方规划部门意见,协调与其他行业规划矛盾的处理,建立与地方共同参与的管道运行保护体系,加强巡线次数,及时发现和制止第三方在管道附近施工;当其他过程必须穿越或与在役管道并行施工时,应严格监督保护措施落实;加强巡查、宣传和教育,打击盗油、盗气行为。

三、油气管道工程环境监理产生的背景

我国建设项目环境管理实行的是建设项目环境影响评价和“三同时”两项制度。现行的建设项目环境管理模式主要是针对项目环境影响评价报告的审批及工程竣工验收阶段的管理,即“事前”和“事后”的管理,而对环境影响评价报告批复之后、“三同时”竣工验收之前的施工阶段,则没有行之有效的环境管理手段。也就是说,在“事中”阶段造成的环境污染和破坏,例如生态破坏、水土流失、景观影响以及环境污染等,现行的管理模式还不能做到

及时有效地反映。

实践证明，环境问题提前防治的费用要远远小于产生后果后再治理的投资费用。因此，我国环境保护的基本政策是“预防为主”“谁污染谁治理”“强化环境管理”。

为了有效地控制油气管道施工阶段的环境影响，真正做到管道施工建设与环境的协调发展，做到全过程地监控管道建设中的环境问题，根据国内试点工作的经验，在油气管道行业广泛开展环境监理工作，将其作为油气管道监理的重要组成部分，纳入油气管道监理管理体系。

四、油气管道工程环境监理的概念和任务

环境监理，是指监理单位受建设单位的委托，依法对施工单位在施工过程中影响环境的活动进行监督管理，确保各项环保措施满足工程施工环境保护的要求。

油气管道施工环境监理是针对施工过程环境保护的全方位、全过程的监理，其主要任务一是根据《中华人民共和国环境保护法》及相关法律法规，对管道建设过程中污染环境、破坏生态的行为进行监督管理，如废气、污水等污染物排放应达标，减少水土流失和生态环境破坏，也称为环保达标监理；二是对建设项目配套的环保工程进行施工监理，确保“三同时”制度的落实，如对水处理设施、声屏障、绿化工程、自然保护区、水源保护区以及风景名胜保护区的保护等进行监理，也称为环保工程监理。油气管道施工环境监理任务见图1－2。

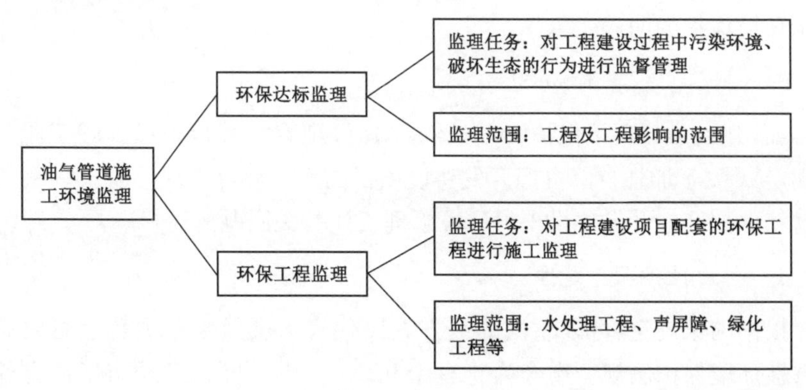

图1－2　油气管道施工环境监理任务

与现行的工程监理相比，环境监理是一个新事物，是对施工监理制度的一个重要补充。施工环境监理是管道监理的重要组成部分，但由于工作内容不仅仅限于工程本身，涉及环保技术，因此具有其特殊性。施工环保达标监理是以环保法律法规、监理合同中有关条款尤其是工程项目环境影响评价的内容和相关批复作为工作的主要依据，主要是对管道建设过程环境污染、生态破坏防治及恢复的措施进行监督管理，涉及工程的质量、投资、工期等方面较少。

五、油气管道工程环境监理的依据

1. 国家有关法律、法规

《中华人民共和国宪法》中就已明确了每个公民的环保义务，如第 9 条"保障自然资源的合理利用，保护珍贵的动物和植物，禁止任何组织或者个人用任何手段侵占或者破坏自然资源"。第 26 条"保护和改善生活环境和生态环境，防治污染和其他公害"。其他还有《中华人民共和国环境保护法》《中华人民共和国海洋环境保护法》《中华人民共和国水法》《中华人民共和国土地管理法》《中华人民共和国渔业法》《中华人民共和国水土保持法》《中华人民共和国文物保护法》《中华人民共和国水污染防治法》《中华人民共和国大气污染防治法》《中华人民共和国环境噪声污染防治法》《中华人民共和国野生动物保护法》《中华人民共和国野生植物保护条例》《中华人民共和国固体废物污染环境保护法》《中华人民共和国环境影响评价法》等，都有关于环境保护的明确条款。

2. 国家有关条例、办法、规定

如《建设项目环境保护管理条例》《建设项目环境保护设施竣工验收管理规定》《关于加强自然资源开发建设项目的生态环境管理的通知》《关于涉及自然保护区的开发建设项目环境管理工作有关问题的通知》等。

3. 地方性法规、文件

根据国家规定，可以立法的地方人民代表大会及常务委员会可以颁布地方性环境保护法规。迄今为止有十几个省（市、自治区）颁布了地方环境保护法规，这些法规同样是施工环境监理的重要依据。

4. 项目环境影响评价和水土保持报告及其批复文件

建设项目环境影响评价和水土保持报告及其批复文件,是施工环境监理工作最重要依据之一,其中针对施工期提出的环境保护重点区域、污染防治措施、水土保持措施,是施工环境监理工作关注的重点,也是必须达到的底线。

5. 管道设计文件

管道建设的设计阶段往往已经考虑了一些重大的环境保护问题,并在设计文件中有所反映,如水土保持措施、绿化工程等,可以作为环境监理工作的依据。

6. 监理合同、施工合同及有关补充协议

建设单位委托开展环境监理的合同以及有关补充协议,都明确规定了环境监理单位的权利、责任、义务,是环境监理单位开展工作的直接依据。

施工合同中对施工单位环境保护的相关要求也是监理单位开展环境监理的重要依据。

7. 施工过程的会议纪要、文件

在施工过程中根据实际情况形成的有关环保问题的会议纪要、有关文件,可以作为环境监理的依据。

六、油气管道工程环境监理的原则与人员素质要求

1. 油气管道工程环境监理应遵循的原则

作为施工监理的一部分,从事施工环境监理活动同样应遵循“严格管理、热情服务、秉公办事、一丝不苟”的监理原则,坚持守法、诚信、公正、科学的准则。把握好施工环境监理和建设单位的环境保护管理、政府部门的环境监督执法之间的区别和联系,为做好管道施工的环保工作提供技术服务。

2. 人员素质要求

环境保护是一门交叉学科,从事施工环境监理工作的人员不仅要有一定的环境保护和工程技术方面的专业技术能力,能够对工程建设进行监督管理,提出合理意见,同时还要有一定的组织协调能力,能够协助工程建设

有关各方共同完成建设过程的环保任务。监理人员应具有环保、工程、管理三方面的知识结构以及能够适应工作要求的业务素质和能力。

1)基本要求

油气管道工程环境监理人员应具备必要的知识结构和丰富的工程实践经验,通过专门的环境保护监理业务培训,取得相应的培训合格证或执业资格证书、职业资格证书;应具有强烈的环保意识和社会责任感,始终站在国家和公众的立场处理施工环保问题,并以公正、科学的管理行为唤起工程相关各方面的环保意识和公德心;具有良好的职业道德;身体健康。

2)知识和能力

(1)掌握有关环境保护的专业知识。

监理人员必须熟悉环保法律、法规及有关规定以及管道建设项目环境污染和生态保护的特点,掌握必要的环保专业知识(如施工期污染物的处理处置技术与工艺设备、环境保护与恢复措施、环境监测数据分析及其应用等);应能对施工活动的环境影响、环保措施实施效果、环境监测成果进行准确的分析和判断,从而协助建设单位全面实现环保目标、污染治理目标和生态恢复目标。

(2)掌握管道工程专业技术知识。

监理人员必须具备相应的管道设计与施工专业技术知识;能阅读设计文件,领会设计意图;熟悉施工组织设计的内容、方法及其对环境的影响,熟悉各种施工方法、工艺流程的特点及其对环境的影响,熟悉各种施工机械、设备作业的特点及其对环境的影响。只有这样,才能对管道施工作业可能造成的环境问题进行全面、彻底的预防和控制,最终达到环保监测的目的。

(3)具有一定的管理能力。

监理工作既要求监理人员专业技术性很强,又要求有较高管理水平。需要监理人员协调业主、施工单位及施工环境问题涉及的沿线所有相关社会各方不同的利害关系,能充分运用法律、法规和有关合同条款,正确处理监理过程中出现的种种矛盾与问题。因此,监理人员需要有一定的管理工作经验和必要的表达、组织、协调等工作能力。

七、油气管道工程环境监理的工作内容

油气管道工程环境监理应体现出事前控制和主动控制的要求,结合管道施工特点,注重监理实效。

1. 设计阶段环境监理要求

油气管道工程设计阶段环境监理主要集中在对设计文件、施工图设计环保的审核，设计文件、施工图设计环保审查要点如下：

(1)重点对照管道工程设计文件(含初步设计、施工图)中项目建设性质、规模、选线、选址、站场平面布置、工艺系统与环境影响评价时工程方案变化情况，如发生重大变化，应协助建设单位要求设计单位修改设计方案，并尽快提醒建设单位履行相关手续。

(2)重点关注环保设施设计与主体工程设计的同步性。

(3)重点关注管道项目建设施工组织设计中的环保措施与相关环境敏感区关系的变化、施工工艺的变化可能带来的对环境敏感区影响的变化。如隧道工程施工原设计渣场库容是否满足弃渣要求，原设计的浆砌石挡渣墙是否能保证渣场安全；渣场选址不得定在管道作业带上，根据当地气象条件渣场是否应配套设计截排水设施；高陡边坡开挖及地质缺陷处理是否配套设计相应截排水及支护措施等。

(4)重点关注针对环境敏感区采取的环保措施和生态恢复措施是否落实到设计文件中。

(5)通过对设计文件环保核查形成专题材料反馈给建设单位，作为设计文件的补充要求。

2. 施工准备阶段环境监理要点

(1)收集、熟悉项目所在地域有关国家及地方的相关环境法律法规，熟悉勘察、设计文件、环境影响评价文件及其批复文件等。

(2)了解沿线及周边的环境情况，掌握沿线重要的环境保护对象、建设过程的具体环保目标，对敏感保护目标做出标识，协助建设单位组织并参加设计交底，对比设计文件与环境影响评价报告中的河流穿越方案、环境敏感区穿越位置等，如发现有与环境影响评价报告不一致的，应及时向建设单位(业主)提出。

(3)审查施工承包商提交的施工组织设计和开工报告，对施工组织设计(或专项施工方案)中环保目标和环保措施提出审查意见。

(4)审查施工承包商项目部环境管理机构、环境管理制度的建立情况，应符合投标承诺，施工承包商的环保管理体系是否责任明确，运行切实有效。

(5)检查施工承包商采购用于环境保护设施的材料、设备的质量、规格、性能。

(6)编制环境监理规划(计划)。

(7)编制专项环境监理实施细则。

(8)第一次工地会议,对施工承包商提出环境保护要求,进行环境保护监理交底。

(9)对施工承包商营地、材料场、弃土(渣)场、预制场进行开工前的巡视检查,并提出环境保护要求。

3. 环境监理交底工作要点

(1)环境监理交底应由环境监理总监理工程师主持,施工承包商项目经理、技术负责人、环境管理部门负责人及主要环境管理人员、监理人员及其他相关人员参加。

(2)由项目监理机构形成环境监理交底会议纪要,经与会各方会签后,发至参会各方。

(3)环境监理交底应包括下列主要内容:

① 项目所适用的环境方面的法律、法规和技术标准等。

② 设计文件和环境影响评价文件中关于环境管理的要求。

③ 管道工程沿线的主要环境敏感点、环境风险及其控制措施。

④ 合同约定参建各方的环境管理责任、权利和义务。

⑤ 施工阶段环境监理的工作内容、基本程序和方法。

⑥ 施工过程环境管理资料报审及过程监督管理要求。

4. 审查施工组织设计、专项(环境管理)施工方案要点

(1)编制、审核及批准签署应齐全有效。

(2)环境管理组织机构及岗位职责、环境管理人员配备数量及资格应符合合同约定。

(3)主要施工机械设备的性能应符合环保要求。

(4)环境风险识别、评估及削减措施应符合相关环境管理规定,并应有环境事故应急预案。

(5)作业带宽的控制、弃土弃渣的围挡、施工垃圾的收集及处理等临时环保措施应符合设计文件、环境影响评价文件及其批复意见的要求。

(6)穿越环境敏感区应有专项施工方案,环境敏感区施工的环保措施应符合环境影响评价文件及其批复意见的要求。

5. 开工前环境监理现场检查要点

(1)核查施工承包商环境管理人员以及设备、材料到场情况(其数量及人员资格等应符合合同约定),是否具备开工条件。

(2)检查施工承包商对参建员工进行的环保培训教育计划及其实施情况,应满足施工环境管理工作需要,培训记录完善。

(3)审查施工承包商的环境风险识别、评估情况以及主要环境风险清单建立和控制措施制定情况,应符合工程实际情况和相关环境管理规定。

(4)检查施工承包商是否根据当地规定与地方环保主管部门签订了垃圾处理、废水排放等环保协议。承包商在进行穿越环境敏感区施工前,应按规定办理环境敏感区施工许可手续。

(5)营地环境管理的检查:

① 营地内外应有符合要求的排水设施。

② 生活垃圾的清理、处理应符合环境管理要求。

(6)施工现场环境的检查应包括以下内容:

① 施工现场的平面布置应符合环保要求。

② 站场、隧道、定向钻等固定施工场所的临时设施设置(现场办公、宿舍、食堂、道路等)以及排水、排污(废水、废气、废渣)、防火措施应符合相关管理要求。

③ 弃土弃渣场的边坡应有临时围挡措施,防止雨水冲刷导致水土流失。

④ 临时油料放置点、机械设备检修点应有防止油料滴、漏、渗的措施。

⑤ 林区施工现场应有林区防火措施。

⑥ 隧道排水应有分级沉淀措施。

⑦ 定向钻泥浆池应有可靠的防渗措施。

现场检查符合要求时,与工程监理单位沟通后,下达开工令。

6. 施工阶段环境保护监理工作

(1)审查施工承包商编制的专项(分部、分项)工程施工方案中的环保措施是否可行,协助建设单位督促落实设计文件、环境影响评价文件及其批复意见中的各项环保措施。

(2)按照环境监理实施细则中明确的检查项目和频次进行检查,对施工现场进行巡视监理,检查环保措施的落实情况,并做好记录,对发现的问题向施工承包商发出通知、指示或警示,并检查执行情况。

(3)根据环境影响评价文件及其批复意见中的要求,开展内部环境监测,出具内部监测报告。

(4)参加中间检查,确认环保措施和实施施工质量,签署监理意见。

(5)组织召开环境监理例会,编写环境监理月报和阶段性报告。

(6)建立、保管环境监理资料档案。

(7)协助主管部门和建设单位处理突发环保事件。

7. 定期召开环境监理周例会、月例会

(1)监理例会由主管环境监理的总(副)监理工程师主持,施工承包商项目经理、技术负责人、环境管理部门负责人及监理人员参加。

(2)由项目监理机构形成环境监理例会会议纪要,经与会各方会签后,发至参会各方。

(3)环境监理例会应包括下列主要内容:

① 检查上次例会有关环境事项的落实情况。

② 分析未落实事项的原因。

③ 确定下一阶段施工环境管理工作的内容,明确重点监控的措施和施工部位,并针对存在的问题提出意见。

8. 环境事故的处理程序

(1)施工过程中发生环境污染事故,施工承包商应立即启动应急预案,在规定时间内向监理和有关部门报告。

(2)监理接到报告后应进行确认,并要求施工承包商采取减缓和消除污染的措施,防止污染危害进一步扩大,同时向建设单位报告。

(3)协助疏散可能受到污染的单位和人员,撤离危险地带,避免人身伤害。

(4)接受或协助环境污染事故的调查和处理。

9. 环境监测

监理人员应协助建设单位落实管道施工过程中的环境监测计划。监测应定期进行,使数据有可比性,为制定环保监理措施和判断环保措施执行效果提供必要的依据。

一般施工期环境监测的每次间隔时间往往比较长,提供的是监测点位的前后历史对比资料。根据工程的实际进展,施工环境监理有时会需要一些监测点以外的即时监视数据,对常规污染因子及突发污染事故进行监测,因此环境监理单位有必要自备一些常用的监测设备，能够自行监测一些比较简单的项目。表1－2列出了一些较简便的环境监测仪器。

表1－2　较简便的环境监测仪器

监测项目	监测仪器名称
酸碱度	酸度计
溶解氧	溶解氧测定仪
化学需氧量	化学需氧快速测定仪
悬浮物	便携式悬浮物测量仪
水温	水温计
总悬浮颗粒物	中流量TSP连续采样器
声级	声级器

一般定期监测的项目有：

（1）空气质量。

监测项目有NO_2、CO、总悬浮颗粒物三项，必要时还可以监测SO_2。

（2）地表水质量。

一般监测项目有酸碱度（pH）、高锰酸盐指数（COD_{Mn}）、5日生化需氧量（BOD_5）、悬浮物（SS）、石油类等。根据工程实际情况，还可视需要加测水温、色度、重金属、总磷（TP）、总氮（TN）、砷（As）、氰化物、挥发酚、活性剂（LAS）、硫化物、溶解氧（DO）等项目。

（3）声环境质量。

监测环境噪声L_{Aeq}。

监测点位需根据施工过程的重点安排确定。

10. 对环境影响报告提出的其他环保措施的监理

根据不同项目的实际情况，环境影响报告会提出不同的环保措施，甚至会有比较特殊的措施，例如指定范围内的拆迁等。对于环境影响报告提出的已经批准的措施，应协助建设单位有效地落实、实施。

11. 交工及缺陷责任期的环境监理工作

环境保护有其特殊性，不同于工程质量完全是刚性的要求，环境保护还有一些软环境的要求，为了确保竣工环保验收能够顺利进行，在工程交工时，应组织或参加环境保护的初步验收，重点关注站场污水处理设施运行稳定性、达标情况，工程全线生态恢复和水土保持措施的落实情况，同时指出环境保护遗留问题并制定改进措施和计划，以免施工单位撤出后无法落实，确保顺利通过竣工环保验收。

1）初步验收管理内容

初步验收可以由建设单位组织，监理单位、施工承包商和设计单位参加。必要时，可邀请环境保护和水利主管部门参加。环境保护初步验收要点如下：

（1）工程完工，环境保护资料编制完成后，施工承包商向监理工程师提交初步验收申请。

（2）监理工程师审查初步验收申请。

（3）监理工程师会同建设单位，组织施工承包商、设计单位对工程现场和相关资料进行检查。

（4）对工程区环境质量状况进行预检，主要通过感观和利用环境监测单位监测的资料与数据进行检查，必要时进行实地监测。

（5）现场监督检查施工承包商对环境保护遗留问题进行处理。主要检查内容有取（弃）土场整治，临时设施如临时用房、沉淀池、化粪池等的拆除，道路（便道、便桥）及预制（拌和）场地平整，生活及建筑垃圾的处置，边坡整治，绿化等生态恢复和补偿情况。

（6）建设单位组织召开环境保护初步验收会议，监理工程师主持，对施工承包商执行环境保护合同条款与落实各项环境保护措施的情况与效果进行综合评估，审查环境保护遗留问题的整改措施和计划，讨论决定是否通过初步验收。会后，由监理工程师向建设单位提出工程环境保护初验报告。

2）初步验收问题整改环境监理内容

（1）监理工程师定期检查施工承包商对环境保护遗留问题整改计划的实施情况，并根据工程具体情况建议施工承包商对整改计划进行调整。

（2）监理工程师检查已实施的环境保护达标工程和环境保护工程，对交工验收后发生的环境保护问题或工程质量缺陷及时进行调查和记录，并指示施工承包商进行环境恢复或工程修复。

（3）收集工程试运行前所需的环境保护部门的各种批件，并予以协助办理。

3）施工单位环境保护资料验收管理内容

按照业主要求，监理人员审核施工承包商环境保护资料档案，主要包括

（但不限于）：

（1）工程资料。包括施工内容、施工工艺、大型船舶机械设备、施工平面图、施工周期、施工人数及污染物排放等基本工程概况。

（2）环境保护制度与措施。包括生活区、施工现场及船舶机械设备环境保护管理措施与制度。

（3）环境保护自查记录、整改措施与环境保护月报。

（4）与监理单位往来文件。包括环境监理备忘录、环境监理检验报告表、环境保护事故报告表、环境监理业务联系单及回复单等。

（5）环境恢复措施，主要包括：

① 临时设施处置计划。主要包括建（构）筑物（包括沉淀池、化粪池）等的处置计划。

② 生态恢复及生态补偿措施。主要包括取（弃）土场整治、道路（便道、便桥）及预制（拌和）场地平整、生活及建筑垃圾的处置，边坡整治、绿化等生态恢复和补偿措施。

4）缺陷责任期环境监理内容

（1）环境监理工程师定期检查施工单位对环境保护遗留问题整改计划的实施落实情况，并根据工程具体情况建议施工单位对整改计划进行调整。

（2）环境监理工程师检查已实施的环境保护达标工程和环境保护工程，对交工验收后发生的环境保护问题或工程质量缺陷及时进行调查和记录，并指示施工单位进行环境恢复或工程修复。

（3）环境监理工程师督促施工单位按合同及有关规定完成环境保护实施资料归档。

5）环境保护竣工验收监理要点

在工程竣工环境保护验收阶段，环境监理应协助建设单位做好以下工作：

（1）环境监理资料管理。

环境监理资料主要包括：

① 环境监理方案。

② 环境监理细则。

③ 与建设单位、施工承包商、设计单位来往环境保护监理文件。

④ 监理通知单及回复单。

⑤ 因环境保护问题签发的停（复）工通知单。

⑥ 与环境保护有关的会议记录和纪要。

⑦ 施工环境监理月报。

(2)编制工程环境监理总结报告。

(3)提出工程试运行前所需的环境保护部门的各类批件,并予以协调办理。

(4)收集保存环境保护验收时所需的资料。

(5)完成竣工环境保护验收小组交办的工作。

第五节　环境污染事故事件的法律责任及处理程序

环境污染事故是指由于违反环境保护法规的经济、社会活动与行为,以及意外因素的影响或不可抗拒的自然灾害等原因使环境受到污染,国家重点保护的野生动植物、自然保护区受到破坏,人体健康受到危害,社会经济与人民财产受到损失,造成不良社会影响的突发性事件。

环境污染事故的主要类型有水污染事故、大气污染事故、噪声与振动危害事故、固体废弃物污染事故、农药与有毒化学品污染事故、放射线污染事故以及国家重点保护野生动植物与自然保护区破坏事故等。

一、环境污染事故等级的划分

环境污染事故等级应主要根据污染事件可能造成的危害程度、紧急程度和发展势态来划分,一般分为四级:Ⅰ级(特大)、Ⅱ级(重大)、Ⅲ级(较大)和Ⅳ级(一般),环境污染事故等级划分标准如下。

1. Ⅰ级(特大)

(1)发生30人以上死亡,或中毒(重伤)100人以上;因环境事件需疏散、转移群众5万人以上,或直接经济损失1000万元以上。

(2)区域生态功能严重丧失或濒危物种生存环境遭到严重污染。

(3)因环境污染使当地正常的经济、社会活动受到严重影响。

(4)利用放射性物质进行人为破坏事件,或1、2类放射源失控造成大范围严重辐射污染后果。

(5)因环境污染造成重要城市主要水源地取水中断的污染事故。

(6)因危险化学品(含剧毒品)生产和贮运中发生泄漏,严重影响人民群众生产、生活的污染事故。

2. Ⅱ级(重大)

(1)发生 10 人以上 30 人以下死亡,或中毒(重伤)50 人以上 100 人以下。

(2)区域生态功能部分丧失或濒危物种生存环境受到污染。

(3)因环境污染使当地经济、社会活动受到较大影响,疏散转移群众 1 万人以上 5 万人以下。

(4)1、2 类放射源丢失、被盗或失控。

(5)因环境污染造成重要河流、湖泊、水库大面积污染,或县级以上城镇水源地取水中断的污染事故。

3. Ⅲ级(较大)

(1)发生 3 人以上 10 人以下死亡,或中毒(重伤)50 人以下。

(2)因环境污染造成跨地级行政区域纠纷,使当地经济、社会活动受到影响。

(3)3 类放射源丢失、被盗或失控。

4. Ⅳ级(一般)

(1)发生 3 人以下死亡。

(2)因环境污染造成跨县级行政区域纠纷,引起一般群体性影响的。

(3)4、5 类放射源丢失、被盗或失控。

环境污染事故等级的划分不仅仅是看污染的程度和范围那么简单,而更是要看事故所造成的具体伤亡人数情况,还要看是否影响到社会秩序。因此,环境污染事故等级划分的标准是非常严格可信的,环境污染事故等级划分中的危害程度可以根据化验报告而精准地确定,而紧急程度、发展势态比较难以界定。

二、环境污染事故的责任

环境污染事故的责任是指污染者违反法律规定,以作为或者不作为方式,污染生活环境、生态环境,造成损害,依法不问过错,应当承担损害赔偿等法律责任的特殊侵权责任。

(1)环境污染事故责任归责原则:无过错责任原则。

(2)环境污染事故责任构成要件:

① 须有违反环境保护法律的环境污染行为。

a. 作为和不作为。

b. 包括生活环境污染和生态环境污染。

② 须有客观损害事实。

a.《中华人民共和国环境保护法》规定为“造成他人损害”。

b.《中华人民共和国侵权责任法》规定为“造成损害”。

③ 须有因果关系。

a. 实行推定因果关系规则。

b. 只要证明施工单位或运营单位已经排放了可能危及人身健康的有害物质,而公众的人身健康在排污后受到或者正在受到危害,就可以推定这种危害是由该排污行为所致。

(3)环境污染事故责任承担。

因污染环境造成损害的,污染者应当承担侵权责任:

① 两个以上污染者污染环境,污染者承担责任的大小需根据污染物的种类、排放量等因素确定。

② 因第三人的过错污染环境造成损害的。

a. 被侵权人可以向污染者请求赔偿,也可以向第三人请求赔偿。

b. 污染者赔偿后,有权向第三人追偿。

(4)环境污染事故责任担当方式。

①《中华人民共和国环境保护法》《中华人民共和国水污染防治法》《中华人民共和国大气污染防治法》等环境保护法律规定环境污染承担民事责任的主要方式:排除危害与赔偿损失。

环境污染事故责任是对污染环境行为的一种惩罚,在侵权行为中,环境污染行为是特殊的一种侵权,因为适用的归责原则是无过错责任原则,这对于促进人们的环保意识有着积极的作用。

② 法律规定具体处罚内容。

《中华人民共和国环境保护法》第六十四条:因污染环境和破坏生态造成损害的,应当依照《中华人民共和国侵权责任法》的有关规定承担侵权责任。

《中华人民共和国水污染防治法》第八十三条第二款:对造成一般或者较大水污染事故的,按照水污染事故造成的直接损失的百分之二十计算罚款;对造成重大或者特大水污染事故的,按照水污染事故造成的直接损失的百分之三十计算罚款。

《中华人民共和国大气污染防治法》第六十一条:对违反本法规定,造成大气污染事故的企业事业单位,由所在地县级以上地方人民政府环境保护行政主管部门根据所造成的危害后果处直接经济损失百分之五十以下罚款,但最高不超过五十万元;情节较重的,对直接负责的主管人员和其他直接责任人员,由所在单位或者上级主管机关依法给予行政处分或者纪律处分;造成重大大气污染事故,导致公私财产重大损失或者人身伤亡的严重后果,构成犯罪的,依法追究刑事责任。

《中华人民共和国固体废物污染环境防治法》第八十二条:违反本法规定,造成固体废弃物污染环境事故的,由县级以上人民政府环境保护行政主管部门处二万元以上二十万元以下的罚款;造成重大损失的,按照直接损失的百分之三十计算罚款,但是最高不超过一百万元,对负有责任的主管人员和其他直接责任人员,依法给予行政处分;造成固体废弃物污染环境重大事故的,由县级以上人民政府按照国务院规定的权限决定停业或者关闭。

相关环境保护法律法规内容见附录一“环境保护法律法规简介”。

第二章 环境影响评价技术

环境影响评价制度是我国环境保护的一项基本法律制度。《中华人民共和国环境影响评价法》给出的环境影响评价的法律定义为：对规划和建设项目实施后可能造成的环境影响进行分析、预测和评估，提出预防或者减轻不良环境影响的对策和措施，进行跟踪监测的方法与制度。

按照评价对象，环境影响评价可以分为规划环境影响评价与建设项目环境影响评价。

按照环境要素，环境影响评价可以分为大气环境影响评价、地表水环境影响评价、声环境影响评价、生态环境影响评价与固体废弃物环境影响评价。

按照时间顺序，环境影响评价一般分为环境质量现状评价、环境影响预测评价与环境影响后评价。

环境影响后评价是在规划或开发建设活动实施后，对环境的实际影响程度进行系统调查和评估，检查对减少环境影响的措施的落实程度和效果，验证环境影响评价结论的正确可靠性，判断评价提出的环保措施的有效性，对一些评价时尚未认识到的影响进行分析研究，并采取补救措施，消除不利影响。

第一节 环境现状调查与评价

环境现状调查是环境影响评价的组成部分，一般情况下应根据建设项目所在地区的环境特点，结合环境要素影响评价的工作等级，确定各环境要素的现状调查范围，并筛选出应调查的有关参数。

环境现状调查中，对环境中与评价项目有密切关系的部分(如大气、地面水、地下水等)应全面、详细地调查，对这些部分的环境质量现状应有定量的数据并做出分析或评价；对一般自然环境与社会环境的调查，应根据评价地区的实际情况进行调查。

环境现状调查的方法主要有三种，即收集资料法、现场调查法和遥感方法。收集资料法应用范围广、收效大，比较节省人力、物力和时间。环境现状调查时，应首先通过此方法获得现有的各种有关资料，但此方法只能获得第二手资料，而且往往不全面，不能完全符合要求，需要其他方法补充。

现场调查法可以针对使用者的需要，直接获得第一手的数据和资料，以弥补收集资料法的不足。这种方法工作量大，需占用较多的人力、物力和时间，有时还可能受季节、仪器设备条件的限制。

遥感方法可从整体上了解一个区域的环境特点，可以弄清人类无法到达地区的地表环境情况，如一些大面积的森林、草原、荒漠、海洋等。在环境现状调查中使用此方法时，绝大多数情况使用直接飞行拍摄的办法，只判读和分析已有的航空或卫星相片。

一、自然环境与社会环境的调查

自然环境与社会环境的调查是环境影响评价的组成部分，要清楚项目建设对环境的影响，必须要对项目建设之前项目建设所在地的自然环境与社会环境进行调查。

1. 自然环境调查的基本内容

（1）地理位置。

（2）地质。

（3）地形地貌。

（4）气候与气象。

（5）地面水环境。

（6）地下水环境。

（7）土壤与水土流失。

（8）动物、植物与生态。

2. 社会环境调查的基本内容

（1）社会经济。主要根据现有资料，结合必要的现场调查，简要叙述评价所在地的社会经济状况和发展趋势：

① 人口。

② 工业与能源。

③ 农业与土地利用。

④ 交通运输。

(2)文物与景观。

(3)人群健康状况。

二、大气环境现状的调查与评价

大气环境现状调查与评价是从环境保护的目的出发,通过调查、预测、评价等手段,分析、判断生产生活活动所排放的大气污染物对大气环境质量影响的程度和范围,为制定大气污染防治措施、合理安排生产生活活动提供科学依据或指导性意见。

大气环境现状调查包括大气污染源调查、大气环境质量现状调查、大气环境质量现状监测和气象观测资料调查四方面内容。

1. 大气污染源调查

1)大气污染源调查与分析对象

大气污染源调查对象和内容应符合相应评价等级的规定。重点关注现状监测值能否反映评价范围有变化的污染源,如包括所有被替代污染源的调查,以及评价区内与项目排放主要污染物有关的其他在建项目、已批复环境影响评价文件的拟建项目等污染源。

对于一级、二级评价项目,应调查、分析项目的所有污染源(对于改建、扩建项目应包括新污染源、老污染源)、评价范围内与项目排放污染物有关的其他在建项目、已批复环境影响评价文件的未建项目等污染源。如有区域替代方案,还应调查评价范围内所有的拟替代的污染源。对于三级评价项目,可只调查、分析项目污染源。

2)污染源调查与分析方法

污染源调查与分析方法,根据项目的具体情况可采用不同的方式,一般对于新建项目,可通过类比调查、物料衡算或设计资料来确定;对于评价范围内的在建和未建项目的污染源调查,可使用已批准的环境影响报告书中的资料;对于现有项目和改建、扩建项目的现状污染源调查,可利用已有有效数据或进行实测;对于分期实施的工程项目,可利用前期工程最近 5 年内的验收监测资料、年度例行监测资料或进行实测。评价范围内拟替代的污染源调查方法可参考项目污染源的调查方法。

（1）现场实测。

主要适用于排气筒排放的大气污染物，例如由排气筒排放的 SO_2、NO_x 或颗粒物等。

（2）物料衡算法。

物料衡算法是对生产过程中所使用的物料情况进行定量分析的一种科学方法。对一些无法实测的污染源，可采用此法计算污染物的源强。

（3）经验估计法。

对于某些特征污染物排放量，可依据一些经验公式或一些经验的单位产品的排污系数来计算。

2. 大气环境质量现状的调查与评价

1）空气质量现状调查的方法

空气质量现状调查的方法有现场监测法与收集已有资料法。资料来源分三种途径，可视不同评价等级对数据的要求采用：

（1）收集评价范围内及邻近评价范围各例行空气质量监测点近 3 年与项目有关的监测资料。

（2）收集近 3 年与项目有关的历史监测资料。

（3）进行现场监测。

收集的资料应注意资料的时效性和代表性，监测资料能反映评价范围内的空气质量状况和主要敏感点的空气质量状况。一般来说，评价范围内区域污染源变化不大的情况下，监测资料 3 年内有效。

现场监测应确定监测因子、监测时间和监测点位等，并提出监测需求，委托有资质的监测部门进行监测。

监测因子应与评价项目排放的污染物相关，包括评价项目排放的常规污染物和特征污染物。

监测时间选取应符合《环境影响评价技术导则　大气环境》（HJ 2.2—2008）中关于监测制度的要求。

监测点位设置应根据项目的规模和性质，结合地形复杂性、污染源及环境空气保护目标的布局，综合考虑监测点设置数量。对于地形复杂、污染程度空间分布差异较大、环境空气保护目标较多的区域，可酌情增加监测点数目。对于评价范围大，区域敏感点多的评价项目，在布设各个监测点时，要注意监测点的代表性，环境监测值应能反映各环境敏感区域、各环境功能区的环境质量，以及预计受项目影响的高浓度区的环境质量，同时布点还要遵循近密远疏的原则。具体监测点位,可根据局部地形条件、风频分布特征以及环境功能区、环境空气保护目标所在方位做适当调整。各监测期环境空气敏感区的监测点位置应重合。预计受项目影响的高浓度区的监测点位,应根据各监测期所处季节主导风向进行调整。

2)空气质量现状监测数据的有效性分析

对于空气质量现状监测数据有效性分析,应从监测资料来源、监测布点、点位数量、监测时间、监测频次、监测条件、监测方法以及数据统计的有效性等方面,分析是否符合导则、标准以及监测分析方法等有关要求。

对于日平均浓度值和小时平均浓度值,既可采用现状监测值,也可采用评价区域内近3年的例行监测资料或其他有效监测资料,年均值一般来自于例行监测资料。监测资料应反映环境质量现状,对近年来区域污染源变化大的地区,应以现状监测资料和当年的例行监测资料为准。对于评价范围内有例行空气质量监测点的,应获取其监测资料,分析区域长期的环境空气质量状况。

空气质量现状监测制度与布点原则应符合《环境影响评价技术导则　大气环境》(HJ 2.2—2008)的要求。各个监测点要有代表性,环境监测值应能反映各环境空气敏感区、环境功能区的环境质量,以及预计受项目影响的高浓度区的环境质量。

环境空气质量监测点位置的周边环境应符合相关环境监测技术规范的规定。

监测方法的选择应满足项目的监测目的,并注意其适用范围、有效检测范围等监测要求。凡涉及《环境空气质量标准》(GB 3095—2012)中各项污染物的分析方法应符合GB 3095—2012对分析方法的规定,对尚未制定环境标准的非常规大气污染物,应尽可能参考ISO和国内外相应的监测方法,在环境影响评价文件中详细列出监测方法、适用性及其引用依据,并报请环保主管部门批准。

3. 大气环境质量现状评价的方法

对区域大气环境质量现状主要是通过对现状监测资料和区域历史监测资料进行统计分析来评价,评价方法主要采用对标法:对照各污染物有关的环境质量标准,分析其长期浓度(年均浓度、季均浓度、月均浓度)、短期浓度(日平均浓度、小时平均浓度)的达标情况。

1)监测结果统计分析

监测结果统计分析包括各监测点大气污染物不同取值时间的浓度变化范围,统计年平均浓度最大值、日平均浓度最大值和小时平均浓度最大值与相应的标准限值进行比较分析,给出占标率或超标倍数,评价其达标情况。若监测结果出现超标,应分析其超标率、最大超标倍数以及超标原因,并分析大气污染物浓度的日变化规律以及重污染时间分布情况及其影响因素。此外,还应分析评价范围内的污染水平和变化趋势。

2)现状监测数据达标分析

统计分析监测数据时,先以列表的方式给出各监测点位置、监测内容以及监测方法等内容。在分析处理各时段监测数据时,应反映其原始有效监测数据,小时、日均等监测浓度应是从最小监测值到最大监测值的浓度变化范围值,即 $C_{min} \sim C_{max}$ 的浓度,并分析最大浓度 C_{max} 占标率和监测期间的超标率以及达标情况。

参与统计计算的监测数据必须是符合要求的监测数据。对于个别极值,应分析出现的原因,判断其是否符合规范要求,不符合监测技术规范要求的监测数据不参与统计计算,未检出的点位数计入总监测数据个数中。

3)评价范围内的污染水平和变化趋势分析

根据现场监测数据和收集的例行监测数据,分析评价范围内的各项监测数据的日变化规律以及年变化趋势,并绘制污染物日变化图和年变化趋势图,参考同步气象资料分析其变化规律,并分析重污染时间分布情况及其影响因素。结合区域大气环境整治方案和近 3 年例行监测数据的变化趋势来分析区域环境容量。

4. 气象观测资料调查

1)气象观测资料调查的基本原则

气象观测资料的调查要求与项目的评价等级有关,还与评价范围内地形复杂程度、水平流场是否均匀一致、污染物排放是否连续稳定等有关。常规气象观测资料包括常规地面气象观测资料和常规高空气象探测资料。

对于各级评价项目,均应调查评价范围 20 年以上的主要气候统计资料,包括年平均风速和风向玫瑰图,最大风速与月平均风速,年平均气温,极端气温与月平均气温,年平均相对湿度,年均降水量,降水量极值,日照等。对于一级、二级评价项目,还应调查逐日、逐次的常规气象观测资料及其他气象观测资料。

2)气象观测资料调查的要求

(1)对于一级评价项目,气象观测资料调查的基本要求分两种情况:

① 评价范围小于50km条件下,须调查地面气象观测资料,并按选取的模式要求调查必需的常规高空气象探测资料。

② 评价范围大于50km条件下,须调查地面气象观测资料和常规高空气象探测资料。

地面气象观测资料调查要求:调查距离项目最近的地面气象观测站,近5年内至少连续3年的常规地面气象观测资料。如果地面气象观测站与项目的距离超过50km,并且地面站与评价范围的地理特征不一致,还需进行补充地面气象观测。

常规高空气象探测资料调查要求:调查距离项目最近的高空气象探测站,近5年内至少连续3年的常规高空气象探测资料。如果高空气象探测站与项目的距离超过50km,高空气象资料可采用中尺度气象模式模拟50km内的格点气象资料。

(2)对于二级评价项目,气象观测资料调查的基本要求:同一级评价项目,对应的气象观测资料年限要求为近3年内至少连续1年的常规地面气象观测资料和高空气象探测资料。

3)气象观测资料调查的内容

(1)地面气象观测资料。

根据所调查地面气象观测站的类别,并遵循先基准站、次基本站、后一般站的原则,收集每日实际逐次观测资料。观测资料的常规调查项目包括时间(年、月、日、时)、风向(以角度或按16个方位表示)、风速、干球温度、低云量以及总云量。

根据不同评价等级预测精度要求及预测因子特征,可选择调查的观测资料的内容包括湿球温度、露点温度、相对湿度、降水量、降水类型、海平面气压、观测站地面气压、云底高度、水平能见度等。

(2)常规高空气象探测资料。

观测资料的时次应根据所调查常规高空气象探测站的实际探测时次来确定,一般应至少每日调查1次(北京时间08:00)的距地面1500m高度以下的高空气象探测资料。观测资料的常规调查项目包括时间(年、月、日、时),探空数据层数,每层的气压、高度、气温、风速、风向(以角度或按16个方位表示)。

三、地表水环境现状的调查与评价

1. 水环境现状调查范围的确定

建设项目水环境现状调查范围的确定需遵循以下原则：

(1)包括建设项目对周围地面水环境影响较显著的区域。

(2)按照污染物排放进入周围水体后可能达标范围、水量、受纳水域特点、污水排放量大小及评价等级的高低来决定。

(3)根据污水量和河流规模确定河流下游调查河段长度。

(4)确定敏感点。

(5)湖泊、水库以及海湾水环境现状调查范围需考虑污水排放量的大小来确定调查半径或调查面积。

2. 水环境现状评价的方法

水环境质量评价方法一般采用单因子指数评价法，即取某一评价因子多次监测的极值或平均值与该因子的标准值相比较。

在水环境质量评价中，当有一项指标超过相应功能的标准值时，就表示该水体已经不能完全满足该功能的要求，因此通过单因子评价法可以非常简单明了地了解水域是否满足功能要求，单因子评价法是水环境影响评价中最常用的方法。

一般水环境质量因子评价：单项水环境质量参数 i 在第 j 点的标准指数为：

$$S_{ij} = \frac{C_{ij}}{C_{si}} \tag{2-1}$$

式中　S_{ij}——标准指数；

C_{ij}——评价因子 i 在 j 点的实测统计代表值，mg/L；

C_{si}——评价因子 i 的评价标准限值，mg/L。

水环境质量参数的标准指数大于1，表明该水环境质量参数超过了规定的水环境质量标准，已经不能满足使用要求。

四、环境噪声现状的调查与评价

环境噪声现状调查与评价，需根据声环境影响评价工作等级和评价范围确定环境噪声现状调查的范围、内容；调查一般需给出评价范围内影响声传播的环境要素，环境噪声功能区划、敏感目标及其分布情况，不同环境噪声功能区和敏感目标的声环境质量，超标、达标情况以及受噪声影响的人口数量及分布情况，影响环境噪声质量的现有声源种类、数量、位置及影响的噪声级，边界噪声超标、达标情况。

1. 环境噪声现状的调查

1）调查的目的

进行环境噪声现状调查的目的是：掌握评价范围内环境噪声质量现状，声环境敏感目标和人口分布情况，为环境噪声现状评价和预测评价提供基础资料，也为管理决策部门提供有关声环境质量现状情况等信息，以便与项目建设后的环境噪声影响程度进行比较和判别。

2）调查的内容

环境噪声现状调查的主要内容有：评价范围内现有的噪声源种类、数量及相应的噪声级，评价范围内现有的噪声敏感目标及相应的噪声功能区划和应执行的噪声标准，评价范围内各功能区噪声现状，边界噪声超标状况及受影响人口分布和敏感目标超标情况。

3）调查的方法

环境噪声现状调查的基本方法是收集资料法、现场调查和测量法。实际评价工作中，应根据噪声评价工作等级相应的要求确定是采用收集资料法还是现场调查和测量法，或是两种方法结合进行。

2. 环境噪声现状评价的方法

环境噪声现状评价包括噪声源现状评价和声环境质量现状评价，其评价方法是对照相关标准评价达标或超标情况并分析其原因，同时评价受到噪声影响的人口分布情况。

（1）对于噪声源现状评价，应当评价在评价范围内现有噪声源种类、数量及相应的噪声级、噪声特性，并进行主要噪声源分析等。

（2）对于环境噪声现状评价，应当就评价范围内现有噪声敏感区、保护目标的分布情况、噪声功能区划情况等来评价评价范围内环境噪声现状，包括各功能区噪声级、超标状况及起主要影响的噪声源分析；各边界的噪声级、超标状况，并进行主要噪声源分析。此外，还要说明受噪声影响的人口分布状况。

(3)环境噪声现状评价结果应当用表格和图示来表达清楚。说明主要噪声源位置、各边界测量点和环境敏感目标测量点位置,给出相关距离和地面高差。对于改扩建飞机场,需要绘制现状计权等效连续感觉噪声级(WECPNL)的等声级线图,说明周围敏感目标受不同声级的影响情况。

五、生态环境现状的调查与评价

1. 生态环境现状调查的内容

(1)自然环境调查:包括地理特征、地质构造、地震烈度、气象气候因素、水文、水文地质、环境质量(水、气、声)等。

(2)生态系统调查:首先须分辨生态系统类型,包括陆地生态与水生生态系统,自然生态与人工生态系统,然后对各类生态系统按识别和筛选确定的重要评价因子进行调查。

(3)区域资源和社会经济状况调查:社会结构情况,如人口密度、人均资源量(人均土地资源、人均水资源)、人均生活水平、科技和文化水平等;自然资源状况,如水、土壤、动植物、矿产资源等;经济结构与经济增长方式,如产业构成的历史、现状及发展,自然资源的利用方式和强度等;移民调查,包括迁移规模、迁移方式,预计移民区产业情况,住宅区情况及潜在的生态问题和敏感因素。

2. 生态环境现状调查的方法

(1)收集现有资料:从农、林、牧、渔业资源管理部门、专业研究机构收集生态和资源方面的资料,包括生物物种清单和动物群落、植物区系及土壤类型等资料。

(2)收集各级政府部门有关资料,并收集国际上有关规定等资料。包括收集各级政府部门有关土地利用、自然资源、自然保护区、珍稀和濒危物种保护的规划或规定、环境保护规划与环境功能区划等资料。

(3)野外调查,取样监测。

(4)收集遥感资料,建立地理信息系统,并进行野外定位验证(3S 技术),可采集到大区域、最新最准确的信息。

(5)访问专家,解决调查和评价中高度专业化的问题和疑难问题。

(6)采取定位或半定位观测,如候鸟迁徙。

第二节　环境影响识别与评价因子的筛选

一、环境影响识别的基本概念及内容

环境影响识别就是通过系统地检查拟建项目的各项“活动”与各环境要素之间的关系，识别可能的环境影响，包括环境影响因子、影响对象（环境因子）、环境影响程度和环境影响的方式。

按照拟建项目的“活动”对环境要素的作用属性，环境影响可以划分为有利影响、不利影响，直接影响、间接影响，短期影响、长期影响，可逆影响、不可逆影响等。

环境影响的程度和显著性与拟建项目的“活动”特征、强度以及相关环境要素的承载能力有关。

有些环境影响可能是显著或非常显著的，在对项目做出决策之前，需要进一步了解其影响的程度，所需要或可采取的减缓、保护措施以及防护后的效果等；有些环境影响可能是不重要的，或者说对项目的决策、项目的管理没有什么影响。环境影响识别的任务就是要区分、筛选出显著的、可能影响项目决策和管理的需要进一步评价的主要环境影响（或问题）。

在环境影响识别中，自然环境要素可划分为地形、地貌、地质、水文、气候、地表水质、空气质量、土壤、森林、草场、陆生生物、水生生物等，社会环境要素可划分为城市（镇）、土地利用、人口、居民区、交通、文物古迹、风景名胜、自然保护区、健康以及重要的基础设施等。各环境要素可由表征该要素特性的各相关环境因子来具体描述，构成一个有结构、分层次的环境因子序列。

构造的环境因子序列应能描述评价对象的主要环境影响，表达环境质量状态，并便于度量和监测。

在环境影响识别中，可以使用一些定性的具有“程度”判断的词语来表征环境影响的程度，如“重大”影响、“轻度”影响、“微小”影响等。这种表达没有统一的标准，通常与评价人员的文化、环境价值取向和当地环境状况有关。但是这种表述对给“影响”排序、制定其相对重要性或显著性是非常有用的。

在环境影响程度的识别中,通常按3个等级或5个等级来定性地划分影响程度。如按5级划分不利环境影响,见表2-1。

表2-1 环境影响程度划分

影响级别	判断标准
极端不利	外界压力引起某个环境因子无法替代、恢复和重建的损失,这种损失是永久的、不可逆的
非常不利	外界压力引起某个环境因子严重而长期的损害或损失,其代替、恢复和重建非常困难和昂贵,并需很长时间
中度不利	外界压力引起某个环境因子的损害和破坏,其替代或恢复是可能的,但相当困难且可能要较高的代价,并需比较长的时间
轻度不利	外界压力引起某个环境因子的轻微损失或暂时性破坏,其再生、恢复与重建可以实现,但需要一定的时间
微弱不利	外界压力引起某个环境因子的暂时性破坏或受干扰,环境的破坏或干扰能较快地自动恢复或再生,或者其替代与重建比较容易实现

二、环境影响识别技术考虑的因素

建设项目的环境影响识别,一般应考虑以下几个方面:

(1)项目的特性。

(2)项目涉及的当地环境特性及环境保护要求(如自然环境、社会环境、环境保护功能区划、环境保护规划等)。

(3)识别主要的环境敏感区和环境敏感目标。

(4)从自然环境和社会环境两方面识别环境影响。

(5)突出对重要的或社会关注的环境要素的识别。

三、环境影响识别的方法

1. 清单法

清单法包括简单型清单法、描述型清单法与分级型清单法。

环境影响识别常用的是描述型清单法,目前有两种类型的描述型清单:

环境资源分类清单与传统的问卷式清单。

2. 矩阵法

矩阵法由清单法发展而来，不仅具有环境影响识别功能，还有影响综合分析功能，以定性或半定量的方式说明拟建项目的环境影响。矩阵法分为相关矩阵法与迭代矩阵法。环境影响识别中一般采用相关矩阵法。

3. 其他识别方法

(1)叠图法，用于涉及地理空间较大的建设项目。

(2)影响网络法，可识别间接影响和累积影响。

四、环境评价因子的筛选

环境评价因子的筛选是指根据建设项目特征和当地环境污染状况对污染因子(待评价的污染物)进行筛选。环境评价因子筛选包括大气环境影响评价因子筛选、水环境影响评价因子筛选以及声环境影响评价因子筛选。

1. 大气环境影响评价因子的筛选

1)筛选原则

(1)选择该项目等标排放量 P_i 较大的污染物为主要污染因子。

(2)考虑在评价区内已造成严重污染的污染物。

(3)考虑列入国家主要污染物总量控制指标的污染物。

2)等标排放量 P_i(m^3/h)的计算

$$P_i = Q_i / C_{oi} \times 10^9 \qquad (2-2)$$

式中 Q_i——第 i 类污染物单位时间的排放量，t/h；

C_{oi}——第 i 类污染物空气质量标准，mg/m^3。

2. 水环境影响评价因子的筛选

水环境影响评价因子是从所调查的水环境质量参数中选取的。

需要调查的水环境质量参数有两类：一类是常规水环境质量参数，它能反映水域水环境质量一般状况；另一类是特征水环境质量参数，它能代表拟建项目将来的排水水环境质量。在某些情况下，还需调查一些补充项目。

(1)常规水环境质量参数。以《地表水环境质量标准》(GB 3838—2002)中所列的pH值、溶解氧、高锰酸盐指数、化学耗氧量、5日生化需氧量、总氮或氨氮、酚、氰化物、砷、汞、铬(六价)、总磷及水温为基础,根据水域类别、评价等级及污染源状况适当增减。

(2)特殊水环境质量参数。根据建设项目特点、水域类别及评价等级以及建设项目所属行业的特征水环境质量参数表进行选择,具体情况可以适当删减。

(3)其他方面的参数。被调查水域的环境质量要求较高(如自然保护区、饮用水水源地、珍贵水生生物保护区、经济鱼类养殖区等),且评价等级为一级、二级,应考虑调查水生生物和底质。其调查项目可根据具体工作要求来确定,或从下列项目中选择部分内容:

① 水生生物方面主要调查浮游动植物、藻类、底栖无脊椎动物的种类和数量、水生生物群落结构等。

② 底质方面主要调查与建设项目排水水环境质量有关的易积累的污染物。

根据对拟建项目废水排放的特点和水环境质量现状调查的结果,选择其中主要的污染物,对地表水环境危害较大以及国家和地方要求控制的污染物作为评价因子。预测评价因子应能反映拟建项目废水排放对地表水体的主要影响。建设期、运行期、服务期满后各阶段均应根据具体情况确定预测评价因子。

对于河流水体,可按下式计算结果的大小将水环境质量参数排序后选取:

$$ISE = C_{pi}Q_{pi}/(C_{si} - C_{hi})Q_{hi} \tag{2-3}$$

式中 ISE——污染物排序指标(用于预测水环境质量参数的筛选);

C_{pi}——水污染物 i 的排放浓度,mg/L;

Q_{pi}——含水污染物 i 的废水排放量,m^3/s;

C_{si}——水环境质量参数 i 的地表水水环境质量标准,mg/L;

C_{hi}——河流上游水环境质量参数 i 的浓度,mg/L;

Q_{hi}——河流上游来水的流量,m^3/s。

ISE 值越大,说明拟建项目对河流中该项水环境质量参数的影响越大。

第三节　大气、地表水、地下水、声环境影响预测与评价

一、大气环境影响预测与评价

在环境影响评价中，通常是采用大气环境影响预测方法判断拟建项目或规划项目完成后对评价区域大气环境的影响程度和范围，并由此得到建设项目或规划项目的选址、建设规模是否合理，环保措施和建设项目或规划项目是否可行等结论。常用的大气环境影响预测方法是通过建立数学模型来模拟各种气象条件、地形条件下污染物在大气中输送、扩散、转化和清除等物理、化学机制。

大气环境影响评价是从环境保护的目的出发，通过调查、预测、评价等手段分析、判断生产生活活动所排放的大气污染物对大气环境质量影响的程度和范围，为制定大气污染防治措施、合理安排生产生活活动提供科学依据或指导性意见。

1. 大气环境影响预测与评价步骤

大气环境影响预测与评价步骤如下：

确定预测因子→确定预测范围→确定计算点→确定污染源计算清单→确定气象条件→确定地形数据→确定预测内容和设定预测情景→选择预测模式→确定模式中的相关参数→进行大气环境影响预测与评价。

1）确定预测因子

预测因子应根据评价因子而定，选取有环境空气质量标准的评价因子作为预测因子。

2）确定预测范围

预测范围应覆盖评价范围，同时还应考虑污染源的排放高度、评价范围的主导风向、地形和周围环境敏感区的位置等进行适当调整，见表2－2。

表 2－2　预测网格点设置方法

预测网格点设置		直角坐标网格	极坐标网格
布点原则		网格等间距或近密远疏法	径向等间距或距源中心近密远疏法
预测网格点网格距	距离源中心≤1000m	50～100m	50～100m
	距离源中心＞1000m	100～500m	100～500m

3）确定计算点

计算点可分三类：环境空气敏感区、预测范围内的网格点以及区域最大地面浓度点。所有的环境空气敏感区中的环境空气保护目标均可作为计算点。

区域最大地面浓度点的预测网格设置应依据计算出的网格点浓度分布而定，在高浓度分布区，计算点间距应不大于50m。

对于邻近污染源的高层住宅楼，应适当考虑不同代表高度上的预测受体。

4）确定污染源计算清单

参见《环境影响评价技术导则　大气环境》（HJ 2.2—2008）附录C。

5）确定气象条件

大气中污染物的扩散和当地气象条件密切相关，大气预测所采用的气象参数能否代表评价项目所在区域的气象特征，是影响预测结果是否准确的一个重要因素。对于不同的评价等级，所需长期气象条件也有不同，其中评价等级为一级的需要近5年内至少连续3年的逐日、逐次气象数据；评价等级为二级的需要近3年内至少连续1年的逐日、逐次气象数据。此外，不同的预测模式所需气象参数也略有不同，见表2－3。

表 2－3　不同预测模式气象参数要求

气象条件	ADMS－EIA	AERMOD	CALPUFF
常规地面气象观测数据	必须为地面逐时气象参数	必须为地面逐时气象参数	必须为地面逐时气象参数
高空气象数据	可选	必须为对应每日至少一次探空数据	必须有一个或以上探空站，对应每日至少一次探空数据
近地面补充高空数据	可选	可选	可选

常规高空探测资料的常规调查项目包括时间(年、月、日、时),探空数据层数,每层的气压、高度、气温、风速、风向(以角度或按16个方位表示)。每日观测资料的时次,根据所调查常规高空气象探测站的实际探测时次来确定,一般应至少调查每日1次(北京时间08:00)的距地面1500m高度以下的高空气象探测资料。高空气象探测资料应采用距离项目最近的常规高空气象探测站,如果高空气象探测站与项目的距离超过50km,高空气象资料可采用中尺度气象模式模拟的50km内的格点气象资料。

根据《环境影响评价技术导则 大气环境》(HJ 2.2—2008)的要求,对于一级和二级评价项目,计算小时平均浓度需采用长期气象条件,进行逐时或逐次计算;选择污染最严重的(针对所有计算点)小时气象条件和对各环境空气保护目标影响最大的若干个小时气象条件(可视对各环境空气敏感区的影响程度而定)作为典型小时气象条件。计算日平均浓度需采用长期气象条件,进行逐日平均计算;选择污染最严重的(针对所有计算点)日气象条件和对各环境空气保护目标影响最大的若干个日气象条件(可视对各环境空气敏感区的影响程度而定)作为典型日气象条件。

长期气象条件是指达到一定时限及观测频次要求的气象条件。长期气象条件中,每日地面气象观测时次应至少4次或以上,对于仅能提供一日3次的气象数据,应按国家气象局《地面气象观测规范要求》对夜间02:00的监测数据进行补充。

6)确定地形数据

在非平坦的评价范围内,地形的起伏对污染物的传输、扩散会有一定的影响。对于复杂地形下的污染物扩散模拟需要输入地形数据。

对于复杂地形的判断,在《环境影响评价技术导则 大气环境》(HJ 2.2—2008)中的规定是:距污染源中心点5km内的地形高度(不含建筑物)等于或超过排气筒高度时,定义为复杂地形。如果评价区域属于复杂地形,应根据模式需要,收集地形数据。对地形数据除包括预测范围内各网格点高度外,对还应包括各污染源、预测关心点、监测点的地面高程。此外,对于不同的预测范围,地形数据应满足一定的分辨率要求。对地形数据的来源应予以说明,对地形数据的精度应结合评价范围及预测网格点的设置进行合理选择。不同的评价范围所对应的地形数据精度可参考表2-4。

表 2 - 4　不同评价范围建议地形数据精度

评价范围,km	5 ~ 10	10 ~ 30	30 ~ 50	> 50
地形数据网格距,m	≤100	≤250	≤500	500 ~ 1000

7)确定预测内容和设定预测情景

设定合理有效的预测方案,有利于全面了解污染源对区域环境的影响。预测方案的设计,关键因素是合理选择污染源的组合方案。在选择污染源及其排放方案时,应注意结合工程特点,将污染源类别分为新增加污染源、削减污染源、被取代污染源以及评价范围内其他污染源,而新增污染源又分正常排放和非正常排放两种排放形式。在预测结果中,应能明确反映出拟建项目新增污染源在正常排放、非正常排放下对环境的最大影响,并能有效分析预测评价范围内是否超标、超标程度、超标位置、超标概率等,不同厂址布局、污染排放方式、污染治理方案情况下环境污染物浓度的变化,改扩建项目建成后环境污染物浓度的变化情况,以及叠加背景浓度后环境空气质量的变化情况等。

预测情景根据预测内容来设定,一般考虑五个方面:污染源类别、排放方案、预测因子、气象条件与计算点。

8)选择预测模式

采用《环境影响评价技术导则　大气环境》(HJ 2.2—2008)推荐模式清单中的进一步预测模式进行大气环境影响预测。选择预测模式时,应结合模式的适用范围和对参数的要求进行合理选择。进一步预测模式是一些多源预测模式,包括 AERMOD、ADMS 和 CALPUFF,适用于一级、二级评价工作的进一步预测工作。各预测模式可基于评价范围的气象特征及地形特征,模拟单个或多个污染源排放的污染物在不同平均时限内的浓度分布。不同的预测模式有其不同的数据要求及适用范围。

9)确定模式中的相关参数

在进行大气环境影响预测时,应针对区域特征以及不同的污染物及预测范围、预测时段,对模式参数进行比较分析,合理选择模式参数。如计算 TSP 的长期平均浓度(日均及以上平均时段),需注意合理选择重力沉降及干、湿沉降参数;计算 SO_2 和 NO_2 浓度时,应注意根据输出结果选用合理的半衰期及化学转化系数等,并对预测模式中的有关模型选项及化学转化等参数进行说明。不同预测主要输入参数见表 2 - 5。

表 2－5　不同预测模式主要输入参数

参数类型	ADMS－EIA	AERMOD	CALPUFF
地表参数	地表粗糙度，最小 M－O 长度	地表反照率、波温率、地表粗糙度	地表粗糙度、土地使用类型、植被代码
干沉降参数	干沉降参数	干沉降参数	干沉降参数
湿沉降参数	湿沉降参数	湿沉降参数	湿沉降参数
化学反应参数	化学反应选项	半衰期、NO_x 转化系数、臭氧浓度等	化学反应计算选项

10）进行大气环境影响预测与评价

按设计的各种预测情景和方案分别进行模拟计算，并对结果进行分析与评价，主要内容包括：

（1）对环境空气敏感区的环境影响分析，应考虑其预测值和同点位处的现状背景值最大值的叠加影响；对最大地面浓度点的环境影响分析，可考虑预测值和所有现状背景值平均值的叠加影响。

（2）叠加现状背景值，分析项目建成后最终的区域环境质量状况，即新增污染源预测值＋现状监测值－削减污染源计算值（如果有）－被取代污染源计算值（如果有）＝项目建成后最终的环境影响。若评价范围内还有其他在建项目、已批复环境影响评价文件的拟建项目，也应考虑其建成后对评价范围的共同影响。

（3）分析典型小时气象条件下项目对环境空气敏感区和评价范围的最大环境影响，分析是否超标、超标程度、超标位置，分析小时浓度超标概率和最大持续发生时间，并绘制评价范围内出现区域小时平均浓度最大值时所对应的浓度等值线分布图。

（4）分析典型日气象条件下项目对环境空气敏感区和评价范围的最大环境影响，分析是否超标、超标程度、超标位置，分析日平均浓度超标概率和最大持续发生时间，并绘制评价范围内出现区域日平均浓度最大值时所对应的浓度等值线分布图。

（5）分析长期气象条件下项目对环境空气敏感区和评价范围的环境影响，分析是否超标、超标程度、超标范围及位置，并绘制预测范围内的浓度等值线分布圈。

（6）分析评价不同排放方案对环境的影响，即从项目的选址、污染源的排放强度与排放方式、污染控制措施等方面评价排放方案的优劣,并针对存在的问题(如果有)提出解决方案。

(7)对解决方案进行进一步预测和评价,并给出最终的推荐方案。

11)评价结论与建议

在环境影响报告中预测部分的最后应结合不同预测方案的预测结果,从项目选址、污染源的排放强度与排放方式、大气污染控制措施、区域环境空气质量承载能力以及总量控制等方面综合进行评价,并明确给出大气环境影响可行性结论。

二、地表水环境影响预测与评价

1. 预测方法

预测地表水水质变化的方法大致可分为四大类:数学模式法、物理模型法、类比分析法及专业判断法。

1)数学模式法

此方法是利用表达水体净化机制的数学方程预测建设项目引起的水体水质变化。该法能给出定量的预测结果,在许多水域有成功应用水质模型的范例。一般情况此法比较简便,应首先考虑。但这种方法需一定的计算条件和输入必要的参数,而且污染物在水中的净化机制在很多方面尚难用数学模式表达。

2)物理模型法

此方法是依据相似理论,在一定比例缩小的环境模型上进行水质模拟试验,以预测由建设项目引起的水体水质变化。此方法能反映比较复杂的水环境特点,且定量化程度较高,再现性好,但需要有相应的试验条件和较多的基础数据,且制作模型要耗费大量的人力、物力和时间。在无法利用数学模式法预测,而评价级别较高,对预测结果要求较严时,应选用此法,但污染物在水中的化学、生物净化过程难以在试验中模拟。

3)类比分析法

此法用于调查与建设项目性质相似,且其纳污水体的规模、流态、水质也相似的工程。根据调查结果,分析预估拟建项目的水环境影响。此种预测属于定性或半定量性质。已建的相似工程有可能找到,但此工程与拟建项目有相似的水环境状况则不易找到。所以类比分析法所得结果往往比较粗略,一般多在评价工作级别较低,且评价时间较短,无法取得足够的参数、数据时,用类比分析法求得数学模式法中所需的若干参数、数据。

4)专业判断法

专业判断法用于定性地反映建设项目的环境影响。当水环境影响问题较特殊,一般环境评价人员难以准确识别其环境影响特征或者无法利用常用方法进行环境影响预测,或者由于建设项目环境影响评价的时间无法满足采用上述其他方法进行环境影响预测等情况下,可选用此种方法。

2. 水质影响预测因子的筛选

对水质影响预测的因子,应根据对建设项目的工程分析和受纳水体的水环境状况、评价工作等级、当地环境管理要求等进行筛选和确定。

水质影响预测因子选取的数目应既能说明问题又不过多,一般应少于水环境现状调查的水质因子数目。

筛选出的水质影响预测因子,应能反映拟建项目废水排放对地表水体的主要影响和纳污水体受到污染影响的特征。在建设期、运行期、服务期满后各阶段,可以根据具体情况确定各自的水质影响预测因子。

3. 预测条件的确定

(1)受纳水体的水质状况。按照评价工作等级要求和建设项目外排污水对受纳水体水质影响的特性,确定相应水期及环境水文条件下的水质状况及水质影响预测因子的背景浓度。一般采用环境影响评价实测水质成果数据或者利用收集到的现有水质监测资料数据。

(2)拟预测的排污状况。一般分废水正常排放(或连续排放)和不正常排放(或瞬时排放、有限时段排放)两种情况进行预测。两种排放情况均需确定污染物排放源强以及排放位置和排放方式。

(3)预测的设计水文条件。在水环境影响预测时,应考虑水体不同自净能力的多个阶段。对于内陆水体,自净能力最小的时段一般为枯水期,个别水域由于面源污染严重也可能在丰水期;对于北方河流,冰封期的自净能力很小,情况特殊。在进行预测时,需要确定拟预测时段的设计水文条件,如河流十年一遇连续7天枯水流量,河流多年平均枯水期月平均流量等。

(4)水质模型参数和边界条件(或初始条件)。在利用水质模型进行水质影响预测时,需要根据建模、验模的工作程序确定水质模型参数的数值。

确定水质模型参数的方法有实验测定法、经验公式估算法、模型实测法、现场实测法等。对于稳态模型，需要确定预测计算的水动力、水质边界条件；对于动态模型或模拟瞬时排放、有限时段排放等，还需要确定初始条件。

三、地下水环境影响预测与评价

地下水在岩石空隙中的运动称为渗流（渗透）。发生渗流的区域称为渗流场。由于受到介质的阻滞，地下水的流动远较地表水缓慢。水只在渗流场内运动，各个运动要素（水位、流速、流向等）不随时间改变时，称为稳定流；运动要素随时间变化的水流运动，称为非稳定流。严格地讲，自然界中地下水都属于非稳定流。但为了便于分析和运算，也可以将某些运动要素变化微小的渗流近似地看作稳定流。

1. Ⅰ类建设项目地下水环境影响预测

Ⅰ类建设项目地下水环境影响预测方法有解析法和数值法。解析法分为一维弥散解析法和二维弥散解析法；数值法适用条件为复杂边界条件、含水层非均质、多个含水层的地下水系统。

2. Ⅱ类建设项目地下水环境影响预测

Ⅱ类建设项目地下水环境影响预测方法包括水量均衡法、解析法和数值法。

1）水量均衡法

水量均衡法应用范围十分广泛，是Ⅱ类建设项目（如矿井涌水量，矿床开发对区域地下水资源的影响等）的地下水评价与预测中最常用、最基本的方法。水量均衡法既可用于区域又可用于局域水量计算，既可估算补、排总量又可计算某一单项补给量。水量均衡法是根据水量平衡原理，利用均衡方程计算待求水量的一种方法。

2）解析法

解析法应用条件：应用地下水流解析法，可以给出在各种参数值情况下渗流区中任意一点上的水位（水头）值。但这种方法有很大的局限性，只适用于含水层几何形状规则、方程式简单、边界条件单一的情况。

由于实际情况要复杂得多，如介质结构要求均质；边界条件假定是无限

或直线或简单的几何形状,而自然界常是不规则的边界;在开采条件下,补给条件会随时间变化,而解析法的公式则难以反映,只能简化为均匀、连续的补给等。

3)数值法

根据一定的数学模型在计算机上用数值法模拟地下水的运动状态,称为数值模拟。

数值法评价地下水资源的一般步骤如下:

(1)水文地质条件分析。

(2)建立水文地质概念模型和数学模型。

(3)确定模拟期和预报期。

(4)水文地质条件识别。

(5)地下水水位预报。

四、声环境影响预测与评价

1. 声环境影响评价概述

声环境影响评价是在噪声源调查分析、背景环境噪声测量和敏感目标调查的基础上,对建设项目产生的噪声影响,按照噪声传播声级衰减和叠加的计算方法,预测环境噪声影响范围、程度和影响人口情况,对照相应的标准评价环境噪声影响,并提出相应防治噪声的对策、措施的过程。

2. 声环境影响预测的方法

(1)收集预测需要掌握的基础资料,主要包括建设项目的建筑布局和声源有关资料、声波传播条件以及有关气象参数等。

(2)确定预测范围和预测点:一般预测范围与所确定的评价范围相同,也可稍大于评价范围。建设项目厂界(或场界、边界)和评价范围内的敏感目标应作为预测点。

(3)预测时要说明噪声源噪声级数据的具体来源,包括类比测量的条件和相应的声学修正,或是直接引用的已有数据资料。

(4)选用恰当的预测模式和参数进行影响预测计算,说明具体参数选取的依据、计算结果的可靠性及误差范围。

(5)按工作等级要求绘制等声级线图。

3. 预测点噪声级计算的基本步骤和方法

选择一个坐标系，确定出各声源位置和预测点位置（坐标），并根据预测点与声源之间的距离把声源简化成点声源或线状声源、面声源。

根据已获得的噪声源噪声级数据和声波从各声源到预测点的传播条件，计算出噪声从各声源传播到预测点的声衰减量，由此计算出各声源单独作用时在预测点产生的 A 声级 L_{Ai}。

4. 声环境影响评价

声环境影响评价的基本要求和方法包括以下几方面：

(1)评价项目建设前环境噪声现状。

(2)根据噪声预测结果和相关环境噪声标准，评价建设项目在建设期（施工期）、运行期（或运行不同阶段）噪声影响的程度、超标范围及超标状况（以敏感目标为主）。

(3)分析受影响人口的分布状况（以受到超标影响的为主）。

(4)分析建设项目的噪声源分布和引起超标的主要噪声源、主要超标原因。

(5)分析建设项目的选址（选线）、设备布置和选型（或工程布置）的合理性，分析项目设计中已有的噪声防治措施的适用性和防治效果。

(6)为使环境噪声达标，评价必须增加或调整适用于本工程的噪声防治措施（或对策），分析其经济、技术的可行性。

(7)提出针对该项工程有关环境噪声监督管理、环境监测计划和城市规划方面的建议。

第四节 环境污染控制与防护

一、环境风险防范

1. 环境风险的概念

环境风险是指突发性事故对环境（或健康）的危害程度，用风险值(R)表征，其定义为：风险值(R)是事故发生概率(P)与事故造成的环境（或健

康)危害后果(C)的乘积,即:

$$R(\text{危害}/\text{单位时间}) = P(\text{事故}/\text{单位时间}) \times C(\text{危害}/\text{事故})$$

2. 环境风险评价

对建设项目建设期和运行期发生的可预测突发性事件或事故(一般不包括人为破坏及自然灾害)引起有毒有害、易燃易爆等物质泄漏,或突发事件产生新的有毒有害物质所造成的对人身安全与环境的影响和损害进行评估,提出防范、应急与减缓措施。

发生风险事故的频次尽管很低,但一旦发生,引发的环境问题将十分严重,必须予以高度重视。在环境影响评价中认真做好环境风险评价,对维护环境安全具有十分重要的意义。

3. 环境风险的防范与减缓措施

环境风险的防范与减缓措施应从两个方面考虑:一是开发建设活动的特点、强度与过程,二是所处环境的特点与敏感性。

在建设项目环境风险评价中,关心的主要风险是生产和贮运中有毒有害、易燃易爆物质的泄漏与着火、爆炸环境风险,如产品加工过程中产生的有毒、易燃易爆物质的风险。

有毒化学物质危害:

贮量→释放→浓度→照射→剂量→效应:健康与安全、生态系统、物理危害;

贮量→着火→压力、热量、有毒产物→照射→效应:健康与安全、生态系统、物理危害。

易燃易爆物质的危害:

活动→事故(初始事件)→事件(可能的事件链)→效应:健康与安全、生态系统、物理危害。

环境风险的防范与减缓措施是在环境风险评价的基础上做出的。主要环境风险防范措施包括:

(1)选址、总图布置和建筑安全防范措施。厂址及周围居民区、环境保护目标设置卫生防护距离,厂区周围工矿企业、车站、码头、交通干道等设置安全防护距离和防火间距。厂区总平面布置符合防范事故要求,有应急救援设施、救援通道、应急疏散通道与避难所。

(2)危险化学品贮运安全防范及避难所。对贮存危险化学品数量构成危险源的贮存地点、设施和贮存量提出要求,环境保护目标以及与生态敏感目标的距离符合国家有关规定。

(3)工艺技术设计安全防范措施。设自动监测、报警、紧急切断及紧急停车系统;防火、防爆、防中毒等事故处理系统;应急救援设施及救援通道;应急疏散通道及避难所。

(4)自动控制设计安全防范措施。有可燃气体、有毒气体检测报警系统和在线分析系统。

(5)电气、电信安全防范措施。

(6)消防及火灾报警系统。

(7)紧急救援站或有毒气体防护站设计。

二、污染物排放总量控制

按国家对污染物排放总量控制指标的要求,在核算污染物排放量的基础上提出工程污染物总量控制建议指标,是建设项目环境影响评价的任务之一。污染物总量控制建议指标应包括国家规定的指标和项目的特征污染物控制指标。

国家规定的污染物排放总量控制指标有:

(1)大气环境污染物,包括二氧化硫、氮氧化物。

(2)水环境污染物,包括化学需氧量、氨。

项目的特征污染物,是指国家规定的污染物排放总量控制指标未包括但又是项目排放的主要污染物,如电解铝、磷化工排放的氟化物,氯碱化工排放的氯气、氯化氢等。这些污染物虽然不属于国家规定的污染物排放总量控制指标,但由于其对环境影响较大,又是项目排放的特有污染物,所以必须作为项目的污染物排放总量控制指标。

评价中提出的项目污染物排放总量控制指标,其单位为每年排放污染物的吨数。

国家对主要指标(如二氧化硫、化学需氧量)实行全国总量控制,根据各省市的具体情况将指标分解到各省市,再由省市分解到地(市)州,最终控制指标下达到县。为了更科学地实行污染物总量控制,全国组织对主要河流的水环境容量和主要城市的大气环境容量进行测算,使全国的污染物总量控制指标更加科学合理。

在环境影响评价中提出的项目污染物总量控制建议指标必须满足以下要求：

(1)符合达标排放的要求，排放不达标的污染物不能作为总量控制建议指标。

(2)符合相关环保要求，比总量控制更严的环保要求如特殊控制的区域与河段。

(3)技术上可行，通过技术改造可以实现达标排放。

三、环境管理

环境管理是运用计划、组织、协调、控制、监督等手段，为达到预期环境目标而进行的一项综合性活动。

由于环境管理内容涉及土壤、水、大气、生物等各种环境因素，环境管理的领域涉及经济、社会、政治、自然、科学技术等各方面，环境管理的范围涉及国家的各个部门，所以环境管理具有高度的综合性。

环境管理主要内容可分为三方面：

(1)环境计划的管理。

环境计划包括工业交通污染防治、城市污染控制计划、流域污染控制计划、自然环境保护计划以及环境科学技术发展计划、宣传教育计划等，还包括在调查、评价特定区域的环境状况的基础区域环境规划。

(2)环境质量的管理。

主要有组织制订各种质量标准、各类污染物排放标准和监督检查工作，组织调查、监测和评价环境质量状况以及预测环境质量变化趋势。

(3)环境技术的管理。

主要包括确定环境污染和破坏的防治技术路线与技术政策；确定环境科学技术发展方向；组织环境保护的技术咨询和情报服务；组织国内和国际的环境科学技术合作交流等。

四、环境监测

1. 环境监测概述

环境监测是指通过对影响环境质量因素代表值的测定，确定环境质量

(或污染程度)及其变化趋势。

环境监测的过程一般包括接受任务、现场调查和收集资料、监测计划设计、优化布点、样品采集、样品运输和保存、样品预处理、分析测试、数据处理以及综合评价等。

环境监测的对象:自然因素、人为因素与污染组分。

环境监测包括化学监测、物理监测、生物监测以及生态监测。

2. 环境监测的特点

环境监测,就其对象、手段、时间和空间的多变性以及污染组分的复杂性等,其特点可归纳为:

(1)环境监测的综合性。

① 监测手段包括化学、物理、生物、物理化学、生物化学及生物物理等一切可以表征环境质量的方法。

② 监测对象包括空气、水体、土壤、固体废弃物、生物等客体。

③ 对监测数据进行统计处理、综合分析时,涉及该地区自然和社会各个方面的情况,必须综合考虑。

(2)环境监测的连续性。

由于环境污染具有时空性等特点,只有坚持长期测定,才能从大量的数据中揭示其变化规律。

(3)环境监测的追踪性。

为保证监测结果具有一定的准确性、可比性、代表性和完整性,需要有一个量值追踪体系予以监督。

3. 环境监测的基本原则

环境监测的基本原则包括优先监测原则、可靠性原则与实用性原则。

(1)优先监测原则。

有重点、有针对性地对部分污染物进行监测与控制,筛选危害性大、环境出现频率高的污染物作为监测和控制对象。

(2)优先污染物:经过优先监测的污染物称为优先污染物。

优先污染物一般是指难以降解在环境中有一定残留水平、出现频率高、具有生物积累性、毒害较大的化学物质。

第三章　环境监理工作制度和工作程序

第一节　环境监理工作制度

一、环境监理一般工作制度

环境监理应建立一系列工作制度，以保证环境监理工作规范、有序地进行。环境监理工作制度主要包括工作记录制度、报告制度、函件来往制度、会议制度、奖惩制度、环保措施竣工自查与初验制度、事故应急体系及环境污染事件处理制度、人员培训和宣传教育制度、档案管理制度、质量保证制度等。

1. 工作记录制度

工作记录是信息汇总的重要方式，是监理工作做出决定的重要基础资料。工作记录的表现形式和主要内容包括以下几个方面。

1）监理日志

监理日志是环境监理单位和监理工程师必备的专用工作信息手册，是监理工作的重要资料，监理人员应逐日逐项认真填写，重点记录涉及变更设计、会议决定、往来信息、现场状况、环境事故、存在问题及相应处理等相关工作情况。

2）现场巡视和旁站记录

环境监理应记录巡视和旁站检查情况，包括施工现场状况、与环保有关的工程情况、巡视和旁站过程中发现的环保问题、发出的环境监理指令和建议等。

3）会议记录

环境监理应以纪要形式记录其主持的会议召开情况和会议成果，报送相关单位作为工作依据。如第一次环境监理工地会议、工作例会、专题会议及其他由环境监理主持的会议等。会议纪要应重点记录参会单位和人员、讨论和研究的问题、协商一致的意见与相关要求等。

4)气象及灾害记录

主要记录每天的温度变化、风力、雨雪情况和其他特殊天气情况及地质灾害等,还应记录因天气变化对工程造成的影响。

5)工程建设大事记录

记录工程建设的重要节点和重要事件,包括与工程环保相关的工程建设重要事件。

6)检测记录

环境监理应以文字结合影像资料的形式对其开展的监督性生产监测进行详细记录,包括采样、监测、检验结果、分析记录等。

2. 报告制度

工作报告是环境监理的一项重要工作。环境监理通过工作报告定期向建设单位全面、系统地反映工程环保工作,总结和反映工程环保工作状态;根据工作需要或针对突出环境问题以及建设单位要求,不定期编制专题工作报告。

监理工作报告包括环境监理定期报告、环境监理专题报告、环境监理阶段报告、环境监理总结报告等。

1)环境监理定期报告

环境监理单位应根据工作进度,按工程实际定期编制监理工作月报、季报、年报等定期报告提交至建设单位,对当前阶段环保工作的重点和取得的成果、现存的主要环保问题、建议解决的方案以及下阶段的工作计划等进行及时总结。定期报告应包括以下主要内容:

(1)工程概况。

(2)环保执行情况。

(3)主体工程环保工程进展。

(4)施工营地、工程环保措施落实情况。

(5)环保事故隐患或环保事故。

(6)监理工作中存在的主要问题及建议。

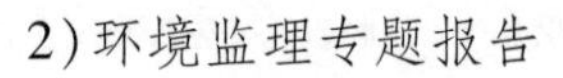

2)环境监理专题报告

在项目出现批建不符、环保“三同时”制度落实不到位或其他重大环保问题时,需形成环境监理专题报告报送建设单位。工程施工如涉及环境敏感目标,如自然保护区、饮用水水源保护区、风景名胜区等,建议编制环境监理专题报告,反映环境保护应重点关注的对象并提出环保要求。

3)环境监理阶段报告

项目完成施工后在申请试运行前,环境监理单位应就项目设计、建设过程的环境监理工作进行总结,反映工程环保工作存在的问题并提出处理建议,编制形成的环境监理阶段报告是项目申请试运行的必备材料之一。

4)环境监理总结报告

在开展竣工环保验收准备工作阶段,环境监理单位应就项目建设期的环保设计、实施、试运行情况和相应的环境监理工作情况进行总结,反映工程环保存在的问题并提出处理建议。环境监理总结报告是建设项目申请竣工环保验收的必备材料之一。

3. 函件来往制度

环境监理单位在对施工现场进行巡视检查,发现重大环境问题时,应及时向施工方下达《环境监理通知单》或《环境监理工程暂停令》,并负责对整改情况监督、闭合。施工方对环境问题处理结果的答复以及其他方面的问题,需及时致函回复环境监理工程师。环境监理单位在给施工方下达《工程环境监理通知书》时,同时抄送建设单位,并将整改、闭合情况上报建设单位。

环境监理人员通过核查设计文件、现场巡视发现工程建设内容与环评及批复存在调整、环保“三同时”制度落实不到位、存在环保问题时,应及时向建设单位报送《环境监理工作联系单》,提出存在问题和相应的处理意见,督促建设单位尽快组织落实。建设单位应就整改措施和计划填写相关回复意见反馈环境监理单位。

环境监理将编制的定期报告,如月报、季报、年报。定期报送建设单位。

4. 会议制度

环境监理应根据工作进度和实际情况组织召开环境监理工作会议,以讨论、协调、解决建设过程中存在的各类环保问题。环境监理会议主要包括第一次环境监理工作会议、环境监理例会、环境监理专题会议等形式。环境监理应以会议纪要的形式反映会议成果,报送参会单位和相关单位,作为约束履约各方行为的依据。

1)第一次环境监理工地会议

第一次环境监理工地会议一般在工程项目全面施工前召开,通过会议使参建各方相互认识、熟悉并建立联系,明确环境监理进场后环保工作界面划分及相关管理要求等。主要议题如下:

(1)介绍工程参建各方,包括建设单位、质检部门、设计单位、工程监理单位、施工单位及环保监理单位。

(2)建设单位向其他参会单位宣布明确环境监理的组织架构、工作界面与主要参建单位的工作程序和方式。

(3)环境监理单位介绍环境监理人员、职责范围以及环保工作计划、内容和要求。

(4)施工单位介绍合同标段工程情况、职责范围以及环保的工作计划、内容和要求。

(5)工程监理单位介绍工程监理环境管理机构设置和人员配备情况、环境管理工作计划等内容。

(6)环境保护监理工程师明确环境监理工作程序。

2)环境监理例会

环境监理例会的目的在于环境监理工程师对工程环保措施执行情况以及环保工程的建设情况进行全面梳理,为正确决策提供依据,确保工程环境得以有效控制并保障工程的顺利进行。

环境监理例会应在开工后的施工期内定期举行,一般每月召开一次,环境监理总监理工程师可根据工程实际情况灵活确定定期例会的时间间隔。项目建设过程中出现环境污染事故等重大问题时,环境监理总监理工程师可另行组织召开专题会议。工地例会可由环境监理总监理工程师代表主持。

参加会议人员:建设单位代表及有关人员、施工单位负责人和技术负责人、环境监理负责人、工程监理分管负责人等。参加每次会议的人员构成应以便于研究问题为准则,不强求每次与会人员都一致,但环境监理单位、施工单位、工程监理单位的现场主要负责人必须到会。

会议主要内容应包括:承包商介绍环保要求和措施落实情况、针对环境

监理日常巡检中发现问题的整改落实情况、日常自查自纠情况、工作建议以及需协调的问题;工程监理单位介绍在工程建设监理工作中的环境管理工作情况、整改措施的落实情况、问题及工作建议等;环境监理应介绍工程环保工作总体状况、前期环境问题及处理情况,组织讨论并形成会议意见,提出下阶段工作计划和要求等。

会议主要议程包括:

(1)检查上次会议决议的执行情况。

(2)监理工程师通报现场检查环保执行情况。

(3)对存在的问题做出分析,提出整改措施及时间表。

(4)对会议记录的确认。

(5)其他事项。

3)专题会议

为加强工程环境管理,及时协调解决工程建设存在的环境问题,环境监理单位可以根据工作需要或在特殊情况下主持召开环境监理专题会议,如污染事故专题会议、周(旬)汇报会、月工作计划总结会、环保专项研讨会等,达到加强环保管理,统一参建方思想和行动,及时沟通工程情况,交流专业经验等目的。

4)工程监理主持的工作例会

环境监理单位应参加工程监理周例会、月例会及其他相关会议。一方面,环境监理应反映近期施工中环保措施方面存在的问题,提出相关要求,由工程建设监理督促施工单位进行整改落实;另一方面,通过参加工程监理例会,环境监理可掌握主体工程进展和计划安排,有利于环境监理制订针对性的工作计划,提升环境监理工作效果。

5)现场协调会

现场协调会的目的在于环境监理工程师日常或经常性地对施工活动进行检查、协调、落实,使监理工作和施工活动密切配合。在施工期间,应根据具体情况不定期召开不同层次的施工现场协调会。会议对具体施工活动进行协调和落实,对发现的环境影响问题及时予以纠正。会议由环境监理工程师主持。

会议的主要内容是承包人汇报施工活动的情况,介绍发生或存在的问题,环境监理工程师就存在的问题提出建议。

5. 奖惩制度

环境监理应在建设单位的支持下,结合施工承包合同条款和建设单位相关管理制度与要求,建立工程环保奖惩制度,以推动环保工作、提升环境监理工作成效。对认真履行施工合同环保条款以及执行环境监理工作指令、环保效果突出的承包商,提请建设单位对其给予相应奖励等。奖励可包括通报表扬(先进集体、先进个人)与经济奖励(单位、个人)等形式,处罚包括通报批评、撤换责任人员、暂缓和扣减工程进度款支付等。

6. 环保措施竣工自查与初验制度

在建设项目中环保措施的部分单项工程或单位工程结束时,环境监理应在申请验收前要求施工单位自查,然后及时组织建设单位、工程监理对单项工程或标段开展内部的环保初验工作,目的是提前发现问题,并督促施工单位及时整改,为工程竣工环保验收打下良好基础。

7. 事故应急体系及环境污染事件处理制度

1)建立事故应急体系

环境监理应协助建设单位、指导和监督承包商等参建单位制定应对突发性环境事件的应急预案,建立应急系统,配置应急设备、器材,并督促各责任单位组织开展日常演练、对应急设施设备进行经常性维护保养,以保障应急体系的正常运转。

2)环境污染事件处理

(1)发生环境污染事件后,事故现场有关人员应严格执行《中华人民共和国环境保护法》及突发环境污染事件应急管理规定,立即进行现场救护处置及事故上报,迅速采取有效措施组织抢救,防止事故扩大,减轻人员伤亡及财产损失。同时,应在事故发生后及时向建设单位、工程监理单位和环境监理单位进行口头报告,随后进行书面报告。

(2)建设单位应按规定组织进行环境事件调查,并积极配合政府及其授权或委托有关部门组织的环境事件调查组进行调查。

当工程施工过程中出现重大环境污染事故时,应按如下程序处理:

① 在发生事故后,施工方除在规定时间口头报告监理工程师外,还应尽快提交书面报告,报告事故初步调查结果。报告应初步反映该工程的名称、部位、现状、污染事故原因与应急环保措施等。

② 监理工程师收到事件信息后立即通报监理单位，并通过建设单位及时向当地政府部门汇报，同时书面通知工程总承包（EPC）暂停该工程的施工，并根据环保行政主管部门有关意见采取有效的环保措施。

③ 监理工程师和施工方对环境污染事故继续深入调查，并和有关方面商讨后，提出事故调查报告和初步处理方案，通过建设单位交环保行政主管部门研究处理。

④ 督促施工方做好善后工作。

8. 人员培训和宣传教育制度

人员培训和宣传教育制度是统一工程环保认识、提高工程建设人员环保意识的重要制度，应予以充分重视。宣传和培训的内容要包括环境保护法规政策、建设项目环保知识、本工程环境特点和环保要求等。宣传方式和途径可灵活选择，包括结合工作会议进行宣传，编制发放宣传手册，建设单位在施工区设置必要的宣传形式，还可采取授课、讲座、知识竞赛等形式。

9. 档案管理制度

工程环境档案管理主要是对工程环境信息文件进行管理。工程环境信息的表现形式一般有文字、音像、图片、电子文档等，具有信息来源多、信息量巨大、信息流程复杂等特点，信息管理难度大，因而对信息进行制度化、规范化管理十分重要。

环境监理单位应结合工程实际建立环保信息管理体系，制定文件管理制度，重点就是对文件分类、编码、处理流程、归档等方面予以规定，对环保信息及时进行梳理、分析，将信息转化为决策依据，指导和规范现场监理工作。

对往来文函、日常监理工作技术资料等应定期整理，内部保存和送建设单位归档。在建设项目竣工环保验收时，应汇总整理环境监理档案资料以备查。

10. 质量保证制度

为保证和控制环境监理的工作质量，环境监理应严格按照国家及地方有关规定、技术规范和质量控制手册中的相关规定开展工作。环境监理从业人员应按规定持证上岗。环境监理应严格按照监理方案及实施细则进行，并对期间发生的各种情况进行详细记录。阶段报告与总结报告须执行内部多级审核制度。

二、油气管道工程环境监理工作制度

1. 例会制度

建立油气管道施工环境监理例会制度,定期召开环保会议。在例会期间,施工单位对近一段时间的环保工作进行回顾性总结,监理工程师对该月单位工程的环保工作进行全面评议,肯定工作中的成绩,提出存在的问题及整改要求。每次会议都应形成会议纪要。

2. 报告制度

监理单位在定期编报的月报或年报中应包括环保监理工作情况,主要内容有当前阶段环保工作的重点和取得的成果、现存的主要环保问题、建议解决方案以及随后的工作计划等。

3. 函件来往制度

监理工程师应对油气管道施工现场检查过程中发现的环保问题,通过书面监理通知单形式通知施工单位需要采取纠正或处理措施。情况紧急需口头通知时,随后必须以书面函件形式予以确认。同样,施工单位对环保问题处理结果的答复以及其他方面的问题,也应致函监理工程师。

4. 人员培训制度

对监理工程师必须进行培训,持证上岗,并协助建设单位组织工程施工人员的环保培训。

5. 工作记录制度

施工环境保护监理记录是信息汇总的重要渠道,是监理工程师做出决定的重要基础资料,其内容主要有:

(1)会议记录。

如第一次工地会议(监理例会)、工地协调及其他非例会会议记录等。

(2)监理日记。

应记录巡视检查的情况、做出的重大决定、对施工单位的指示、发生的纠纷及解决的可能办法、与工程有关的特殊问题、对下级的指示以及工程进度或存在的问题等。

(3)环保监理月报。

环境监理应根据工程进展情况对环保状况及存在问题每月以报告书的形式向建设单位报告并备案。

(4)气象及灾害记录。

主要记录每天的温度变化、风力、雨雪情况及其他特殊天气情况、地质灾害等,还应记录因天气变化而损失的工作时间。

(5)质量记录。

主要包括采样、监测、检验结果分析记录,如照片、录像等影像资料。

(6)交工、竣工文件。

竣工记录包括施工过程中分项、分部工程的环保交工验收记录和竣工验收阶段记录两部分,竣工验收阶段记录应包括验收检查、验收监测、验收评定及验收资料各方面内容。

第二节　环境监理工作程序

一、环境监理一般工作程序

1. 总体工作程序

(1)环境监理投标单位通过研读环境影响评价报告及其批复文件、初步设计及其批复文件和其他工程基础资料,在踏勘现场的基础上制定环境监理方案(大纲)。

(2)通过招投标等方式承揽环境监理业务,与建设单位签订环境监理合同,同时组建项目环境监理部。

(3)对工程设计文件进行环保审核(设计阶段环境监理)。

(4)施工开始前,根据前期工作编制环境监理细则,进一步明确环保工作重点,并向承包商进行环境保护工作交底。

(5)根据环境监理细则和相关文件的要求,开展施工期环境监理工作。

(6)项目完工后协助业主申请试运行,编制环境监理阶段报告。

(7)试运行阶段,协助建设单位完善主体工程配套环保设施和生态保护措施,健全环境管理体系并有效运转。

(8)协助建设单位组织开展建设项目竣工环保验收准备工作,编制环境监理总结报告,向建设单位移交环境监理档案资料。

环境监理总体工作程序见图3－1。

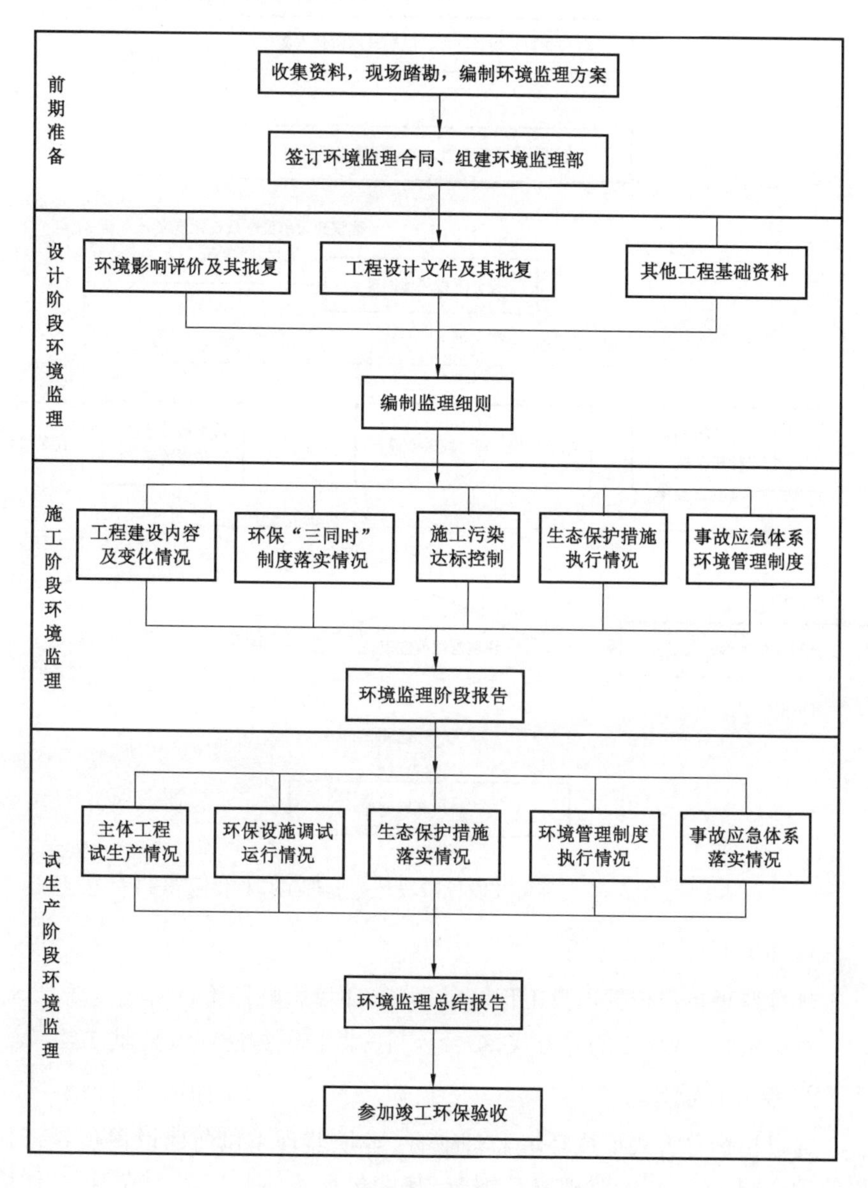

图3－1　环境监理总体工作程序

2. 准备及设计阶段环境监理工作程序

准备及设计阶段环境监理工作程序见图3－2。

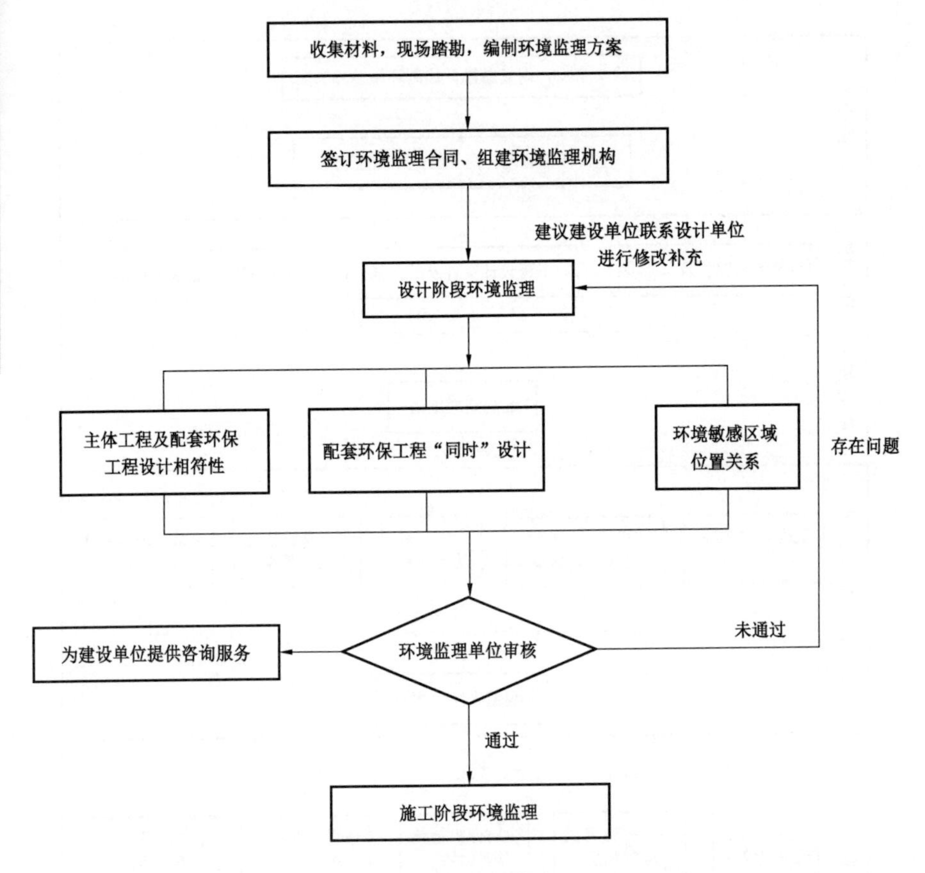

图3－2　准备及设计阶段环境监理工作程序

1)编制环境监理方案

环境监理单位根据项目工程基础资料、环境影响评价及其批复要求等，通过查阅资料、现场踏勘等方式，结合项目实际情况编制环境监理方案。

2)签订环境监理合同

通过招标等方式承揽环境监理业务，环境监理单位与建设单位签订环境监理合同，约定环境监理服务细节，其中包括环境监理工作范围、工作内容、工作方式、服务事件，责、权、利等。

3)组建环境监理机构

环境监理单位根据建设项目的规模、复杂程度及行业特点合理安排人员组建环境监理机构。

4)设计阶段环境监理

(1)收集环境影响评价及其批复文件、初步设计、施工设计、施工组织方案等基础资料,对项目主体工程和配套环保设施设计文件进行审核;同时关注工程在环境敏感区段施工工艺、施工组织方案及环境敏感区位置关系。

(2)在设计阶段,环境监理还应关注环保工程工艺路线选择、设计方案比选等环节,提供环保咨询服务。

3. 施工阶段环境监理工作程序

1)施工准备阶段环境监理

(1)参加发包方与承包商签订合同的技术条款审核。

(2)参加工程设计交底,了解具体工序或标段的环保目标。

(3)参与承包商施工组织设计方案的技术审核。

(4)参与总承包项目设计方案的技术审核。

(5)编制环境监理细则,确定环保工作重点。

(6)针对新进场承包商开展宣贯工作,协助承包商进场后及时建立完整有效的环保责任体系,该体系需明确分工,责任到人。

(7)承包商进场后,由环境监理单位向建设单位、承包商进行环保工作交底,就建设期环境监理的关注点与监理要求进行明确,并建立沟通网络。

2)施工阶段环境监理

在施工阶段环境监理单位应及时与建设单位沟通,了解工程建设情况,掌握工程进度安排,对项目工程的实际建设情况和进度开展环境监理现场工作。

施工阶段环境监理工作程序见图 3 – 3。

4. 试运行阶段环境监理工作程序

在建设项目投入试运行后,环境监理单位应针对项目主体工程和环保设施的试运行情况、工程配套的环境管理制度、事故应急预案的执行情况等开展本阶段工作。试运行阶段环境监理工作程序见图 3 – 4。

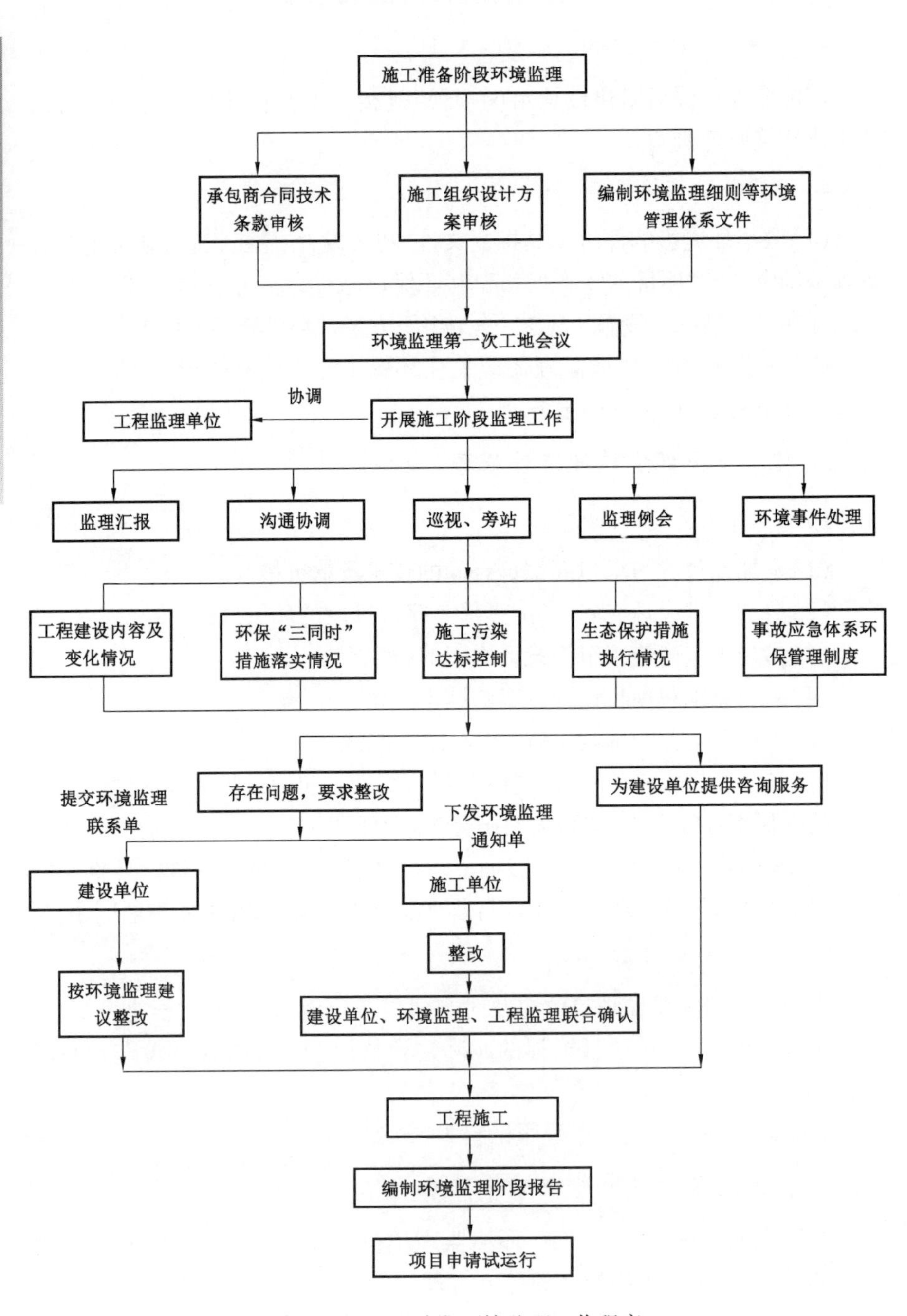

图 3－3　施工阶段环境监理工作程序

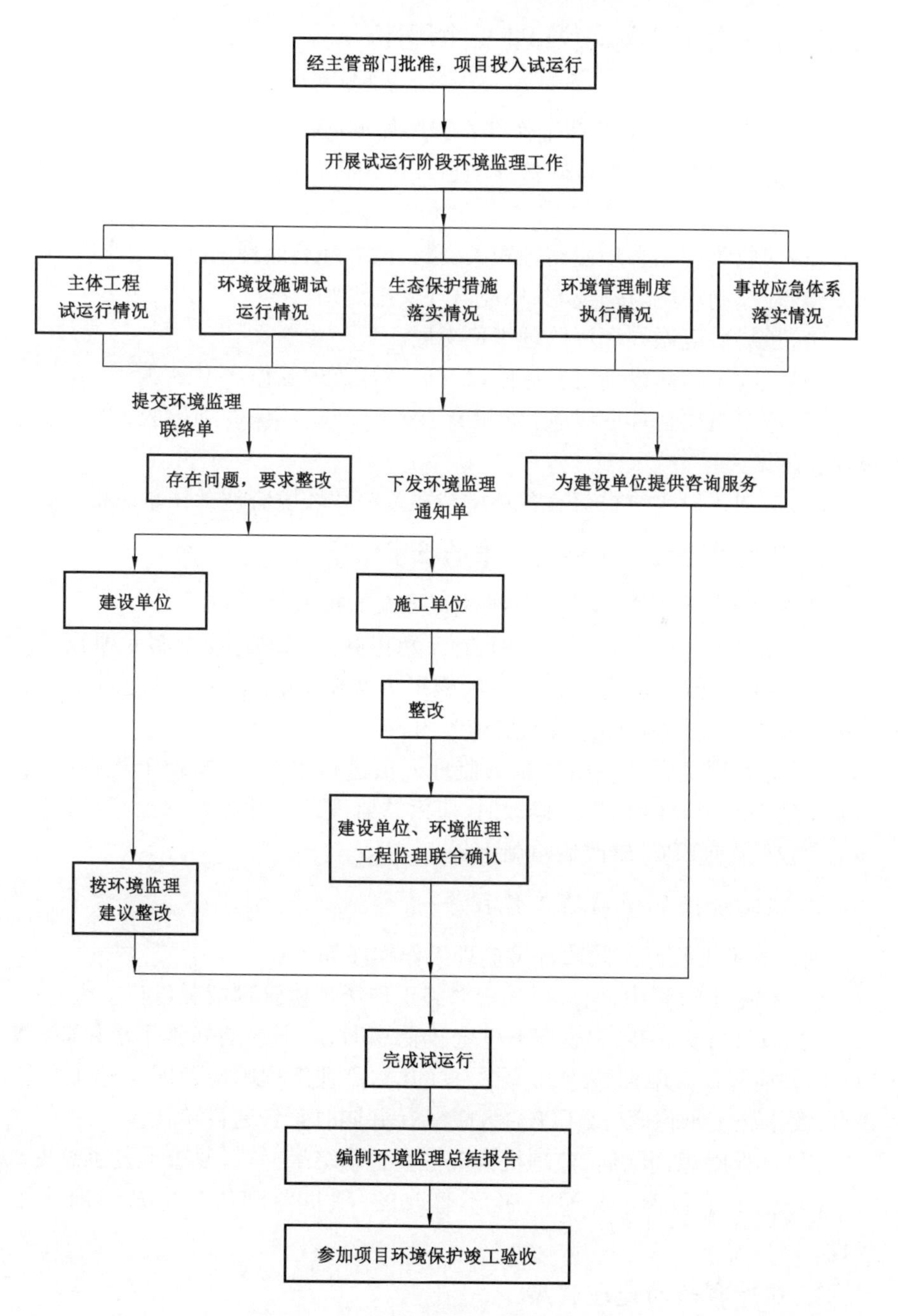

图3－4 试运行阶段环境监理工作程序

二、油气管道工程环境监理工作程序

油气管道工程环境监理工作基本程序如下：

(1)应依据委托监理合同建立项目环境监理机构，选派合格的环境监理人员。

(2)应收集和熟悉环境监理相关资料，做好环境监理的准备工作。

(3)应编制环境监理规划、环境监理实施细则。

(4)进场后应做好环境监理工作交底。

(5)应在工程建设项目实施阶段开展环境监理工作。

(6)应参与项目环境设施(如果有)竣工验收、环保专项验收，并签署环境监理意见。

(7)应向建设单位提交有关环境档案资料和环境监理工作总结报告。

1. 环境敏感区专项施工方案的报审程序

油气管道工程环境敏感区专项施工方案的报审程序如下：

(1)在进入环境敏感区施工前，施工承包商(或 EPC)应编制专项施工方案，并报送项目监理机构审查。专项施工方案中应包含施工可能对环境敏感区造成的重大影响、环保技术措施等内容。

(2)总监理工程师应组织相关监理人员进行审查，总监理工程师签认；当需要施工承包商(或 EPC)修改时，应由总监理工程师签发书面意见，要求施工承包商(或 EPC)修改后重新上报。

2. 施工阶段环境监理工作程序

油气管道工程施工阶段环境监理工作程序如下：

(1)在施工过程中，监理机构应对施工现场环境管理情况进行检查。

(2)发现各类污染环境、破坏生态的隐患时，应书面通知施工承包商(或 EPC)，并应督促其限期整改；情况严重的，总监理工程师应及时下达工程暂停令，要求施工承包商(或 EPC)停工整改，并同时报告建设单位。

(3)环保隐患消除后，监理机构应检查整改结果，签署复查或复工意见。

(4)施工承包商(或 EPC)拒不整改的，项目监理机构应及时向业主报告。

3. 环境事故的处理程序

油气管道工程环境事故的处理程序如下：

(1)施工过程中发生环境污染事故,施工承包商(或EPC)应立即启动应急预案,在规定时间内向监理和有关部门报告;监理接到报告后,应按规定向相关部门报告。

(2)监理接到报告后应进行确认,并要求施工承包商(或EPC)采取减缓和消除污染的措施,防止污染危害进一步扩大,并向建设单位报告。

(3)应协助疏散可能受到污染的单位和人员,撤离出危险地带,避免人身伤害。

(4)应接受或协助环境污染事故的调查和处理。

第四章 环境监理工作内容及方法

依照工程建设阶段划分,环境监理工作在建设项目中共分为三个阶段,即建设前的环境影响评价阶段、环境专篇设计阶段与建设实施阶段。在不同阶段,环境监理采取的工作方法也是多种多样的,主要包括核查、监督、报告、咨询、宣传培训等。

第一节 环境影响评价阶段环境监理的工作内容及方法

一、环境影响评价的工作内容及方法

按照环境影响评价工作程序,环境影响评价工作分为准备阶段、正式工作阶段和环境影响报告编制阶段,具体开展工作如下:

(1)准备阶段。首先研究有关文件,包括国家和地方的法律法规、发展规划和环境功能区划、技术导则和相关标准、建设项目依据、可行性研究资料及其他有关技术资料。之后需进行初步的工程分析,明确建设项目的工程组成,根据工艺流程确定排污环节和主要污染物,同时进行建设项目环境影响区的环境现状调查。结合初步工程分析结果和环境现状资料,可以识别建设项目的环境影响因素,筛选主要的环境影响评价因子,明确评价重点。最后确定各单项环境影响评价的范围和评价工作等级。如果是编制环境影响报告书的建设项目,该阶段的主要成果是编制完成环境影响评价大纲,将以上这些工作的内容和成果全部融入其中;如果是编制环境影响报告表的建设项目,则无须编制环境影响评价大纲。环境监理主要是参与相关审查会议,了解环境影响因素,并结合实际工作经验提出补充建议。

(2)正式工作阶段。主要工作是做进一步的工程分析,进行充分的环境

现状调查、监测并开展环境质量现状评价。之后根据污染源强和环境现状资料进行建设项目的环境影响预测，评价建设项目的环境影响，并开展公众意见调查。最重要的是要根据建设项目的环境影响、法律法规和标准等要求以及公众的意愿，提出减少环境污染和生态影响的环境管理措施和工程措施。若建设项目需要进行多个路由的比选，则需要对各个路由分别进行预测和评价，并从环保角度推荐最佳路由及站场选址方案；如果对路由或选址得出了否定的结论，则需要对新选路由及站场选址重新进行环境影响评价。环境监理可作为建设单位代表或咨询方参与相关评价、识别活动，见证评价工作的开展。

（3）环境影响报告编制阶段。其主要工作是汇总、分析第二阶段工作所得的各种资料、数据，从环保角度确定项目建设的可行性，给出评价结论并提出进一步减缓环境影响的建议，最终完成环境影响报告书或报告表的编制。环境监理在此阶段需要了解编制进度和最终编制报告书或报告表结果，及时向建设单位反馈进展情况。

二、环境影响评价批复内容的分析与落实

《中华人民共和国环境保护法》规定：建设污染环境的项目，必须遵守国家有关建设项目环境保护管理的规定。建设项目的环境影响报告书，必须对建设项目产生的污染和对环境的影响做出评价，规定防治措施，经项目主管部门预审并依照规定的程序报环境保护行政主管部门批准。环境影响报告书经批准后，计划部门方可批准建设项目设计任务书。因此，环境影响评价批复内容的分析与研究，对建设项目的环境保护工作至关重要。

1. 环境影响评价批复文件的相关内容

油气管道工程建设项目的环境影响评价批复文件一般会对环境保护做出相关要求，相关内容如下：

（1）结合工作深度，进一步论证选址选线，优化线路选择、施工工艺和施工方案，尽量避开风景名胜区、饮用水水源保护区、居民区和复杂地质段，减少工程对生态系统和水环境的影响；结合国内外先进技术，进一步比选运营监控、风险防范和应急措施，降低环境风险。占用耕地、林地应履行相应占用手续，并落实补偿措施。

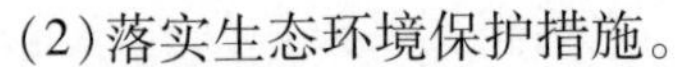

（2）落实生态环境保护措施。

① 施工前认真核查施工区内的保护植物，对古树应采取避让措施，对于木本植物的较小植株进行移植，较大植株和草本植物采种繁殖；在自然保护区、风景名胜区和森林公园内不得设置施工营地、弃渣场和施工场地等临时工程，禁止设置站场、伴行道路、阀室等永久建筑，标志桩的建设应因地制宜，避免影响周围景观。

② 严格控制施工范围和施工车辆行驶线路，缩小施工作业带宽度，严格限制施工作业区域以外的其他活动，减缓工程对植被的影响。临近自然保护区路段施工，禁止施工人员和机械进入自然保护区。施工便道及伴行道路应采取永久、临时相结合方式，并尽量布置在施工作业带内，减少新开道路。

③ 施工前必须进行场地表土层的剥离，施工后用于植被恢复；合理土石方调配，施工中采取边施工、边恢复的方法，及时进行迹地整治、覆土和生态恢复。

④ 应根据各生态区域的特点，选择本地适生种，采取因地制宜的植被恢复措施。合理选择弃渣场，按规范要求进行弃渣，严禁随意弃渣；渣场堆渣前应先修建拦渣坝，设置挡渣墙及导排水设施。加强施工人员培训和管理，禁止破坏植被和捕猎野生动物。

（3）落实地表水环境保护措施。

① 油气管道工程中环境敏感施工。主要包括大开挖穿越、定向钻穿越、地下顶管施工以及穿越各类引水和输水管线工程等。采用大开挖方式穿越河流应选择在枯水期施工，尽量缩短施工时间，施工结束后及时清理土方，恢复施工段河滩地原貌；加强设备的维修保养，在易发生泄漏的设备底部铺防漏油布，并在重点地方设立接油盘，在设备周围设置围堰，并及时清理漏油。施工队伍尽量依托社会服务设施或当地民居，减少施工营地设置。

② 跨越河流施工的砂石料加工冲洗废水采用自然沉降法，Ⅲ类标准以上功能的水体采用混凝沉淀法；混凝土拌和冲洗废水采用滤池处理，施工废水和生活污水收集处理达标排放。管道通过重要地表水体，应采取稳管措施等进行防护。

③ 进一步优化饮用水水源保护区的路由选择。在水源保护区内不得设置施工营地、弃渣场、排污口和施工场地等临时工程，禁止设置站场、伴行道路、阀室等永久建筑，施工营地、场地等应远离地表水体布设。各站场生活污水排入市政管网或处理达到《污水综合排放标准》（GB 8978—1996）一级标准后，用于站场周围农灌，部分站场生活污水委托相关站场的污水处理设

施进行处理;清管和试压废水经处理达标后外排。

(4)加强地下水环境保护。

① 施工前应对线路进行详细的勘探,查明水文地质条件,在岩溶强烈发育区特别是地下河穿越段,对可能存在的地下河出露口进行避绕。制定详细的隧道施工水环境污染防治和应急措施,做好地下水预探,避免突涌水现象发生。坚持"以堵为主、控制排放"的基本原则,排水尽可能减小地下水的流失。

② 要加强地质灾害评估与防范工作。施工期和运营初期,应在隧道周围、断层附近和岩溶区等设立监测点,对重要居民水源点或泉点的流量、水位进行监测,对可能枯竭的饮用水源提供可靠的替代方案,保障工程沿线居民用水安全。

(5)加强施工扬尘、噪声、固体废弃物污染的控制。

① 施工场地采取设置防尘围挡、禁止现场搅拌混凝土、增加施工作业面和土堆洒水次数,对土堆、料堆和运输散体物料车辆进行遮盖、密闭等措施,并尽量远离环境敏感目标。施工期选用低噪声施工机械,振动较大的固定机械设备须加装减振机座,在距居民点较近的敏感地段施工须设置临时隔声板,禁止强噪声施工机械夜间施工作业。选用低噪声设备,采用地基减振、加装消声器和隔声屏障、设置封闭式厂房等综合降噪声措施,确保运营期各站场厂界噪声达到《工业企业厂界环境噪声排放标准》(GB 12348—2008)相关标准限值。

② 生活垃圾统一收集清运送环卫部门集中处理;废弃泥浆、施工弃土和废料,须按照有关部门的要求清运到指定地点处置。各站场废润滑油和清管作业产生的污油渣属于危险废物,应按相关规定收集,交由有资质的单位进行处置。

(6)加强文物保护区域的控制。

在文物保护单位及周围实施重点保护的区域不得进行爆破、钻探、挖掘等工作,施工活动不得进入文物控制地带。穿越文物保护区及遗迹路段,施工前请文物部门对管道敷设地带进行初步勘察,划定控制和保护范围。在施工中遇有疑似遗址、文物迹象或发现化石等,应立即停止施工,采取相应的保护措施,并报告主管部门,经政府部门组织有关单位勘查、挖掘后,再进行施工。

(7)加强环境风险防范和应急管理。

尽量避开居民区及复杂地质段,对临近居民区及复杂地质段区域的管线加大壁厚,提高设计系数;管道外部采取环氧粉末涂层防腐结构,外加电流阴极保护,定期进行管道壁厚的测量,对管壁严重减薄的管段,及时维修更换,避免爆管事故发生;运行阶段建立维护保养、定期检测管道壁厚和巡线检查制度。加强管道和站场周围居民的环境风险宣传。制定环境风险事故应急预案并定期演练,与地方应急预案做好衔接,不断提高环境风险防控水平。全线采用SCADA监控与数据采集系统、数字化智能清管系统,出现事故可实施远程关断。在工程沿线森林公园、风景名胜区等林地分布密集的路段,要加强巡查,以防天然气泄漏爆炸引起森林火灾,并制定相应的应急预案。

2. "三同时"制度的要求

环境影响评价批复文件对环境保护"三同时"制度进行了相关要求。项目建设必须严格执行环境保护设施与主体工程同时设计、同时施工、同时投产使用的环境保护"三同时"制度,落实各项环保措施。

(1)落实环境保护设计合同,同步进行环境保护总体设计、招标设计和技术施工设计。

(2)开工前编制工程环境监理实施方案,报当地环境保护行政主管部门审查;开展工程环境监理工作,并向当地环境保护行政主管部门提交监理报告。

(3)试生产前应向当地环境保护行政主管部门书面提交试生产申请,经检查同意后方可进行试生产。试生产期间,必须按规定程序申请竣工环保验收;经验收合格后,项目方可正式投入生产。

3. 环境影响评价的重新批复

如工程的性质、规模、路由或污染防治、生态保护措施发生重大变动,应当重新报批环境影响评价文件。

第二节 环境专篇设计阶段环境监理的工作内容及方法

一、主体工程设计文件复核

根据建设项目环境影响评价报告及其批复中的有关要求,对主体工程设计与环境影响评价报告及其批复文件的相符性进行审查,主要审查内容包括工程选址和路线走向、工程规模、总平面布置、生产工艺、生产设备、产排污点等。

二、配套环保工程或设施设计文件复核

根据建设项目环境影响评价报告及其批复中的有关要求，检查主体工程配套的环保设施设计是否按照环境影响评价报告及其批复的要求进行了落实，未落实的要及时提醒建设单位增加相应设计内容，已落实的要对其与环境影响评价报告及其批复文件的相符性进行审查。此外，环境监理还应关注环保工程工艺路线选择、设计方案比选等环节，提供环保咨询服务，并提出合理建议。

三、涉及环境敏感区设计内容审核

重点审核工程与环境敏感区位置关系是否发生重大变化，变化带来的环境影响是否可以接受，涉及环境敏感区的施工方案、环保措施是否合理。

第三节　建设实施阶段环境监理的工作内容及方法

在工程实施建设过程中，监理工作分为施工准备、施工以及投产试运三个阶段。各阶段环境监理开展的主要工作和内容具体如下。

一、施工准备阶段环境监理的工作内容及方法

（1）在设计交底前，总监理工程师应组织环境监理人员熟悉环境影响评价报告和设计文件中的环境保护篇章，了解工程建设项目的具体环保目标。

（2）项目环境监理人员应参加由建设单位组织的设计技术交底会，并对图纸中存在的问题通过建设单位向设计单位提出书面意见和建议。

（3）施工前环境监理单位应对设计文件、施工图设计的环保内容进行审核。审核要点如下：

① 重点对照管道工程设计文件（含初步设计、施工图）中项目建设性质、规模、选线、选址、站场平面布置、工艺系统相比环境影响评价时工程方案的变化情况，如发生重大变化，应协助建设单位要求设计单位修改设计方案，并尽快提醒建设单位履行相关手续。

② 重点关注环保设施设计与主体工程设计的同步性。

③ 重点关注管道项目建设施工组织设计中的环保措施与相关环境敏感区关系的变化、施工工艺的变化可能带来的对环境敏感区影响的变化。如隧道工程施工原设计渣场库容是否满足弃渣要求；原设计的浆砌石挡渣墙是否能保证渣场安全；渣场选址不得设定在管道作业带上；根据当地气象条件，渣场是否应配套设计截排水设施；高陡边坡开挖及地质缺陷处理是否配套设计相应截排水及支护措施等。

④ 重点关注针对环境敏感区采取的环保措施和生态恢复措施是否落实到设计文件中。

⑤ 通过对设计文件环保核查形成专题材料反馈给建设单位，作为设计文件的补充要求。

(4) 工程项目开工前，审查施工单位的施工组织设计和开工报告，对环保实施方案提出审查意见，包括施工中须保护的环境敏感点、具体的环保措施、环保管理制度和环保专业人员等。

总环境监理工程师应组织专业环境监理工程师审查承包单位报送的环保施工组织环保设计（方案）报审表，提出审查意见，并经总环境监理工程师审核、签认后报建设单位。

(5) 工程项目开工前，总环境监理工程师应审查施工单位的环保管理体系是否责任明确、切实有效，确能保证工程项目施工环境保护时才予以确认。对质量管理体系、技术管理体系和质量保证体系应审核以下内容：

① 环保管理、技术管理和质量保证的组织机构。

② 环保管理与技术管理制度。

③ 专职管理人员和特种作业人员的资格证、上岗证。

(6) 环境保护分包工程开工前，专业环境监理工程师应审查承包单位报送的环保分包单位资格报审表和分包单位有关资质资料，符合有关规定后，由总环境监理工程师予以签认。对分包单位资格应审核以下内容：

① 分包单位的营业执照、企业资质等级证书、特殊行业施工许可证、国外（境外）企业在国内承包环保工程许可证。

② 分包单位的业绩。

③ 拟分包工程环保内容和范围。

④ 专职管理人员和特种作业人员的资格证、上岗证。

(7)环境监理单位应组织进行环境监理交底工作。

① 环境监理交底的工作程序:

a. 环境监理交底应由环境监理总监理工程师主持,施工承包商项目经理、技术负责人、环境管理部门负责人及主要环境管理人员、监理人员及其他相关人员参加。

b. 由项目监理机构形成环境监理交底会议纪要,经与会各方会签后,发至参会各方。

② 环境监理交底的主要内容:

a. 项目所适用的环境方面的法律、法规和技术标准等。

b. 设计文件和环境影响评价文件中关于环境的管理要求。

c. 本管道工程沿线的主要环境敏感点、环境风险及其控制措施。

d. 合同约定的参建各方的环境管理责任、权利和义务。

e. 施工阶段环境监理工作内容、基本程序和方法。

f. 施工过程环境管理资料报审及过程监督管理要求。

(8)在开工前组织召开第一次工地会议,会议应包括以下主要内容:

① 建设单位、承包单位和监理单位(包括环境监理单位)分别介绍各自驻现场的组织机构、人员及其分工。

② 建设单位根据委托环境监理合同宣布对监理总工程师、总环境监理工程师的授权。

③ 建设单位介绍工程开工准备情况。

④ 承包单位介绍施工准备情况。

⑤ 建设单位和监理总工程师对施工准备情况、总环境监理工程师对施工的环保准备情况提出意见和要求。

⑥ 监理总工程师介绍监理方案的主要内容,总环境监理工程师介绍环境监理方案的主要内容。

⑦ 研究确定各方在施工过程中参加工地例会的主要人员以及召开工地例会的周期、地点与主要议题。

第一次工地会议纪要中,环保工作方面的内容应由项目环境监理机构负责起草,并经与会各方代表会签。

(9)开工前环境监理单位应进行现场检查,现场检查的要点如下:

① 核查施工承包商环境管理人员、设备、材料到场情况,其数量及资格

等应符合合同的约定，具备开工条件。

② 检查施工承包商对参建员工进行的环保培训教育计划及实施情况，应满足施工环境管理工作需要，培训记录完善。

③ 审查施工承包商的环境风险识别、评估情况以及主要环境风险清单建立和控制措施制定情况，应符合工程实际和相关环境管理规定。

④ 检查施工承包商是否根据当地规定与地方环境保护主管部门签订了垃圾处理、废水排放等环境协议。承包商在进行穿越环境敏感区施工前，应按规定办理环境敏感区施工许可手续。

⑤ 营地环境管理的检查：

a. 营地内外应有符合要求的排水设施。

b. 生活垃圾的清理、处理应符合环境管理要求。

⑥ 施工现场环境的检查应包括以下内容：施工现场的平面布置应符合环保要求；站场、隧道、定向钻等固定施工场所的临时设施设置（现场办公、宿舍、食堂、道路等）以及排水、排污（废水、废气、废渣）、防火措施应符合相关管理要求；弃土弃渣场的边坡应有临时围挡措施，防止雨水冲刷导致水土流失；临时油料放置点、机械设备检修点应有防止油料滴、漏、渗的措施；林区施工现场应有林区防火措施；隧道排水应有分级沉淀措施；定向钻泥浆池应有可靠的防渗措施。

现场检查符合要求时，与工程监理单位沟通后，下达开工令。

二、施工阶段工程环境监理的工作内容及方法

本阶段环境监理主要针对项目批建符合性、环保“三同时”、施工行为环保达标措施、环保工程和设施监理、事故应急措施、环保管理制度、“以新带老”整改措施等开展工作。

1. 工程目标控制工作

(1) 在施工过程中，当承包单位对已批准的施工组织环保设计中环保措施进行调整、补充或变动时，应经专业环境监理工程师审查，并应由总环境监理工程师签认。

(2) 专业环境监理工程师需要求承包单位报送重点部位、关键工序的施工工艺和确保工程环保工作的措施，审核同意后予以签认。

(3) 当承包单位采用新材料、新工艺、新技术、新设备时，专业环境监理

工程师应要求承包单位报送相应的施工工艺措施和证明材料,组织专题论证,经审定后予以签认。

(4)专业环境监理工程师应协助工程监理单位,对承包单位报送的拟进场环保材料、构配件和设备的环保材料/构配件/设备报审表及其环境性能指标证明资料进行审核,并对进场的实物按照委托环境监理合同约定或有关工程环境保护管理文件规定的比例采用平行检验或见证取样方式进行抽检,在环境监理规划(方案)中予以明确。

(5)项目环境监理机构应定期检查承包单位直接影响工程环保工作的设备技术状况。

(6)总环境监理工程师应安排环境监理人员对施工过程进行巡视和检查。对隐蔽环保工程的隐蔽过程、下道工序施工完成后难以检查的重点部位,专业环境监理工程师应安排环境监理员进行旁站。

(7)专业环境监理工程师应协助工程监理单位,根据承包单位报送的隐蔽环保工程报验申请表和自检结果进行现场检查,符合要求后予以签认。对未经环境监理人员验收或验收不合格的工序,环境监理人员应拒绝签认,并要求承包单位严禁进行下一道工序的施工。

(8)专业环境监理工程师应对承包单位报送的分项工程环保工作验评资料进行审核,符合要求后予以签认;总环境监理工程师应组织环境监理人员对承包单位报送的分部工程和单位工程环保工作验评资料进行审核和现场检查,符合要求后予以签认。

(9)对施工过程中出现的环保工作缺陷,专业环境监理工程师应及时下达环境监理工程师通知,要求承包单位整改,并检查整改结果。

(10)环境监理人员发现施工存在重大环保隐患,可能造成环境事故或已经造成环境事故,应通过总环境监理工程师及时下达工程暂停建议书,要求承包单位停工整改,同时报建设单位和环保部门。整改完毕并经环境监理人员复查,符合规定要求后,总环境监理工程师应及时签署工程复工建议书。总环境监理工程师下达工程暂停建议和签署工程复工建议书,宜事先向建设单位、环保行政主管部门报告。

(11)对需要返工处理或加固补强的环保事故,总环境监理工程师应责令承包单位报送环境事故调查报告和经设计单位等相关单位认可的处理方案,项目环境监理机构应对环境事故的处理过程和处理结果进行跟踪检查与验收。

(12)对出现的环境事故、事件,总环境监理工程师应及时向建设单位、环境保护行政主管部门及本环境监理单位提交有关环境事故的书面报告，并将完整的环境事故处理记录整理归档。

2. 工程环保造价控制工作

环境监理机构在项目业主的授权下可以对环保投资进行有关控制工作。

(1)项目环境监理机构应按下列程序进行工程环保计量和工程环保专款支付工作：

① 承包单位统计经专业环境监理工程师环保验收合格的工程量，按施工合同约定填报工程量清单和工程款支付申请表。

② 专业环境监理工程师进行现场计量，按施工合同约定审核环保工程量清单和环保工程款支付申请表，并报总环境监理工程师审定。

③ 总环境监理工程师签署环保工程款支付建议书，并报工程主体监理单位和建设单位，由建设单位支付相关费用。

(2)项目环境监理机构应按下列程序进行环保竣工结算：

① 承包单位按施工合同规定填报环保竣工结算报表。

② 专业环境监理工程师审核承包单位报送的环保竣工结算报表。

③ 总环境监理工程师审定环保竣工结算报表，与建设单位、承包单位、工程监理单位协商一致后，签发环保竣工结算文件和最终的环保工程款支付建议书报建设单位。

(3)项目环境监理机构应依据施工合同环保有关条款、施工图，对工程环保措施造价目标进行风险分析，并应制定防范性对策，对存在的造价风险进行及时通报并向建设单位报告，对出现的造价管理问题予以协调解决。

(4)总环境监理工程师应从造价、项目的环保功能要求、质量和工期等方面审查工程变更方案，并在工程变更实施前与建设单位、承包单位协商确定工程变更的环保投入价款。

(5)项目环境监理机构应按施工合同约定的工程量计算规则和环保措施投入条款进行环保工程量核实并给出工程环保专款支付建议。

(6)专业环境监理工程师应及时建立月完成环保工程量和工作量统计表，对实际完成量与计划完成量进行比较、分析，制定调整措施，并应在环境监理月报中向建设单位报告。

(7)专业环境监理工程师应及时收集、整理有关施工和环境监理资料，为处理环保费用索赔提供证据。

(8)项目环境监理机构应及时按施工合同的有关规定进行环保竣工结算,并应对竣工结算的环保投入价款总额与建设单位和承包单位进行协商。当无法协商一致时,应按合同约定的相关条款进行处理。

(9)未经环保验收合格的工程量,或不符合施工合同规定的环保工程量,环境监理人员应拒绝计量和该部分的环保款支付申请。

3. 工程环保施工进度控制工作

(1)项目环境监理机构应按下列程序进行工程环保施工进度控制:

① 总环境监理工程师审核承包单位报送的环保施工总进度计划。

② 总环境监理工程师审核承包单位编制的年、季、月度环保施工进度计划。

③ 专业环境监理工程师对环保施工进度计划实施情况检查、分析。

④ 当实际环保施工工作进度符合环保施工工作计划进度时,应要求承包单位编制下一期环保施工工作进度计划;当实际环保施工工作进度滞后于环保施工工作计划进度时,专业环境监理工程师应书面通知承包单位采取纠偏措施并监督实施。

(2)专业环境监理工程师应依据施工合同环保有关条款、施工图及经过批准的施工组织环保设计制定环保工作进度控制方案,对进度目标进行风险分析,制定防范性对策,经总环境监理工程师审定后报送建设单位。

(3)专业环境监理工程师应检查环保工作进度计划的实施,并记录环保工作实际进度及其相关情况,当发现环保工作实际进度滞后于环保工作计划进度时,应签发环境监理工程师通知单指令承包单位采取调整措施;当环保工作实际进度严重滞后于环保工作计划进度时,应及时报总环境监理工程师,由总环境监理工程师与建设单位商定采取进一步措施。

(4)总环境监理工程师应在环境监理月报中向建设单位报告工程环保工作进度和所采取环保工作进度控制措施的执行情况,并提出合理预防由建设单位环保方面原因导致的工程延期及其相关费用索赔的建议。

4. 环境监理现场监督检查的内容及方法

(1)审查环保施工单位工程施工安装资质,核查项目环保工程及配套的污染治理设施设备,检查施工单位编制的分项工程施工方案中的环保措施是否可行,并提出修改建议或意见。

(2)对施工现场、施工作业和施工区环境敏感点进行巡视或旁站监理,检查环境影响评价文件中提出的项目环保对象和配套污染治理设施、环保

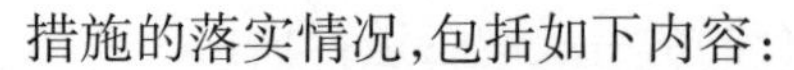

措施的落实情况,包括如下内容:

① 大气污染防治措施的环境监理。检查和监测施工期大气污染防治达标排放情况,施工影响区域应达到规定的环境质量标准。检查可分为定期检测和不定期抽查检测,对流动作业的应随流动作业场所进行监督检查;固定厂区施工,可放置检测装置定期收集数据并分析。

② 施工期生产和生活污水的环境监理。监理内容包括污水来源、排放量、水质标准、废液处理设施的建设过程和处理效果等,检查和监测是否达到了污水排放标准,环境监理可采取抽样送检形式开展。

③ 固体废弃物处理措施的环境监理。包括施工废渣、生活垃圾的产生与处理,监督固体废弃物处理的程序和达标情况,保证工程所在地现场清洁整齐,不污染环境,对固体废弃物的处置进行跟踪和监督检查,或通过与地方签订处理协议统一回收处理。

④ 噪声控制措施的环境监理。为防止噪声危害,对产生强烈噪声或振动的污染源应按环境影响评价文件要求进行防治。监督施工区域及其影响区域的噪声环境质量达到相应的标准,重点是靠近生活营地和居民区施工,必须避免噪声扰民。

⑤ 野生动植物及生态保护措施的环境监理。监督各种迁移、隔离、改善栖息地环境、人工繁殖基地等各方面措施的落实情况。

⑥ 人群健康措施的环境监理。监督保证生活饮用水安全可靠,要求建设单位预防传染疾病在施工人员中传播,并提供必要的生活安全及卫生条件等措施。

⑦ 施工期危险化学材料管理的环境监理。监督危险化学材料的放置场所、使用行为和处置方法措施是否符合环保要求,保证危险化学材料的安全使用和处置。

⑧ 核查落实项目环保工程和配套污染治理设施、环保措施建设,落实环境保护行政主管部门关于项目环保工程和配套污染治理设施、环保措施的变更审批意见。

⑨ 监督落实环境影响评价文件提出的塌陷区和移民等环保措施,并对环境影响评价文件中未提出的环保措施进行必要的补充。

(3)工程建设中产生环境污染的工序和环节的环境监理。包括土石方建设过程;隧道、桥梁、管道、道路施工过程中的土地开挖过程;车辆运输过程;尾矿库、灰渣场、取土场的建设过程及建设达标情况;砂石料场开采、加工、储存及环保措施的落实情况;取(弃)土场防护恢复措施及施工材料运输过程中的环保防护措施的落实情况；施工便道修筑和使用情况；生态环境脆弱、敏感地带或敏感点施工；临时用地植被恢复及水土保持措施等。

(4)协助环境保护行政主管部门和建设单位、施工单位处理突发环保事件。

5. 环境监理影像手段的使用方法

环境监理影像手段是指使用照相、录像等手段和方法，真实地反映管道建设工程环保验收资料和现场环保的一致性。

通过系统、全面地采集工程数码照片或录像，可以进一步规范管道工程建设环境监理过程管控，落实环境监理规划和环境监理实施细则的具体要求，推动工程项目的环境影响评价报告及其批复文件的全面落实，提高管道工程建设环境监理的管理水平。环境监理影像手段的使用方法具体要求如下：

1)开工前原貌照片或录像

(1)管道建设的原址、原貌及周边状况，尤其是在环境敏感区及环境敏感点的施工，如自然保护区、水源地保护区及定向钻、大开挖穿越施工等。

(2)重要建(构)筑物、纪念物。

(3)作业带清理前场地全貌。

(4)管沟开挖前全貌。

(5)拆迁前情况。

2)监理环境控制活动照片或录像

(1)环境监理巡视检查照片或录像。

① 管道施工作业中施工机械设备油料、尾气、噪声排放情况(对噪声的排放采用录像的形式)。

② 管道施工作业中施工固体垃圾清理和处理情况。

③ 施工废水废液排放情况。

(2)环境监理旁站检查照片或录像。

① 管道穿越环境敏感区的施工作业，尤其是在自然保护区、水源地保护区等生态系统较为薄弱的地区。

② 发现环保问题与重大环境隐患后的整改情况。

③ 施工占用土地及施工后土地恢复情况。

④ 生物多样性、植被保护及恢复、生态景观保护区等工作情况。

⑤ 施工中重点环保措施隐蔽工程隐蔽前相关照片或录像。

(3)环境监理监测照片或录像。

监测仪器对水环境、空气环境和声环境现场监测内容。

(4)环境验收照片或录像。

① 主体工程及配套环保设施运行情况。

② 施工方撤场后场地清理情况的影像。

③ 生态恢复、耕地补偿、地貌恢复等情况。

④ 工程竣工后周边环境整体影像。

3)对环境监理影像资料的具体要求

(1)所拍摄的影像资料应能全面反映管道建设工程中主要环保验收与控制情况,记录整个施工全过程的正常环境监理状况。

(2)所拍摄的影像资料应能全面反映环保新材料、新结构、新工艺在工程中的运用情况以及重要结构部位、重大节点控制状况。

(3)所拍摄的影像资料应能全面反映环境敏感区、环境敏感作业关键部位的关键工序环境监理旁站内容及见证情况。

(4)对施工过程中出现的环境问题应及时予以拍摄记录,并对环境污染情况的处理全过程进行拍摄记录作为验收凭证,做到整改结果必须与异常情况相对应。

(5)所拍摄的影像资料应能全面反映工程开工、竣工和重要施工阶段的工程环境形象面貌。

4)环境监理影像资料拍摄质量要求

(1)监理影像资料必须图像清晰,数码照片不得低于500万像素。

(2)拍摄时应尽量标明拍摄日期、拍摄桩号、拍摄地点等,拍摄位置、拍摄的角度、方式应能全面反映所验收部位的环保状况,并具有代表性。

(3)对关键环境监理部位或环境监理隐蔽工程,应从多个角度拍摄记录相关环保情况。

(4)在拍摄影像资料时,应把旁站人员、验收人员、见证人员与实体同时反映在影像之中。

(5)环境监理影像资料以照片作为主要载体,对于重要的工程活动,应进行录像。

(6)环境监理影像资料在总环境监理工程师的指导下,由资料员配合各专业监理工程师负责工程监理影像资料的摄制和管理工作。

6. 环境事件应急管理内容及方法

(1)依据环保部《突发环境事件应急管理办法》要求,工程建设期承包商应编制环境事件应急预案(可以是总体应急预案或专项的环境事件应急预案),预防突发环境事件发生,环境监理应当审查预案内容的合理性及相关应急措施。

(2)承包商应组织开展环境事件应急预案的演练,可采取桌面或实战演练,以增强应急响应和处置能力。环境监理应见证相关演练活动,督促承包商做好应急演练工作,适当时可与地方政府联合演练。

(3)当突发环境事件时,应当立即启动突发环境事件应急预案,采取切断或者控制污染源以及其他防止危害扩大的必要措施,及时通报可能受到危害的单位和居民,并向事发地县级以上环境保护行政主管部门报告,接受调查处理。其中,环境监理工程师应逐级上报事件情况,配合建设单位做好调查工作。

(4)应急处置期间,环境监理机构与建设单位、承包商一同,服从地方政府统一指挥,全面、准确地提供本单位与应急处置相关的技术资料,协助维护应急现场秩序,保护与突发环境事件相关的各项证据。

(5)应急处置后,环境监理机构应积极配合建设单位、承包商做好善后处理工作,并监督检查落实处置措施,避免二次污染事件。

7. 环境事故应急预案的编制

1)应急预案的编制程序

环境事故应急预案编制工作是一项涉及面广、专业性强的工作,一项非常复杂的系统工程,为了确保预案的科学性、针对性和可操作性,预案编制人员需要具备环保、安全、工程技术、环境恢复、组织管理、医疗急救等各方面的知识。因此,预案编制小组人员要由各方面的专业人员或专家组成。环境事故应急预案的编制程序见图4-1。

2)应急预案的基本内容

(1)总则。

总则主要包括应急预案的编制目的、编制依据及适用范围等。

(2)项目基本概况。

项目基本概况主要包括管道工程项目的所在地、项目建设特点、参建人数、经过环境敏感区域情况及所涉及的环境敏感作业情况等。

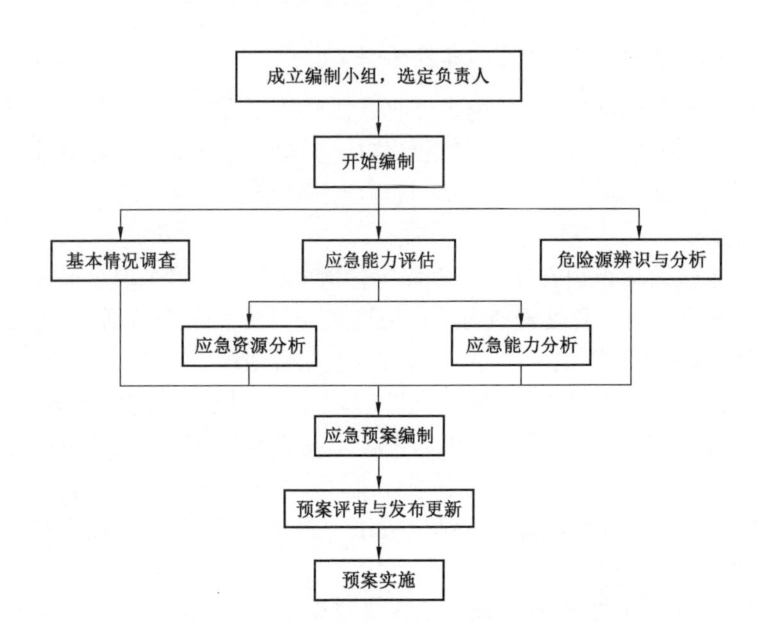

图4－1　环境事故应急预案的编制程序

管道建设工程所经过区域的自然环境，包括地理位置、水文特征、气象气候特征、地形地貌以及周边村落等社会环境等。

(3)危险目标及其危险特性与对周围环境的影响。

① 根据工程项目环境影响评价报告及其批复文件的内容，确定管道项目建设过程中可能造成的环境危害。

② 根据确定的环境危害因素，明确管道施工中敏感作业的特性及对周边环境的影响以及可能发生的事故后果和事故波及范围。

(4)保护目标。

明确施工单位施工中的大气和水体保护目标，主要有饮用水水源保护区、自然保护区和重要渔业水域、珍稀水生生物栖息地，人口集中居住区和《建设项目环境保护分类管理目录》中确定的其他环境敏感区域及其附近区域。

(5)组织机构和职责。

依据项目规模和可能发生的突发环境污染事故的危害程度级别，设置分级应急救援组织机构，并以组织机构图的形式将参与突发环境污染事故应急的部门或队伍列出来。

① 应急救援指挥机构。

承包商应成立应急救援指挥部，由主要负责人担任指挥部总指挥和副总指挥，其他环保、安全、设备等部门领导组成指挥部成员。

② 应急救援队伍。

承包商依据自身条件和可能发生的突发环境污染事故的类型建立应急救援专业队伍，包括通信联络队、抢险抢修队、侦检抢修队、医疗救护队、应急消防队、治安队、物资供应队和应急环境监测组等专业救援队伍，并明确各专业救援队伍的具体职责和任务，以便在发生环境污染事故时，在指挥部的统一指挥下，快速、有序、有效地开展应急救援行动，以尽快处置事故，使事故的危害降到最低。

(6)应急设施(备)与物资。

突发环境污染事故应急救援设施(备)包括医疗救护仪器药品、个人防护装备器材、消防设施、堵漏器材、废水(泥浆)收集池、应急监测仪器设备和应急交通工具等。

(7)报警、通信联络方式。

承包商依据现有资源的评估结果，确定以下内容：

① 承包商内部报告程序。

② 外部报告时限要求及程序。

③ 事故报告内容，至少应包括事故发生的时间、地点、类型和排放污染物的种类、数量、直接经济损失、已采取的应急措施、已污染的范围、潜在的危害程度、转化方式趋向、可能受影响区域以及采取的措施建议。

④ 通报可能受影响的区域说明。

⑤ 报告人及联系方式清单。

⑥ 24 小时有效的报警装置。

⑦ 24 小时有效的内部、外部通信联络手段。

(8)应急响应和措施。

① 分级响应机制。

针对环境污染事故危害程度、影响范围、承包商内部控制事态的能力以及需要调动的应急资源，将突发环境污染事故应急行动分为不同等级，并根据事故发生的级别不同，确定不同级别的现场负责人，指挥调度应急救援工作和开展事故处置措施。分级应按照本工程可能产生最大的破坏及对周围环境(或健康)产生最不利的影响来确定。

② 污染事故现场应急措施。

特别是针对环境敏感作业、环境敏感点施工的性质及事故类型,事故可控性、严重程度和影响范围,需确定以下内容:

a. 应急过程中使用的药剂及工具。

b. 应急过程中采用的工程技术说明。

c. 应急过程中所采用应急方案及操作程序,施工作业中可能出现问题的解决方案。

d. 污染治理设施的应急方案。

e. 事故现场人员清点、撤离的方式、方法、地点。

f. 危险区的隔离:危险区、安全区的设定,事故现场隔离区的划定方式、方法,事故现场隔离方法。

g. 现场应急人员在撤离前、撤离后的报告。

h. 处置事故可能产生二次污染(如消防水、固体物质等带来的污染)的处理措施。

③ 大气类污染事故保护目标的应急措施。

根据污染物的性质与事故类型以及事故可控性、严重程度、影响范围和风向、风速需确定以下内容:

a. 可能受影响区域的说明。

b. 可能受影响区域单位、人员疏散的方式、方法、地点。

c. 可能受影响区域单位、人员的基本保护措施和防护方法。

d. 周边道路隔离或交通疏导方法。

e. 临时安置场所。

④ 水体污染事故保护目标的应急措施。

根据污染物的性质与事故类型以及事故可控性、严重程度、影响范围和河流的流速与流量(或水体的状况)需确定以下内容:

a. 可能受影响水体的说明。

b. 削减污染物的技术方法说明。

c. 需要其他措施的说明等。

⑤ 抢险、救援及控制措施。

a. 救援人员防护、监护措施。

b. 抢险、救援方式、方法及人员的防护、监护措施。

c. 现场实时监测及异常情况下抢险人员的撤离条件、方法。

d. 应急救援队伍的调度。

e. 控制事故扩大的措施。

f. 事故可能扩大后的应急措施。

g. 污染治理设施的控制。

⑥ 应急设施(备)的启用程序。

明确应急设施(备)和应急物资的启用程序,特别是为防止定向钻废弃泥浆和事故废水进入外环境而设立的事故应急池的启用程序。

(9)应急监测。

发生环境污染事故时,应急监测小组应迅速组织监测人员赶赴事故现场,根据实际情况,迅速确定监测方案(包括监测布点、频次、监测项目和监测方法等),及时开展针对环境污染事故的环境应急监测工作,在尽可能短的时间内,用小型、便携、简易的仪器对污染物质种类、污染物质浓度和污染范围及其可能的危害做出判断,以便对事故能及时、正确地进行处理。

(10)人员紧急撤离和疏散。

根据事故发生场所、设施、周围情况以及当时气象情况的分析结果,分级处理。人员的撤离方式、方法包括:

① 事故现场人员的清点,撤离的方式、方法。

② 非事故现场人员紧急疏散的方式、方法。

③ 事故影响区域,如社区、村落等人员紧急疏散的方式、方法。

④ 中毒、受伤人员的救治和相关医疗保障。

(11)现场清洁净化和环境恢复。

明确现场清洁净化、污染控制和环境恢复工作需要的设备工具和物资,事故后对现场中暴露的工作人员、应急行动队员和受污染设备的清洁净化方法和程序,以及在应急终止后对受污染环境进行恢复的方法和程序,内容包括:

① 事故现场的保护措施。

② 确定现场净化方式、方法。

③ 明确事故现场洗消工作的负责人和专业队伍。

④ 洗消后二次污染的防治方案。

⑤ 事故后的生态环境恢复措施。

(12)信息报告和发布。

明确信息报告和发布的程序、内容和方式。

(13)应急培训和演练。

① 应急培训。

依据对施工单位施工作业人员能力的评估结果和周边环境分析结果，应明确以下内容：

a. 应急救援队员的专业培训内容和方法。

b. 本单位员工应急救援基本知识培训的内容和方法。

c. 外部公众应急救援基本知识培训的内容和方法。

d. 应急培训内容、方式以及记录表。

② 应急演练。

应明确施工单位突发环境污染事故应急预案的演习和训练的内容、范围、频次和组织等内容：演练准备、演练范围与频次以及演练组织和应急演练的评价、总结与追踪。

(14)应急预案的评审、发布和更新。

应明确预案评审、发布和更新的具体要求：内部评审、外部评审以及预案发布的时间、送抄的单位等。

(15)应急预案实施和生效时间。

要列出预案实施和生效的具体时间。

8. 环境污染事故的处理程序

(1)环境监理机构及人员发现建设项目施工中存在如下问题时，应及时向项目建设单位报告：

① 项目施工过程中存在超过国家或地方环境保护标准排放污染物的环境违法行为。

② 项目实施过程中存在污染扰民的情况。

③ 项目实施过程中存在生态破坏，或未按照环境影响评价及其批复文件要求实施生态恢复的。

④ 项目实施过程中未对自然保护区、风景名胜区、水源保护区实施有效环境保护，造成破坏的。

⑤ 环境污染治理设施、环境风险防范设施未按照环境影响评价文件及

其批复的要求建设的。

⑥ 环境污染治理设施、环境风险防范设施施工进度与主体工程施工进度不符合建设项目环境保护“三同时”要求的。

⑦ 项目实施过程中存在其他环境违法行为的。

(2)环境监理机构及人员发现建设项目施工中出现重大污染事故时，按如下程序处理：

① 总环境监理工程师接到环境监理工程师报告后，应立即与业主代表联系，同时书面通知承包人暂停该工程的施工，并采取有效的环保措施。

② 在发生事故后，承包人除口头报告环境监理工程师外，应事后书面报告——填表《工程污染事故报告单》(附事故初步调查报告)给环境监理工程师。污染事故报告初步反映该工程名称、污染部位、污染事故原因、应急环保措施等。该报告经环境监理工程师签署意见，总环境监理工程师审核批准后转报业主。

③ 环境监理工程师和承包人对污染事故继续深入调查，并和有关方面商讨后，提出事故处理的初步方案并填报《工程污染事故处理方案报审表》(附工程污染事故详细报告和处理方案)报总环境监理工程师核准后再转报业主研究处理。

④ 总环境监理工程师会同业主组织有关人员在对污染事故现场进行审查分析、监测、化验的基础上，对承包人提出的处理方案予以审查、修正、批准，形成决定，方案确定后由承包人填写《复工报审表》向环境监理工程师申请复工。

⑤ 总环境监理工程师组织对污染事故责任进行判定，判定时将全面审查有关施工记录。

环境污染事故处理工作流程见图4-2。

9. 环境事件(事故)中环境监理的工作原则

在管道建设工程施工中，环境监理机构可按照以下原则处理工程项目环境污染事件(事故)：

1)及时性原则

管道建设工程环境污染事件(事故)的发生具有来势猛、发展速度快、影响危害大的特点，特别要求迅速控制局面。因此，当管道建设工程项目环境

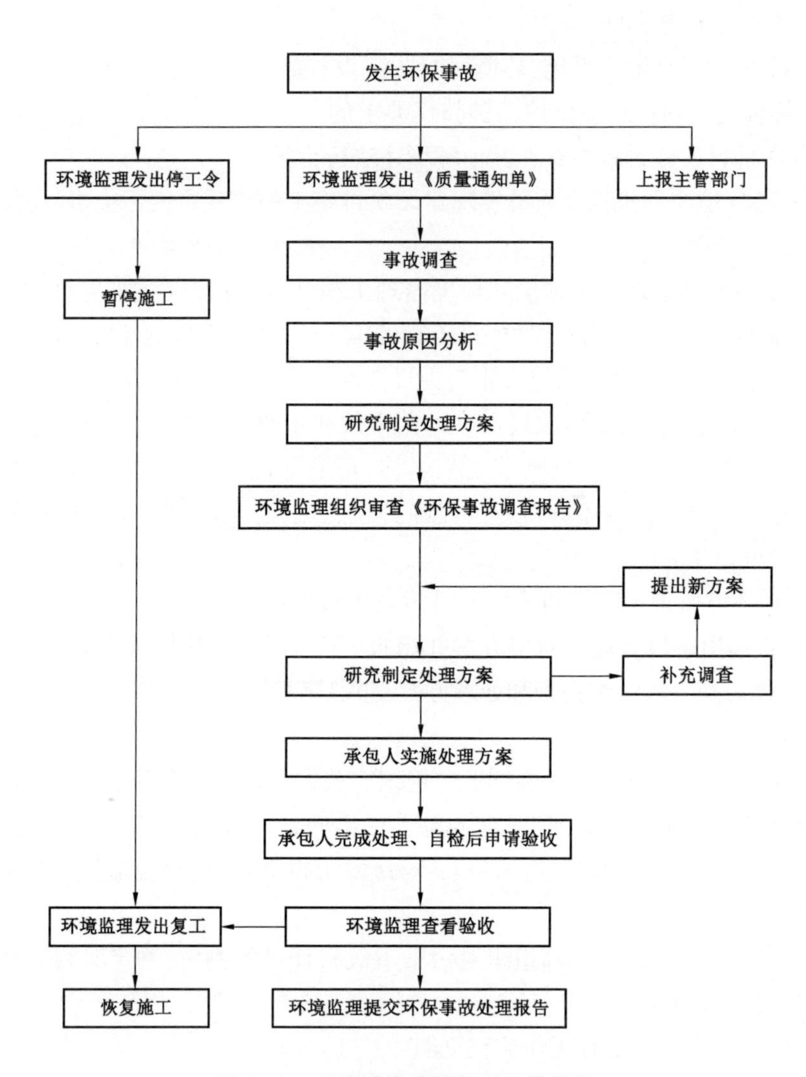

图4－2　环境污染事故处理工作流程

污染事件(事故)发生后,总环境监理工程师应立即签发《环境监理工程暂停令》,并要求停止进行工程环境污染生态破坏部位和与其有关联部位及下道工序施工,要求工程施工单位采取必要的措施,防止环境污染事件(事故)扩大,并保护好现场。同时,要求环境污染发生单位迅速向相应的主管部门上报,并于24小时内写出工程环境污染/生态破坏事故书面报告。

2）预防为主和防治结合的原则

预防为主和防治结合的原则包括以下主要内容：采取现有的各种预防措施，尽可能地预防环境问题的产生，防止环境污染的进一步恶化；同时应用先进的环境技术控制治理已造成的污染，争取做到维持生态平衡，消除污染物对人体健康的威胁。具体表现为建立环境应急处理指挥部和突发事件应急处理专业队伍，配置应急设施设备，定期组织培训和演练等活动。

3）全面性原则

环境监理要采取相应的措施应对管道建设项目环境污染事件（事故）。公开管道建设项目环境污染事件（事故）信息力求客观准确，做好项目环境污染事件（事故）信息收集、分析、报告与通报和应急监测及影响危害分析与上报工作。强制措施的实施，包括紧急疏散、强制隔离、交通管制、人员与财产征用、损害或影响的紧急补救、减少与减轻等。环境监理机构积极组织或协助环境污染事故调查组对工程环境污染与生态破坏事故的调查工作，客观地收集提供影响、危害的相应证据。

当环境监理机构接到项目环境污染事故调查组提出的“消除防范环境污染施工方案技术处理意见”后，可组织相关单位研究，并责成完成环境污染事故技术处理实施方案。

4）消除环境污染事故认真规范的原则

项目消除环境污染事故技术处理实施方案核签后，环境监理机构应要求工程施工单位制定详细的项目工程消除防范环境污染施工方案设计，必要时应编制相应环境监理实施细则，对项目工程消除防范环境污染技术处理施工进行环境监理，消除防范环境污染技术处理过程中的关键部位和关键工序进行旁站，并会同设计、建设等有关单位共同检查认可。

5）严格检查验收及预防

对项目施工单位完成消除防范环境污染施工自检后报验结果，项目环境监理机构组织有关各方进行严格的检查验收，必要时应进行环境污染源处理结果鉴定；要求事故单位整理编写环境污染事故和工程消除防范环境污染技术处理报告，并审核签认，组织将有关技术资料归档。

总环境监理工程师在确认项目工程消除防范环境污染施工方案已落实，环境污染事故处理完结后，签发《项目环保工程复工令》，恢复正常施工。

三、试运行阶段环境监理的工作内容及方法

在建设项目投入试运行后，环境监理单位应针对项目主体工程和环保设施的试运行情况以及各类环保管理制度、事故应急预案的执行情况等继续开展工作。

1. 环保验收

（1）总环境监理工程师应组织专业环境监理工程师，依据有关法律、法规、工程建设强制性标准、设计文件及施工合同，对承包单位报送的环保竣工验收资料进行审查，对存在的问题提出整改要求，并向建设单位提交《建设项目竣工环境监理报告》，移交档案资料。

（2）对主体工程及配套环保设施运行情况、施工方撤场后场地清理情况、生态恢复、耕地补偿等情况进行调查汇总。

（3）对新发现或遗留的问题根据性质向建设单位提交《环境监理联系单》或向施工承包商下达《环境监理通知书》，提出整改建议，整改闭环程序与施工阶段相同。

（4）试运行结束后，汇总各项内容，编制项目环境监理总结报告。

（5）项目环境监理机构应参加由建设单位组织的工程环保验收，并提供相关环境监理资料。对环保验收中提出的整改问题，项目环境监理机构应要求承包单位进行整改。工程符合环保验收要求，由总环境监理工程师会同参加验收的各方签署工程环保验收报告。对于验收会提出的问题，督促建设单位进行整改。

（6）验收通过后，向建设单位移交工程环境监理竣工资料。移交的资料应包括：环境监理总结报告、环境监理工作方案、环境监理实施细则、环境监理工作联系单与通知单及回执、环境监理报表、环保验收资料、环境敏感地区开工前及完工后的评估报告、相关影像资料等。

2. 环保验收清单及相关管理内容

1）项目竣工环保验收监测（调查）报告（表）

依据《建设项目竣工环境保护验收管理办法》（国家环境保护总局令第13号令）第十一条规定，编制环境影响报告书（表）的建设项目在办理竣工环保验收手续时，必须提供验收监测（调查）报告（表）。

该报告（表）由项目试生产（运行）阶段负责竣工环保验收监测（调查）

的单位编制。如果项目进行了复测,同时一并提供复测报告。

2)建设项目竣工环保验收申请报告

建设单位根据环保验收主管部门要求,填写建设项目竣工环保验收申请报告,建设单位按要求填写并在封面加盖公章。《建设项目竣工环境保护验收申请》是由环保部统一印制的申请表格(详见附录二)。

3)网上信息公开

依据环境保护部《建设项目环境影响评价政府信息公开指南(试行)》(环办〔2013〕103号,见附录三)规定,建设单位在向环境保护行政主管部门提交验收监测(调查)报告书、表前,应依法主动公开验收监测(调查)报告书、表全本(涉密项目除外)。

建设单位应当在申请验收前在公共媒体网站(公司网站、所在园区网站等)公开项目建设概况、环保执行情况,提供验收监测(调查)报告电子版的下载,公示时间不得少于5个工作日。建设单位应提供网上公开截图并加盖单位公章。

4)项目环保"三同时"执行情况总结

项目环保"三同时"执行情况总结材料格式不限,内容包括项目施工以及试生产阶段废水、废气、噪声、固体废弃物等方面的污染防治措施,建设单位盖章后提交。

5)项目需要补充的材料

(1)突发环境事件应急预案备案表。

根据《企业事业单位突发环境事件应急预案备案管理办法(试行)》(环发〔2015〕4号)规定,"涉及项目:污水、生活垃圾集中处理设施项目;生产、储存、运输、使用危险化学品项目;产生、收集、储存、运输、利用、处置危险废物项目;尾矿库项目,包括湿式堆存工业废渣库、电厂灰渣库"范围内的建设项目在办理环保验收时,必须提供项目所在地县级环保部门盖章的突发环境事件应急预案备案表复印件并加盖建设单位公章,油气管道工程属于危险化学品运输项目,因此需提交突发环境事件应急预案备案表。

(2)环境监理总结报告。

涉及项目:环境影响评价批复中要求开展环境监理的建设项目。油气管道建设项目在办理环保验收时必须提供由环境监理单位出具的环境监理总结报告,不需要提供全套环境监理资料。

3. 环境质量保修期的环境监理工作

(1)环境监理单位依据委托环境监理合同约定的工程环境质量保修期环境监理工作的时间、范围和内容开展工作,做好巡检和保修期监理服务。

(2)承担环境质量保修期环境监理工作时,环境监理单位应安排环境监理人员对建设单位提出的工程环境质量缺陷进行检查和记录,对承包单位进行修复的工程环境质量进行验收,合格后予以签认。

(3)环境监理人员应对工程环境质量缺陷原因进行调查分析并确定责任归属,对非承包单位原因造成的工程环境质量缺陷,环境监理人员应核实环保修复工程的费用并签署环保工程款支付建议书,报建设单位。

第五章　环境监理规划和实施细则

第一节　环境监理规划

环境监理规划是环境监理单位与业主签订环境监理委托合同之后，根据环境监理合同，结合工程的实际情况，用来指导项目环境监理机构全面开展环境监理工作的指导性文件。

环境监理规划主要内容包括：工程概况；环境监理工作范围；环境监理工作内容；环境监理工作目标；环境监理工作依据；项目环境监理机构的组织和人员配备；项目环境监理机构的人员岗位职责；环境监理工作程序；环境监理工作方法；环境监理措施；环境监理工作制度；环境监理设施；环境监理用表。

一、环境监理规划的主要内容

1. 工程概况

(1)建设规模：包括管线长度/管径/压力、站场阀室数量、输送介质、设计年输送量；主要工程量、技术经济指标等。

(2)环境管理重点项目：穿越的主要敏感区，山岭隧道的间隔(条/km)，穿越河流的间隔(条/km)及方式，穿越公路铁路的间隔(处/km)。

(3)主要地形地貌和气象水文情况。

(4)占地情况：临时占地/永久占地。

(5)项目投资：包括项目总投资、环保投资、环保投资占总投资的比例等。

(6)建设工期。

2. 环境监理的工作范围

(1)环境监理的地域范围：包括工程所在区域和工程所影响区域。

(2)环境监理的项目实施阶段范围：包括施工准备阶段、施工阶段和交工验收阶段。

3. 环境监理的工作内容

(1)熟悉工程资料，掌握项目环境影响评价和水土保持方案提出的环保要求与措施，对照工程设计文件、图纸以及现场环境，并对环境敏感的保护目标做出标识。

(2)收集、熟悉项目所在地国家及地方的相关环境法律法规，熟悉勘察设计文件、环境影响评价文件等。

(3)编制施工环保监理规划。

(4)编制环保监理实施细则。

(5)组织项目环境监理交底。

(6)根据工程情况配置必需的环境监测设备和仪器。

(7)建立环保工作网络与环保管理体系。

(8)了解项目沿线及周边的环境情况，对比设计文件与环境影响评价报告中的河流穿越方案、环境敏感区穿越位置等，如发现有与环境影响评价报告不一致的地方，及时向业主提出。

(9)参加第一次工地会议，对施工单位进行环保监理交底。

(10)审查施工承包商项目环境管理机构、环境管理制度的建立情况，符合投标承诺。

(11)审查施工承包商编制的施工组织设计中环保措施与环境管理方案。

(12)检查施工承包商采购用于环保设施的材料以及设备的质量、规格、性能。

(13)组织施工准备阶段的环境检查。

(14)核查施工承包商环境管理人员的数量及资格，应符合合同约定。

(15)检查施工承包商对参建员工进行的环保培训教育计划及其实施情况，应满足施工环境管理需要，且有培训记录。

(16)审查施工承包商的环境风险识别、评估情况以及主要环境风险清单建立和控制措施制定情况，应符合工程实际情况和相关环境管理规定。

(17)检查施工承包商是否根据当地的规定与地方环保行政主管部门签订了垃圾处理、废水排放等环境协议。

(18)审查施工承包商编制的“施工组织设计”，对不符合工程环保要求的环节和内容提出改正要求，对遗漏的环节和内容要求增补。

(19)审查取(弃)土场、采石场的选址，对生态敏感点和取(弃)土场、采石场进行必要的实地踏勘。

(20)审查施工承包商的临时用地方案，所有便道、便桥等必须经监理工程师审批同意后才能使用。

(21)对现场实验室放射源的处置，环境监理工程师应全过程旁站监理，保证放射源得到妥善处置。

(22)环境敏感区施工许可管理：施工承包商在进行穿越环境敏感区施工前，应编制环境敏感区施工专项方案，报监理审查通过后，按规定办理环境敏感区施工许可手续。

(23)环境风险识别及预警：环境监理人员应掌握施工动态，并根据施工作业、地域、季节等特点及时识别施工现场存在的环境风险，发出环境风险警示，督促施工承包商采取有针对性的环境管理措施，做好环境风险预控工作。

(24)附近有敏感保护对象时，应对施工车辆做出限速行驶的规定，并对执行情况进行巡检。

(25)对施工场地、便道、材料堆场、拌和场、预制场以及取(弃)土场、营地、办公区、实验室的环保措施执行情况、环保设施运行维护情况进行巡检。

4. 环境监理的工作目标

(1)水环境：废液处理率达100%。

(2)声环境：达标。

(3)大气环境：达标。

(4)固体废弃物：无害化处理100%。

(5)社会环境：促进周边地区经济发展(无投诉)。

(6)生态环境：厂内绿化完善，场外环境无破坏。

5. 环境监理的工作依据

(1)与环境保护相关的法律、法规、部门规章制度。

(2)环境影响评价报告及其批复文件、水土保持方案及批文。

(3)与建设项目有关的环保标准、设计文件、技术资料。

(4)环境监理合同文件。

6. 项目环境监理机构人员的岗位职责

1)总环境监理工程师的主要职责

(1)对所监理工程项目的环境监理工作全面负责。

(2)负责配备项目监理机构的环境监理人员,并明确其职责。

(3)主持编写环境监理方案,明确环境监理工作内容、工作程序和方法措施。

(4)审批环境监理实施细则。

(5)组织审查承包商报审的施工组织设计、环境敏感区域专项施工方案和应急预案,并签署审查意见。

(6)参与或配合本项目环境事故的现场调查。

(7)对存在重大环境破坏、污染隐患的工程部位下达工程暂停令。

(8)监督、检查环境监理人员的工作情况。

(9)负责处理所监理项目的突发环境事件,及时向所属监理单位和建设单位报告。

2)主管环境的副总监理工程师的主要职责

(1)对所监理工程项目的环境监理工作进行全面管理。

(2)参与组织环境监理方案的编写工作。

(3)负责审核项目监理机构的环境监理实施细则。

(4)组织审查承包商报审的施工组织设计中的环境管理措施、HSE两书一表、应急预案、重大环境敏感区的专项施工方案,并向总监理工程师提交审查意见。

(5)审核并签发环境监理工作月报、专题报告。

(6)具体负责监督、检查和指导环境监理人员的工作。

(7)组织环境专项检查,监督检查现场环境管理工作情况。

(8)协助环境事故调查分析,并督促事故后的现场整改。

(9)主持召开项目监理机构环境专题监理会议。

(10)组织编写环境监理工作总结。

3)环境监理工程师的主要职责

(1)负责编写环境监理实施细则。

(2)审查承包商企业资质,检查承包商的环境管理制度、环境检查制度和事故报告制度的建立与执行情况。

(3)审查承包商项目环境管理机构,配合工程主体监理查验项目经理、环境管理人员、特种作业人员的上岗资格证书。

(4)参加审查承包商报审的施工组织设计中的环境管理措施、HSE两书一表、应急预案、重大环境敏感区的专项施工方案,并向总监理工程师提交审查意见。

(5)核查承包商环保培训教育记录和环境管理措施的交底情况。

(6)督促承包商进行环境风险因素识别、评估,制定预控措施,进行环境风险动态控制。

(7)巡视检查施工现场环保措施的落实情况,填写环境监理日志;发现问题,应及时发出监理指令,签发监理工程师通知,并向总监理工程师报告。

(8)编写监理月报中的环境监理工作内容或独立的环境监理月报,并完成环境监理工作总结。

(9)督促指导环境监理员的现场工作,并主持编制环境监理资料。

4)环境监理员的主要职责

(1)在环境监理工程师的指导下开展现场环境监理工作。

(2)核查承包商穿越环境敏感区的施工许可手续办理情况。

(3)检查承包商环境管理制度的执行情况。

(4)监督检查施工现场环保措施的落实情况。

(5)对环境敏感区施工过程进行监理,填写监理日志;发现问题,应及时向环境监理工程师报告。

7. 环境监理的工作程序

环境监理工作程序主要有环境监理总程序、环境管理技术文件审查程序、环境监理检查程序、环境污染事故事件处理程序以及环境工程验收程序等。

环境监理工作基本程序如下:

(1)应依据委托监理合同,建立项目环境监理机构,选派合格的环境监理人员。

(2)应收集和熟悉环境监理相关资料,做好环境监理的准备工作。

(3)应编制环境监理规划、环境监理实施细则。

(4)进场后应做好环境监理工作交底。

(5)应在工程建设项目实施阶段开展环境监理工作。

(6)应参与项目环境设施(如果有)竣工验收、环保专项验收,并签署环境监理意见。

(7)应向建设单位提交有关环境档案资料和环境监理工作总结报告。

环境敏感区专项施工方案的报审程序如下：

(1)在进入环境敏感区施工前，施工承包商应编制专项施工方案，并报送项目监理机构审查。专项方案中应包含施工可能对环境敏感区造成的重大影响、环保技术措施等内容。

(2)总环境监理工程师应组织相关环境监理人员对环境敏感区专项施工方案内有关环境保护措施的内容进行审查，并对施工方案进行签认；当需要施工承包商修改时，应由总环境监理工程师签发书面意见，要求施工承包商修改后重新上报。

施工阶段环境监理工作程序如下：

(1)在施工过程中，监理机构应对施工现场环境管理情况进行检查。

(2)发现各类污染环境、破坏生态的隐患时，应书面通知施工承包商，并应督促其限期整改；情况严重的，总监理工程师应及时下达工程暂停令，要求施工承包商停工整改，并同时报告建设单位。

(3)环保隐患消除后，监理机构应检查整改结果，签署复查或复工意见。

(4)施工承包商拒不整改的，项目监理机构应及时向业主报告。

环境污染事故事件处理程序如下：

(1)施工过程中发生环境污染事故，施工承包商应立即启动应急预案，在规定时间内向监理和有关部门报告；监理接到报告后，应按规定向相关部门报告。

(2)监理接到报告后应进行确认，并要求施工承包商采取减缓和消除污染的措施，防止污染危害进一步扩大，同时向建设单位报告。

(3)应协助疏散可能受到污染的单位和人员，撤离出危险地带，避免人身伤害。

(4)应接受或协助环境污染事故的调查和处理。

施工设备、人员进出场管理程序如下：

(1)施工承包商的施工设备、人员进场时，应向项目监理机构提交申报表，监理人员对拟进场施工设备的性能是否满足环保要求、环境管理人员的资格等进行审查，签署审查意见，审查合格的施工设备和人员方可进入施工现场。

(2)施工承包商的施工设备和人员撤离现场前，应向监理提交撤离申请，监理人员根据工程实际情况对拟撤离施工设备和人员的施工现场环境恢复情况进行审查，并签署审查意见；获得监理许可后，施工机械设备和人员方可撤离施工现场。

8. 环境监理的工作方法

施工阶段环境监理工作方法:环境监理应结合工程建设环境保护的特殊性而采取不同的工作方法,主要包括施工阶段的现场巡查、信息管理、工地例会、指令文件、技术文件审批、协调等监理方法以及环境预测控制方法。

1)巡视检查

施工过程中,环境监理员应对施工现场每天至少巡视检查一次,分部环境监理工程师对施工现场每周至少巡视检查一次,并做好巡视检查记录;针对巡视检查中发现的环境破坏或污染问题,应及时向施工承包商发出相应的监理指令,要求施工承包商限期整改,消除环境事故隐患;对拒不整改或整改不符合要求的,环境监理有权要求其停止作业。

环境监理人员在巡视检查过程中,应严格检查施工承包商的环保措施或环境管理专项方案的编制审批、穿越环境敏感区施工许可手续办理、环保措施交底、自检自查记录以及施工设备油料的滴漏、施工固体垃圾清理和处理、施工废水废液排放、环境管理措施落实等情况;环境管理专项方案应审查通过,现场环境管理措施应满足环境管理要求。

2)旁站

对管道穿越环境敏感区的施工作业应进行旁站监理,旁站监理人员应严格按照环境影响评价文件、设计文件、环境管理专项方案的要求,监督施工承包商落实各项环境管理措施,发现问题及时提出;对存在重大环境隐患的,应要求施工承包商暂停施工作业,并向环境监理工程师汇报,同时做好旁站环境监理记录。

3)检查

定期或不定期组织有关人员对承包商环保措施执行情况及各营地、施工现场、交通道路的环境情况进行全面检查,以便及时发现环境隐患,督促其进行整改。现场检查的内容有:施工是否按环保条款进行,有无擅自改变;施工作业是否符合环保规范,是否按环保设计要求进行;施工过程中是否执行了保证满足环保要求的各项环保措施;通过对监测数据分析,检查施工过程是否满足环保要求。

4)监测

环境监理人员通过环境监测可获取具体的污染物浓度数据,经观察、分析数据,及时、准确地发现建设项目施工过程对环境的影响。因此,环境监测作为环境保护必不可少的基础性工作，在实践中常被形象地称为“环境保护的眼睛”。

施工期环境监测的基本目的就是全面、及时、准确地掌握工程建设活动对环境影响的水平、效应及趋势，用一些详尽且具有说服力的数据支持环境监理工作，使环境监理执法有据可依，有效地控制施工对周围环境的不利影响，使周围环境各种污染因子达到环保标准要求。

通过开展施工期环境监测工作，一方面，环境监理人员在监理过程中更易于客观、定量化地监督施工单位减少施工建设对环境的影响，也有利于监理人员提早发现一些潜在的环境问题，避免环境污染事件的发生；另一方面，环境监理人员通过先进的监测仪器对水环境、空气环境和声环境进行现场监测，现场公布监测结果，经现场调查分析后提出相应的环保处理措施和解决办法，使施工人员更能直观地认识到环境监理人员指出的环境污染问题的客观存在性和环保工作的重要性，心服口服地采纳环境监理工程师提出的意见和建议。

5）召开环境例会

根据建设项目特点，每月（季）召开环境例会，建设单位环保主管参加，各承包商 HSE 经理参加，在各承包商汇报环保工作的基础上，结合巡视、检查情况对各单位环保工作进行评议。同时就巡视、检查中发现的各标段环境问题提出整改意见和通知，并就一些重点问题和共性问题达成一致意见，形成会议纪要，以便会后遵照执行或实施。

6）记录与报告

环境监理员需将每天的现场监督和检查情况予以记录，形成环境监理日志，做到真实准确地记录整个施工过程。要将环境监理日志及时报告给总环境监理工程师，总环境监理工程师应对监理员的工作情况予以督促检查，及时发现处理中存在的问题。

环境监理部每月向建设单位及环境保护行政主管部门提交环境监理月报，对发现的问题形成环境监理专题报告上报；工程完工后，向项目建设单位提交工程监理工作竣工报告，并提交全部环境监理档案资料，作为建设项目试运行申请及竣工环保验收的必备文件。

9. 环境监理措施

组织措施：环境监理机构建立，人员培训。

技术措施：环保技术措施，监控点设置，仪器监测及分析。

经济措施：工程款支付管理，变更管理。

合同措施：考核、处罚。

协调管理：与工程监理、业主、环保行政主管部门协调配合。

10. 环境监理的工作制度

1）设计审核制度

在建设项目开工前，由环境监理工程师审查建设单位提供的项目初步设计中“环境保护篇章”、承建单位报送的施工组织设计中的环保内容及施工营地的设置方案，并提出审核意见。对工程实施的环保设计变更，环境监理人员应根据变更方案进行环境影响复核，当环保措施不能满足有关要求和规定时，由环境监理人员提出要求，提交工程总环境监理工程师，必要时，建议建设单位组织专业论证，确保变更方案满足环保要求。由于设计方案变更造成环保措施调整而需要增加环保投资时，应提请建设单位确定费用的解决途径。

2）工作记录制度

环境监理工程师每天根据工作情况做好工作记录（环境监理日志），重点描述现场环保工作的巡视检查情况以及当时发现的主要环境问题、问题发生的责任单位、分析产生问题的主要原因与环境监理工程师对问题的处理意见。

3）报告制度

工程建设期环保工程环境监理报告是工程建设环保工作的一项重要内容。环境监理报告包括月报、季度报告、半年进度评估报告以及承建单位的环境月报。环境监理报告应向建设单位报送。

4）函件来往制度

对环境监理工程师在现场检查过程中发现的环境问题，应通过下发环境监理通知单形式通知承建单位需要采取的纠正或处理措施；对承建单位某些方面的规定或要求，必须通过书面形式通知。情况紧急需口头通知时，随后必须以书面函件形式予以确认。同样，承建单位对环境问题处理结果的答复以及其他方面的问题，也应致函环境监理工程师。

5）例会制度

建立环境例会制度，定期召开环保会议。在例会期间，承建单位对近一

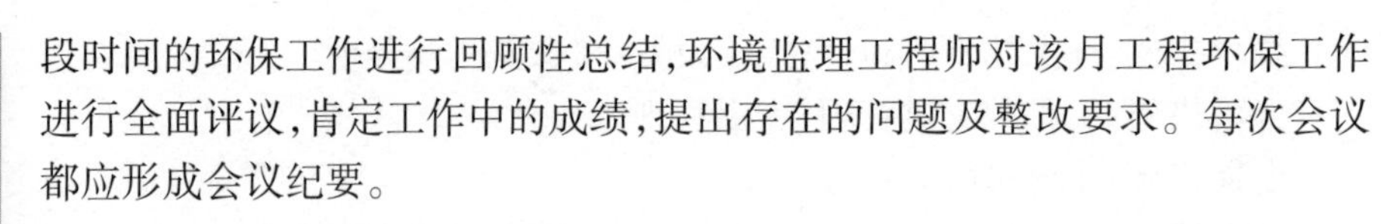

段时间的环保工作进行回顾性总结，环境监理工程师对该月工程环保工作进行全面评议，肯定工作中的成绩，提出存在的问题及整改要求。每次会议都应形成会议纪要。

11. 环境监理设施

环境监理设施包括办公设施、交通设施、通信设施、生活设施、工器具及仪表。

12. 环境监理用表

环境监理用表参见附录四。

二、环境监理规划编审程序

(1)环境监理单位收到建设单位发出的中标通知书，签订委托环境监理合同，组建项目环境监理机构，在收到相关设计文件后，项目环境监理机构启动编制环境监理规划，并在建设单位授权范围内对工程管理进行监督。

(2)环境监理规划应由项目总监理工程师负责组织编制；环境监理规划在发布前，应经过监理单位技术负责人审定并经建设单位批准；环境监理规划应在项目第一次建设单位组织的工地例会上正式发布。

(3)环境监理规划编制的内容及深度应符合国家、行业相关规范与标准，满足工程环境监理委托合同确定的范围，符合项目实际，并具有可操作性。

(4)环境监理规划应明确环境监理工作的质量要求，建立质量保证体系，确定环境监理工作的质量要求和质量要素，制定质量体系运行情况和工作效果审查制度，并及时纠正偏差。

(5)在实施过程中，如工程建设实际情况或条件发生重大变化的，项目环境监理机构应依据环境监理工作的实际情况，由总监理工程师组织专业环境监理工程师研究修订环境监理规划，并按原审批程序报送建设单位审批。

第二节　环境监理实施细则

环境监理实施细则简称监理细则，其与环境监理规划的关系可以比作施工图设计与初步设计的关系。也就是说，环境监理实施细则是在环境监理规划的基础上,由项目环境监理机构的专业环境监理工程师针对建设工程中某一专业或某一方面的监理工作编写,并经总监理工程师批准实施的操作性文件。环境监理实施细则的作用是指导本专业或子项目具体环境监理业务的开展。

一、环境监理实施细则的基本要求及主要内容

1. 环境监理实施细则的基本要求

环境监理实施细则应符合环境监理规划的要求,并应结合工程项目的环境管理特点,做到详细具体,具有可操作性。

2. 环境监理实施细则的主要内容

(1)项目环境监理机构应结合管道工程沿线环境特点及施工特点,识别主要的环境影响因素,按环境监理规划的要求编制环境监理实施细则。

(2)环境监理实施细则应由环境监理工程师编写,专业监理工程师参加,主管环境的副总监理工程师审查,总监理工程师批准。

(3)对于重大环境敏感区和对环境影响较大工程作业的环境监理工作,项目环境监理机构应在环境监理实施细则中详细阐述或编写专项环境监理实施细则。

(4)环境监理实施细则应包括下列主要内容:

① 工程特点,包括施工现场自然环境特点、沿线环境敏感区和对环境影响较大的施工作业面。

② 编制依据。

③ 监理工作流程。

④ 环境监理人员配备计划、分工及职责。

⑤ 环境监理工作要点及目标值。

⑥ 环境风险辨识及主要环境敏感区和对环境影响较大的施工作业面清单,风险削减措施。

⑦ 环境监理具体的工作方法及措施。

⑧ 对环境监理检查、控制点、检查频率和检查记录的要求。

⑨ 环境事故事件处理。

⑩ 相关过程的检查记录(表)和资料目录。

二、环境监理实施细则的审查流程

(1)环境监理实施细则编制完成后,项目总监理工程师应组织专业环境监理工程师对环境监理实施细则进行全面校对、审核。

(2)项目环境监理机构完成环境监理实施细则的内部校对、审核后,报环境监理单位技术负责人审批。

(3)环境监理实施细则经环境监理单位内部批准后,报送建设单位备案;如建设单位有要求,还需报送建设单位审核。

第六章 油气管道工程环境监理要点

油气管道工程种类繁多,不同类型、不同地域、不同环境条件的工程,其主要生态影响和环境影响各不相同。对于具体项目,环境影响报告书给出了环境影响分析和环保措施,因此,在环境监理工作中,必须严格按照环境影响报告书及其批复的要求监督落实各项环保措施。以下针对不同作业环境介绍环境监理要点。

第一节 环境敏感区环境监理要点

一、典型自然保护区环境监理

自然保护区是指依据国家相关法律法规建立的以保护生物多样环境、地质构造以及水源等自然综合体为核心的自然区域,在这块区域内人的各种活动受到不同程度的限制,以使这一区域内的保护对象保持无人为干预的自然发展状况。建立自然保护区可以保护自然本底、储备物种、开辟科研教育基地及在涵养水源、保持水土、改善环境和生态平衡等方面发挥重要作用。

我国自然保护区一般划分为核心区、缓冲区和实验区,核心区是指未经或很少经人为干扰过的自然生态系统的所在地;实验区是试验性、生产性的科研基地和教育基地;缓冲区是指有一定范围的生产活动,还可以有少量居民点及旅游设施。

管道工程在前期路由选择时,对自然保护区采取避让原则,若路由实在无法避让时,一般保证管线不直接穿越自然保护区的核心区及缓冲区。下面根据管道工程建设过程中穿越的典型自然保护区的施工情况,结合典型自然保护区的生态特点及管道施工对其影响情况介绍自然保护区环境监理要点。

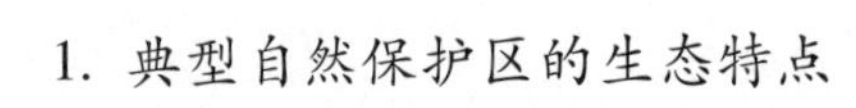

1. 典型自然保护区的生态特点

1)极旱荒漠自然保护区的生态特点

极旱荒漠自然保护区是管道建设过程中遇到的较为常见的自然保护区,一般分布在我国西北部宁夏、甘肃、新疆等地区。

(1)自然保护区的生态概况。

极旱荒漠自然保护区为荒漠生态系统,干旱缺水、寒暑剧变、风大沙多、土壤钙化和盐渍化作用强烈,自然植被稀疏,生态系统极其脆弱。生态系统的脆弱、地域范围的辽阔、环境因素的多变、生态类型的多样性,造就了保护区特殊的生态系统。各类生物虽数量稀少,但珍稀种类多,各代表着其对特殊环境的适应能力。

(2)植物资源。

极旱荒漠自然保护区的植物资源以温带阔叶林、丛生禾草荒漠草原、半灌木荒漠草原、灌木荒漠等为主。泡泡刺荒漠、红砂荒漠、黑柴荒漠及珍珠猪毛菜荒漠为中亚荒漠最有代表性和典型的植被类型。在我国典型管道穿越的极旱荒漠自然保护区为安西极旱荒漠国家级自然保护区,安西极旱荒漠国家级自然保护区自然植被分布见表6-1。

表6-1 安西极旱荒漠国家级自然保护区自然植被分布

植被型组	群系组	植被压型	群系
阔叶林	Ⅰ温带阔叶林	温带荒漠落叶阔叶林	胡杨群系
	Ⅱ温带山地草原	丛生禾草荒漠草原	沙生针茅群系
			戈壁针茅群系
			灌木亚菊群系
		半灌木荒漠草原	梭梭群系
荒漠	Ⅲ温带荒漠	小乔木荒漠	膜果麻黄群系
		灌木荒漠	泡泡刺群系
			裸果木群系
			白皮锦鸡儿群系
		半灌木、小半灌木荒漠	红砂群系
			珍珠群系
			合头草(黑柴)群系
			木本猪毛菜群系
			驼绒藜群系

续表

植被型组	群系组	植被压型	群系
荒漠	Ⅲ温带荒漠	盐生小灌木荒漠	盐穗木群系
			尖叶盐爪爪群系
		盐地沙生灌丛	刚毛柽柳群系
			多枝柽柳群系
灌丛	Ⅳ温带灌丛	落叶阔叶灌丛	小叶金露梅群系
		禾草盐化草甸	芨芨草群系
草甸	Ⅵ盐化草甸	杂类草盐化草甸	芦苇群系
			黑果枸杞群系
			黄甘草群系
			大叶白麻群系
沼泽	Ⅶ杂类草沼泽	—	香蒲群系
			芦苇群系

(3)极旱荒漠保护区重点保护植物。

裸果木：该种植物是极旱荒漠自然保护区的特有植物，属石竹科落叶灌木，在极旱荒漠保护区砾石荒漠和石质山坡上有分布。根据《中国植物红皮书》，该种植物被定为国家二级重点保护植物，而在林业部下发的《国家重点保护野生植物名录》中被定为国家一级重点保护植物，在地表径流或低洼地常形成单优势种群落。裸果木在研究我国西北、内蒙古荒漠的发展、气候变化以及旱生植物区系成分的起源问题等方面有着重要的科研价值，是构成石质荒漠植被的重要建群树种。

梭梭：国家二级重点保护植物，属藜科，小乔木；生长在保护区半固定和固定沙丘上，也能生长在水分异常缺乏的洪积石质戈壁和剥蚀石质山坡上；是重要药材肉苁蓉的寄主，是防风固沙的优良树种，具有重要的经济价值。

紊蒿：一年生草本植物，茎、枝淡红色或黄褐色，叶无柄羽状深裂。本种分布于内蒙古、宁夏、甘肃、青海、新疆的荒漠草原或荒漠沙地，为我国特有属紊蒿属的代表种。

河西菊：多年生草木，自根茎发出多数茎，二叉状分枝，形成球状丛；叶条形，革质，无柄，基部半抱茎。本种生于平坦沙地、沙丘间低地、戈壁冲沟和沙地田边，分布于甘肃河西走廊、新疆哈密、吐鲁番至塔里木盆地，为我国特有的属河西菊属的代表种。

河西沙拐枣:灌木,生长于沙滩或戈壁,分布于甘肃河西走廊安西、临泽一带,为河西地区特有种。

民勤绢蒿:多年生草本植物,生于盐渍化草甸、盐边湖、戈壁,分布于甘肃河西走廊。

(4)极旱荒漠自然保护区重点保护动物。

① 昆虫。

极旱荒漠自然保护区的动物群属温带荒漠、半荒漠动物群,昆虫也不例外,分为山地草原昆虫、湿地昆虫、村庄农田昆虫、砾石戈壁昆虫以及沙漠昆虫五大生态群。

② 脊椎动物。

极旱荒漠自然保护区具有物种多样性的特征,主要有鸟类、哺乳类动物。

鸟类:是极旱荒漠生态系统中最重要的一个类群,种类多,分布于所有的自然景观中。一般以旅鸟和夏候鸟为主,这类鸟增加或减少的原因与迁徙动态有关。

哺乳类:极旱荒漠自然保护区哺乳动物羚羊、盘羊、北山羊、岩羊、雪豹、野驴等为主。

2)湿地自然保护区的生态特点

湿地是指陆地与水生系统之间的过渡生态系统,其地表为浅水所覆盖或者其水位在地表附近变化,相对于山地、平原、沙漠等地形,湿地是生存时间较短,受人类活动影响变化较为活跃的一种特殊生态系统。

不同的湿地自然保护区,其生态特点有较大的差异,以下以管道工程经常穿越的西部湿地自然保护区为例进行介绍。管道穿越其他地区的湿地自然保护区时,其环境监理方法是相同的。

在管道穿越我国西部湿地自然保护区时,管道穿越区段30m宽施工作业带范围内土地利用类型一般为低覆盖度草地,其次为滩地、疏林地和农村居民点。作业带范围内土壤侵蚀类型以中度风力侵蚀和轻度风力侵蚀为主,极强度风力侵蚀比例较小。

(1)野生植物资源。

我国西部湿地自然保护区内植物主要是沼生植物、湿生植物和水生植物,生物量高;除农业生态和人工林地外,多为沼泽湿地生态系统,生态环境较好。一般管道沿线以沼泽湿地植被类型为主,主要植物群落为盐生草甸群落。湿地自然保护区段植被类型可分为沼泽植被型和盐生草甸植被型。沼泽植被型主要包括芦苇沼泽群系、香蒲沼泽群系、酸模叶蓼沼泽群系等；盐生草甸植被型主要包括甘草草甸群系、赖草草甸群系等。

(2)野生动物资源。

湿地自然保护区分布的野生动物一般有鱼类、两栖类、爬行类、鸟类和兽类等，并且常有国家保护动物。但是这些保护动物一般分布在自然保护区的核心区和缓冲区，在湿地自然保护区的实验区分布较少。

3)风景名胜保护区的特点

风景名胜保护区是指以具有美感的自然景观为基础，渗透着人文景观美的地域综合体。它们既具有典型性和代表性的自然景观，又保留着珍贵的历史文化遗迹，具有美学、生态学、历史学、文学艺术、科学及旅游观赏和经济价值。

管道建设极少直接穿越风景名胜区，一般从风景名胜区的周边穿过，与风景名胜区均有一定的距离。

2. 管道工程建设对典型自然保护区的影响

1)管道工程建设对极旱荒漠自然保护区的影响

(1)对保护区内具有代表性植被的影响。

在管道工程设计时，应尽可能避让自然保护区，当实在无法避让时，一般经过保护区的试验区。在管道施工时，植被破坏类型以广谱荒漠植被类型为主，具有代表性的荒漠植被类型也有可能在试验区零星分布，因此也会造成一定程度的破坏。对临时占地，在工程施工后会逐步恢复植被，工程施工扰动面积总体较小。

由于在极旱荒漠自然保护区管道两侧范围内可能会分布有泡泡刺、膜果麻黄、蒙古沙拐枣、珍珠猪毛菜、白沙蒿、黑柴等多种亚洲中部特有植物，还可能会有国家重点保护植物梭梭和裸果木，管道的建设会对这些植物造成一定的影响。

(2)对珍稀野生动物及其繁衍地、栖息地的影响。

管道穿越自然保护区，进行管道施工时，由于机械设备和人员的进入，会对野生动物的繁衍地和栖息地造成影响。尤其是在经过自然保护区水源地时，工程施工和运行过程会对寻找水源的野生动物造成干扰。

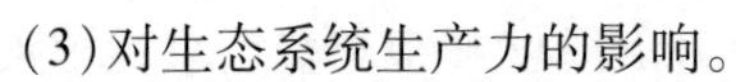

(3)对生态系统生产力的影响。

生物有适应环境变化的功能,生物的适应性是其“细胞—个体—种群”在一定环境条件下通过演化过程逐渐发展起来的生物学特性,是生物与环境相互作用的结果。生物具有生产的能力,可以为受到干扰的自然体系提供修补(调节)的功能,进而维持自然体系的生态平衡。只有当人类干扰过多,超过生物的修补(调节)能力时,自然体系才会失去维持平衡的能力,由较高的自然体系等级衰退为较低级别的自然体系。

极旱荒漠自然保护区内的施工和运行活动会造成自然植被的生物量损失,对自然保护区生态系统的生产力产生一定的影响。在自然保护区穿越段,管道工程扰动的对象主要为荒漠植被,其生物量损失可直接体现生态系统生产力的受影响程度。

(4)对生态完整性的影响。

管道施工期施工机械和施工人员的活动会不可避免地破坏保护区的生态环境,扰动施工范围内的植被和土壤,在一定程度上造成保护区生态环境破碎化。在工程施工期及运行初期,管道工程将切割保护区自然生境,降低保护区连通性,使保护区的植被在空间分布上不连续,降低保护区的能量与物质交换能力;管线两侧保护区生态系统的稳定性会有所下降。但由于管道施工作业带限制为管道两侧15m范围内,施工后会及时采取回填覆土、恢复植被等措施,且管道敷设尽可能利用原有道路、管线等形成的廊道路由,因此工程建设对生态系统的影响可以限制在一定的时段和范围内,对生态完整性的影响程度不大。

(5)对生物多样性的影响。

① 对植物物种多样性的影响。

在极旱荒漠自然保护区内,管道所经区段一般有少量的裸果木和梭梭等重要保护区植物分布,施工期可能会对其造成破坏。但局部的干扰和破坏不至于造成整体不可逆的影响,管道穿越保护区不会对植物多样性产生影响。

② 对植物的破坏。

在极旱荒漠自然保护区内,施工期管道施工作业和站场建设会扰动、破坏植被,施工作业带内的植被全部被破坏,并使其周围的植被及土壤受到影响。另外,管道施工开挖土石方、车辆运输的扬尘等沉降在周边植物叶片上,阻塞植物气孔,影响植物呼吸作用和光合作用,阻碍作物生长;施工机械尾气含有NO_x等气体,可破坏植物的叶片组织,造成褪色伤斑。不过施工扬尘和尾气对植物生长产生的影响将随着施工结束而结束,影响是短期可逆的。

③ 对野生动物饮水水源的影响。

极旱荒漠自然保护区的重点野生动物栖息地一般在远离人类的核心区和缓冲区,管道工程设计时会考虑避让保护区的核心区与缓冲区,而野生动物栖息地在试验区段较少出现。试验区内的湿地一般是野生动物主要的饮水水源,因此对湿地以及野生动物的保护在管道工程建设中也是极为重要的。

为减小管道建设对野生动物饮水水源的影响,选线时应远离湿地,保障野生动物饮水通道畅通。

④ 对野生动物栖息地和繁殖地的影响。

极旱荒漠自然保护区的施工噪声和人员活动有可能会惊吓、驱赶施工区及周围一定范围内的野生动物,鸟类尤其敏感,因此工程施工时应尽量避开鸟类迁徙季节,减小对鸟类的影响。同时,由于鸟类迁徙路线是“面”而不是“线”,工程施工对鸟类迁徙产生影响时,鸟类会通过“调整”迁徙路线避开影响,管道建设不会对其栖息地造成影响。

管道工程施工对野生动物的影响是暂时的,随着施工结束,对野生动物的影响随即消失,只要加强管理,不会导致该区内物种种群数量的减少。

⑤ 对土壤侵蚀的影响。

管道穿越极旱荒漠自然保护区段主要为戈壁、裸岩石砾地,地层物质组成主要为细土、沙和少量砾石混合堆积物质。土壤侵蚀类型以强度风力侵蚀为主,其次为中度侵蚀和剧烈侵蚀。在长期风力侵蚀下,极旱荒漠自然保护区区段裸露地表覆盖物质颗粒相对较粗,尽管植被覆盖率低,但防风固沙效果极为突出。管道工程施工会对施工作业带的防风固沙植物和地表物质造成扰动与破坏,在大风条件下会加剧风力侵蚀。因此,管道施工中应严格控制施工界面,尽可能地减少地表植被和地表结皮的挠动。如果不加控制,就会导致影响范围不断扩大,生态环境质量不断劣化。不但对保护区荒漠动植物种类的生存会产生显著影响,对下风向重要居民点和绿洲也会造成严重的威胁。维护这一地区荒漠生态系统的稳定性,控制沙尘危害程度,对于极旱荒漠自然保护区的健康发展均具有重要意义。

⑥ 其他影响。

管道项目建设完成后,正常巡线工作不会对保护区产生影响,但故障排除和检修活动可能会造成一些局部地区的地表干扰和生物扰动。这些活动持续时间短，只要工作完成后采取必要的善后措施，不会给保护区的管理带来显著影响。不过，若巡线和检修人员在巡线过程中有捕捉、追逐野生动物行为，将会对动物产生显著的负面效应，应坚决予以杜绝。

2）管道工程建设对湿地自然保护区的影响

（1）对保护区内代表性植被类型的影响。

管道建设穿越湿地自然保护区一般经过实验区，对实验区的植被破坏类型以湿地植被类型为主，工程最后将用管沟原土回填，可较快地恢复原来的植被。

（2）对野生动物及其繁衍地和栖息地的影响。

虽然管道建设穿越湿地自然保护区一般经过实验区，但由于存在野生动物群落饮水、觅食活动，工程建设对其觅食活动和栖息地仍会造成一定的影响。

（3）对生态系统生产力的影响。

管道工程建设对保护区生态系统生产力将会产生一定的影响。管道穿越保护区沿线自然体系的核心是生物，管道穿越区域植被类型主要为湿地植被。根据以往施工经验，项目施工和运行后会使保护区自然体系的平均生物净量有所减少。

（4）对生态完整性的影响。

油气管道工程穿越湿地自然保护区时，切割了保护区自然生境，降低了保护区的连通性，使保护区的植被在空间分布上不连续，降低了保护区的能量与物质交换能力；在管线工程施工期和运营初期，管线两侧保护区生态系统的稳定性会有所下降，但这种影响是暂时的，会随着管道敷设后回填覆土、恢复植被等逐渐减弱。

施工期施工机械和施工人员对保护区生态系统的扰动，将会造成施工区域生态系统结构和功能的紊乱，植被及土壤受到破坏、扰动。工程施工不可避免地破坏保护区生态环境，在一定程度上使保护区生态环境破碎化。但是施工活动对保护区的影响局限在管道开挖施工区局部范围内，施工中土壤、植被受到破坏的范围一般在管线两侧各15m的范围内。

（5）对野生动物的影响。

对野生动物的影响主要是对野生动物栖息地和繁殖地的影响。施工噪声和人员活动可能会惊吓和驱赶施工区及周围一定范围内的野生动物，特别是鸟类。

(6)对水生生物的影响。

施工期管线穿越湿地时,会对两侧浮游生物、底栖生物以及鱼类产生一定影响,但由于影响范围小,持续时间短,对保护区整体水生生物影响较小。

(7)对土壤侵蚀的影响。

管道穿越我国西部湿地自然保护区段主要以轻度风力侵蚀为主,其次为微度风力侵蚀和极强度风力侵蚀。管道穿越的保护区段主要为湿地,以草甸土和沼泽土为主。由于水源充足,管道穿越区通过路段一般植被覆盖度高,群落盖度为20% ~90%。工程施工会对施工作业带(管道两侧各15m范围内)的湿地植被造成破坏,造成一定的风力侵蚀和水力侵蚀影响。因此,施工中要严格控制施工界面,尽可能地减少对地表植被的挠动。如果不加控制,就会导致影响范围不断扩大,生态环境质量不断劣化。因此,维护地区湿地生态系统的稳定性,对于我国西部大部分地区的健康发展均具有重要意义。

3)管道施工对风景名胜保护区的影响

管道建设经过风景名胜区周边时,管道的施工过程会破坏风景区周围的自然景观,并导致生物量的损失。

(1)对植被的影响。

施工过程中,管沟范围内的植物地上部分与根系均被铲除,同时还会伤及近旁植物的根系;对作业带其他部位的植被,由于挖掘出的土石堆放、人员践踏、施工车辆和机具的碾压,会造成地上部分破坏甚至去除,但根系仍可保留。作业带附近的植被还会由于施工人员采摘、砍伐等活动而受到不同程度的破坏。

(2)对土壤的影响。

在管道敷设过程中,开挖和回填对土壤的影响主要表现为:

① 破坏土壤原有结构。

土壤上层的团粒结构一经破坏,将需要长时期的培育才能恢复和发展。土壤植被层将受到扰乱,这一层一般厚15 ~25cm,除开挖部分受到直接破坏,挖土堆放处也会影响植被层;弃土的混合和扰动,也将改变植被层的性质。

② 改变土壤质地。

上层和下层土壤的质地不尽相同,管沟下挖回填改变了土壤层次和质地,影响了土壤发育,降低了土壤性能。

③ 影响土壤紧实度。

管道埋设后的回填一般难以恢复其原有的紧实度。表层过松时，因降水造成的水分下渗，使土层明显下陷后形成凹沟；表层过于紧实时，会影响植物根系的下扎。管道施工期间，车辆和重型机械也会造成管道两侧土壤表层过于紧实，为植物生长造成不良环境。

④ 影响土壤物理性质。

在施工中由于打乱了表土层，改变了土壤容重，地表植被受到破坏，使得表层填筑物对太阳热能的吸收量增加。类比调查证明：管道在运行期间，地表土壤温度比相邻地段高出 1 ~ 3℃，蒸发量加大，土壤水分减少，冬季土表积雪提前融化，将可能形成一条明显的沟带。

(3) 对野生动物的影响。

工程管线穿越的风景名胜保护区一般野生动物分布较多，主要在植被覆盖率较高的区域内集中分布。因此，工程施工将影响野生动物的生存环境，主要表现在以下几个方面：

① 工程施工时，施工人员对野生动物可能的捕杀会影响到野生动物的种类与数量，甚至会影响珍稀野生动物种类的存在。

② 施工期如处在野生动物的繁殖季节，则会影响到野生动物的生殖繁衍。

③ 森林是野生动物栖息、迁移、觅食等活动的主要场所，施工影响野生动物的生存环境。在施工管线穿越风景名胜区森林（森林公园）时，施工场地将在林地中形成干扰走廊，影响到野生动物的迁移与觅食，施工的噪声影响野生动物的栖息，如：在夜晚施工，灯光也会影响到鸟类的栖息，甚至影响到候鸟的迁移等；堆放的生活垃圾以及废弃物也对野生动物物种的生存产生影响。

(4) 对水生生物的影响。

风景名胜区周边一般会有河流或湖泊分布，当在风景名胜区周边河流或湖泊区域施工时，将会对水生生物产生一定的影响。

① 对浮游生物的影响。

施工排污会影响到浮游生物（藻类和浮游动物）。施工期生活污水、生活垃圾、管道安装完后清管和试压过程排放的废水、施工机械机修及工作时油污跑、冒、滴、漏产生的含油污水等的排放，必然会对水质产生一定程度的污染，造成浮游生物种类组成和优势度的变化。另外，管沟开挖后裸露的土石、工程的弃土弃渣在雨水冲刷下形成路面径流也会进入水体，这些施工材料将会导致水体浑浊，破坏浮游生物的生长环境。

② 对底栖动物的影响。

水体底层为富含有机质的泥炭层，施工期水体底泥被搅动、搬运或疏挖后，底栖动物也将随底泥的取走而死亡或迁移它地。施工期间，由于各种原因造成了对河流、水库水质的破坏，而蜉蝣目幼虫、毛翅目幼虫和鞘翅目幼虫均为适合栖息于较洁净水体的物种，污染必然会造成此类物种的减少。施工结束后，一些耐污抗低氧的底层生物如摇蚊类幼虫能够较快得到恢复，但短期内不会出现软体动物。当水生植物有所恢复后，吸附水草生活的虾、螺会逐渐增多，大型底栖动物也可望得到恢复。

③ 对鱼类的影响。

施工使水质受到一定程度破坏，浮游生物、底栖动物等饵料生物量的减少，改变了原有鱼类的生存、生长和繁衍条件，鱼类将择水而栖迁到其他地方，施工区域鱼类密度显著降低。鱼类等水生生物生存空间的减少，导致食物竞争加剧，致使种间和种内竞争加剧，鱼类的种群结构和数量都会发生一定程度的变化而趋于减少。另外，施工活动还会使渔业产量下降。

(5) 其他影响。

施工结束后，管道两侧各 5m 范围内不得种植深根植物，势必会形成一条人为工程带，影响景区周围自然景观的整体性和美观性。但相对于整个风景区而言，管线穿越区域较小，局部的干扰和破坏不会造成整体的不可逆影响。

3. 典型自然保护区环境监理要点

管道工程穿越自然保护区施工时，环境监理单位应重点关注以下内容：

1) 自然保护区总体监理要点

在保护区内进行管道施工建设，应按照国家法律法规及保护区相关规定，向有关政府部门及保护区管理部门进行申请登记并办理相关许可手续；对于不符合要求许可的建设部门，应考虑重新选址或提出管理部门认可的修改方案。工程施工占有林地和砍伐树木，应向林业主管部门办理相关手续。

(1) 严格控制施工占用土地。

① 对管线占地合理规划，合理设定施工作业带范围，不得在施工作业带外面从事施工活动范围，不得在道路站场以外的地方行驶和作业，保持路外植被不被破坏。

② 尽量沿道路纵向平行布设,便于施工及运行期检修维护,避免修筑专门施工便道,以减少土壤扰动和地表植被破坏,减少裸地和土方暴露面积。

③ 尽量利用原有公路或已有管线的伴行路进行施工作业,沿已有车辙行驶,若无原有公路,则按先修道路、后设点作业的原则进行。杜绝车辆乱碾乱轧的情况发生,不随意开设便道,以免破坏植被。

④ 严禁施工材料乱堆乱放,划定适宜的堆料场,以防对植物的破坏范围扩大。

(2)恢复土地利用原有格局。

① 施工结束后,应恢复地貌原状。施工时对管沟开挖的土壤做分层开挖、分层堆放、分层回填压实,以保护植被生长层所需的熟土,降低对土壤养分的影响,尽快使土壤恢复生产力。

② 对管沟回填后多余的土方,应均匀分散在管线中心两侧,并使管沟与周围自然地表形成平滑过渡,不得形成汇水环境,防止水土流失。管线所经地段的原始地表存在局部凹地时,若有集水的可能,需采用管沟多余土或借土填高,以防地表水汇集。对敷设在较平坦地段的管道,应在地貌恢复后使管沟与附近地表自然过渡,回填土与周围地表坡向保持一致,严禁管沟两侧有集水环境存在。

③ 道路施工中挖填方尽量实现自身平衡。对管线修筑过程中产生的弃土区及取土取砂砾料区都要平整,然后洒上一次水,再让其自然恢复。各站场地面设施施工过程中产生的挖填方也应尽量自身平衡,若有弃土或取土,也要对其区域进行平整及地面绿化或铺上一层砾石。

④ 对废泥浆池做到及时掩埋、填平、覆土、压实,以利于土壤、植被的恢复。

(3)做好施工组织安排工作。

① 施工单位应根据当地农业活动特点,组织管道建设工程施工,减轻对农业生产破坏造成的损失。应尽量避免在收获时节进行施工。

② 合理安排施工进度,要尽量避开雨季施工;在穿越河流、水渠时,应避开汛期,以减少洪水的侵蚀。施工中要做到分段施工,随挖、随运、随铺、随压,不留疏松地面。

(4)严格遵守操作规程。

在建设道路、敷设管道的地方,应执行分层开挖的操作制度,即表层土与底层土分开堆放;管沟填埋时,也应分层回填,即底土回填在下,表土回填在上。管道所经区域表土中的有机质对维持土壤的肥力特别重要。所有的表土都应标明并分开堆放,并把它们洒在进行恢复植被作业的地区。尽可能保持作物原有的生存环境。回填时,还应留足适宜的堆积层,防止因降水、径流造成地表下陷和水土流失。

(5)合理利用弃土。

施工弃土主要来自于管沟开挖、敷设过程置换出来的土石方。对于管沟开挖、敷设施工活动弃土的处置有以下几种方法:在农田地段,可将弃土用于修复田埂,或者用于修缮沟渠和田间机耕道等;在河道地段,可用于维修河堤,或填至低洼地用于造地等,还可堆积于穿越区岸坡背水处,但应与当地政府和水保管理部门协商,征得同意。对于隧道穿越产生的土石方填于弃渣场,最后覆土恢复植被。

2)生物多样性保护监理要点

(1)在施工过程中,应加强对施工人员的管理,禁止施工人员对野外植被滥砍滥伐(要高度重视自然保护区段),破坏沿线地区的生态环境。

(2)禁止施工人员对野生动物滥捕滥杀,做好野生动物的保护工作。

(3)施工期要加大对保护野生动物的宣传力度,大力宣传两栖、爬行动物、鸟类对农林卫生业的作用。

(4)车辆行驶中,遇见动物通过时应避让。

(5)对自然保护区水生生物的一般保护措施为:切实加强对水环境的保护,避免沿线局部水域发生富营养化,把对水生生物生息环境的影响减少到最低程度。具体如下:

① 合理安排施工进度,要尽量避开雨季施工;在穿越自然保护区河流、水渠时,应避开汛期,以减少洪水的侵蚀。施工中要做到分段施工,随挖、随运、随铺、随压,不留疏松地面;采用大开挖穿越河流的施工时,应选择枯水期进行,防止水土流失。

② 管道在穿越自然保护区河流处应做好水土保护措施。对于原本有混凝土护砌的河渠,应采取与原来护砌相同的方式恢复原貌。对于土体不稳的河岸,应采取浆砌石护砌措施;对于黏性土河岸,可以只采取分层夯实回填土措施。管道通过泄洪道处,均需采取混凝土护底护岸砌措施,爬堤的迎水一侧管堤应采取浆砌石保护。施工完毕后,要恢复河道原状,并及时运走废弃施工材料和多余土石方,避免阻塞沟渠、河道。

③ 施工过程中应加强对自然保护区内泥浆池的检查与监控。泥浆池的设立应符合环保要求:泥浆池底部和四周应铺一层 PVC 材料防渗;定向钻作

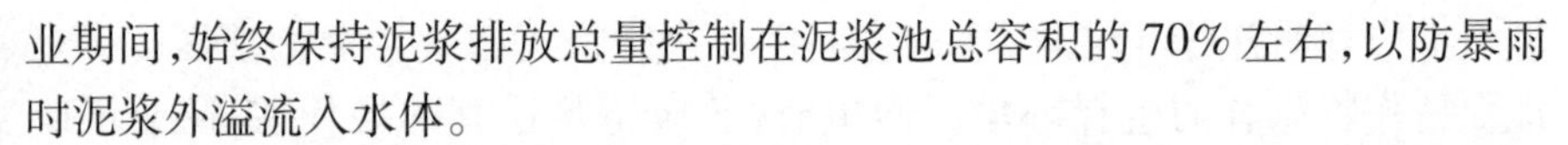

业期间，始终保持泥浆排放总量控制在泥浆池总容积的70%左右，以防暴雨时泥浆外溢流入水体。

④ 施工用料的堆放应远离水源和其他水体，选择暴雨径流难以冲刷的地方，防止被暴雨径流带入水体而影响水质。各类材料应备有防雨遮雨设施。

⑤ 在水中进行施工时，禁止将污水、垃圾和其他施工机械的废油等污染物抛入水体，应收集后和工地上的污染物一并处理。施工挖出的淤泥、渣土等不得抛入河流和其他水体。

3) 植被保护及恢复监理要点

(1) 植被保护监理要点。

植被保护的一般原则为：首先应尽量保存施工区的熟化土，对于建设中永久占地、临时用地占用耕地部分的表层土予以收集保存，施工结束后及时清理、松土、覆盖收集的耕作土，复耕或选择当地适宜植物及时恢复绿化。

在项目植被恢复建设过程中，除考虑选择适合当地速成树种外，在布局上还应考虑多种树种的交错分布，既提高植物种类的多样性，又不至于太大而改变原来的生态组分。另外，修复树种种苗的选择应经过严格检疫，防止引入病害。

针对工程沿线植物资源分布的特点，对不同的保护对象提出如下保护措施：

① 施工前认真核查施工区内的珍稀保护植物，对于木本植物的较小（胸径10cm以下）植株进行移植，木本植物的较大植株和草本植物要进行采种繁殖。

② 工程施工中如发现特别需要保护的树种并且无法避让时，应进行移栽。

③ 加强施工人员的环保意识。在开挖的工程中不随意砍伐植物，如发现有国家重点保护植物，要报告当地环保部门，立即组织挽救，移栽他处。

④ 加强环境管理。加大宣传力度，采取各种方式如宣传栏、挂牌等，让施工人员了解植物的显著特征，会识别分布在此地的国家重点保护植物。

(2) 植被恢复监理要点。

施工结束后，施工单位应负责清理现场。凡受到施工车辆、机械破坏的地方都要及时修整，恢复原貌，植被一时难以恢复的可在来年予以恢复。

对于原农业用地，在覆土后施肥，恢复农业用地。对不能复垦为耕地，以及不能继续利用的施工便道且不能退耕的，根据气候条件采取种树种草绿化措施。

① 绿化设计原则。

临时用地范围内植被恢复:临时用地深翻处理后,对作为农用地以外的部分应植树种草恢复植被,农用地周边结合当地的农田林网营造绿化林带。施工中应加强施工管理,对边界以外的植被应不破坏或尽量减少破坏,两侧植被恢复除考虑管道防护、水土保持外,使水土保持、绿化、美化、环保有机结合为一体。

草种、树种的选择:在"适地适树、适地适草"的原则下,树种、草种的选择,应对各地区的地形、土壤和气候条件经过详细调查以当地优良乡土树种为主,适当引进新的优良树种、草种,保证绿化栽植的成活率。

② 绿化工程实施。

根据各站场所在的地理位置及当地的气候特点和自然环境,在工艺装置区周围种植低矮的小灌木或草皮。在办公生活区进行重点绿化,办公楼周围种植富于观赏性的常绿乔木,设置花坛,规划小园林,使之有良好的自然引入和空间引入,充分利用空地进行绿化,并根据不同气候不同地域在各个站场选种不同的树种花草,力求扩大绿化面积。

4)林地保护监理要点

(1)加强对施工人员及施工活动的管理。

① 施工过程中,加强对施工人员的管理,禁止施工人员对植被滥砍滥伐,严格限制人员的活动范围,严禁破坏沿线的生态环境。

② 工程施工占用林地和砍伐树木,管线通过生态林时,应向林业主管部门申报。

③ 施工便道选择应尽量避开林带,以林带空隙地为主,尽可能不破坏原有地形、地貌。

(2)施工后的植被恢复。

① 施工结束后,管线两侧各 5m 范围内只种植浅根植物,不种植深根植物。

② 管道覆土后及施工便道两侧裸露的地面,采取播撒草籽,栽植花、草等措施。

③ 施工带内无法避让的珍稀植物、古树名木等,要进行异地移栽。

④ 尽量把施工期安排在春季,以便更好地进行移栽植物工作。

5)生态景观保护区环境监理要点

(1)加强对施工人员的管理,禁止施工人员对景区景点、植被的破坏。

(2)禁止将污水、垃圾和施工机械的废油等污染物抛入水体,应收集后与工地上的污染物一并处理。

(3)选择合理的施工季节,避开旅游季节,并尽量缩短施工期,使土壤暴露时间缩短,并快速回填。

(4)加强对施工机械、车辆的维修保养,禁止以柴油为燃料的施工机械超负荷工作。

(5)线路施工应尽量避绕区内已有的古树名木,制作古树名木图册,分发给施工、监理人员。

(6)施工作业带清理应由熟悉施工区域内自然状况、施工技术要求的人员带队进行,尽量缩小施工作业范围,注意保护古树名木,并尽量减少施工占地。

(7)管沟开挖实行分段作业,采取分层开挖、分层堆放、分层回填的作业方式。

(8)限定施工作业范围,车辆按固定线路行驶,尽可能不破坏原有地表植被,严格控制施工作业区域以外的其他活动。

(9)对于开挖管道产生的弃土,尽量平撒在管垄处,或利用天然洼地堆放,种植林(草)等恢复植被。

(10)严禁在景区内建取(弃)土场,施工多余土石方应全部运出景区处置。

(11)管道在景区段施工时,要尽量少地砍伐树木,并做好防火工作,配备适当的灭火器具。

(12)施工结束后,应按国务院《土地复垦规定》复垦。凡受到施工车辆、机械破坏的地方都要及时修整,恢复原貌。对于水蚀强烈的地段,为避免产生新的水土流失,应考虑采取相应的工程措施。

6)森林公园施工监理要点

(1)施工便道应尽量避开植被茂密区,以林间空地为主。尽量采用人工施工的方式,以缩短施工带宽度(控制在24m以内),从而减少生物损失量。

(2)施工活动弃渣及其施工人员生活垃圾禁止进入林带内。施工完毕后,将生活垃圾等废物统一清理,运到指定地点进行处理。

(3)施工带内无法避让的古树名木要进行异地移栽。

(4)施工车辆行驶中遇到野生动物通过应避让。

7)珍稀鱼类自然保护区监理要点

(1)严禁向河中倾倒建筑垃圾,弃渣场应选择远离水域,并在周围应设置挡渣墙、截水沟和排水沟,以避免流失造成水质污染和影响水生生物栖息环境。

(2)严禁将生活污水排入水体,尤其禁止抛弃有毒有害物质,以减少水体污染。

(3)施工物料的堆放位置应远离水体,各类材料应有遮雨设施,并在物料场周围采取挖明沟、沉沙井、防护墙等措施,避免物料被暴雨冲到江中。

(4)油漆、防腐剂等有害化学品严禁露天堆放。

(5)施工船舶不得在管道工程施工江段直接排放含油污水,需按有关规定安装使用油水分离器,保证船舶含油污水经油水分离器处理后,废水中石油类浓度小于10mg/L后才允许排放。

(6)施工结束时,应及时做好沿岸生态环境恢复,避免水土流失对水环境的影响。

(7)在质量保证、设计方案许可的情况下,应尽最大可能减少工程量并缩短施工期。

(8)禁止施工人员利用工作之便非法捕捞水生动物,以免造成对渔业资源的破坏。

(9)建立项目施工期间生态监测监督体系,并将珍稀鱼类自然保护区生态环境的保护作为一个重要内容,编列进工程环境保护突发事故应急预案中。

(10)加强船舶的管理监控,要确保有完备应急保护措施及设备,如配备拦油网等应急设备,避免施工船舶发生漏油事故时污染水质。

8)基本农田保护区监理要点

(1)划定施工范围,尽可能少地占用耕地。

(2)挖掘管沟时,应分层开挖、分开堆放;管沟填埋时,也应分层回填,即底土回填在下,表土回填在上。分层回填前应清理留在土壤中的固体废弃物,回填时还应留足适宜的堆积层,防止因降水、径流造成地表下陷和水土流失。回填后多余的土应平铺在田间或作为田埂、渠埂,不得随意丢弃。

(3)施工时,应避免农田受施工设备、设施碾压而失去正常使用功能。例如:机井、灌渠、灌溉暗管(一般埋藏较浅)等水利设施的损坏,会导致灌溉区受益范围内农作物生长受到影响。

(4)施工期应尽量避开作物生长季节,以减少农业生产损失。

(5)施工结束后做好农田的恢复工作。清理施工作业区域内的废弃物,按国务院《土地复垦规定》复垦。凡受到施工车辆、机械破坏的地方,都要及时修整,恢复原貌,植被(包括自然的和人工的)破坏应在施工结束后的当年或下一年度予以恢复。

二、水源地环境监理

水源地施工环境保护监理是依据建设单位委托,对施工单位在水源地范围内的施工过程中影响水源地环境的活动进行监督管理,履行监理合同中规定的环境保护监理义务,确保各项环境保护措施满足水源地环境保护的要求,针对水源地施工过程环境保护的全方位、全过程的监理。一是根据《中华人民共和国环境保护法》以及相关法律、法规,对在水源地工程建设过程中的污染环境、破坏生态的行为进行监督管理,如噪声、废气、污水等污染物的排放达标管理,减少水土流失和生态环境破坏即环境达标监理;二是对项目配套的环保工程进行施工监理,确保“三同时”的实施,如对水工保护、声屏障、绿化工程、拦污工程等进行施工监理,确保环保工程质量合格,功效达标。施工期的环境保护监理按照施工进程实施动态管理,贯彻“事前监理”和“主动控制”的监管理念,以“预防为主、防治结合、综合治理”为原则。

1. 水源地保护区的生态特点

饮用水水源保护区分为地表水饮用水源保护区和地下水饮用水源保护区。地表水饮用水源保护区包括一定面积的水域和陆域,地下水饮用水源保护区指地下水饮用水源地的地表区域。水源地是城市生活、工业发展的主要水源,在管道施工中,水源地一旦被污染,将会产生重大的社会影响。

2. 管道工程施工对水源地的影响

管道工程水源地施工对环境的影响主要包括:

(1)临时用地(施工便道、施工临时作业点)需要砍伐水源地湿地内的植被。

(2)施工产生的扬尘(主要是施工便道)使附近植被蒙尘。

(3)土方开挖可能引起的水体混浊和水土流失。

(4)管沟开挖工程施工产生的机械漏油以及地下工程作业对水体的影响。

(5)焊接和防腐施工产生的固体废弃物影响。

(6)临时施工作业点产生的生活垃圾和生活污水的影响。

3. 管道工程穿越水源地施工监理要点

1)施工准备阶段的环境保护监理要点

(1)熟悉水源地的环保设计图纸和环保要求,掌握项目环境影响评价和水土保持方案中提出的环保要求和措施,对照工程设计文件、图纸以及水源地的现场施工环境,并对敏感的保护目标做出标识。

(2)建立环保工作网络,督促施工单位建立健全环境保护管理体系。

(3)审查水源地施工方案及施工方案中的环保措施,对不符合要求或遗漏的环节进行修改或增补。

(4)审查取(弃)土场的选址,并进行实地踏勘。

(5)审查水源地范围内的临时用地方案以及便道、便桥的设置。尤其是对跨越水源地保护区内的水渠、水管,要重点审查其保护措施。临时施工作业点的设施应远离水渠、泉眼等水环境保护敏感点,并禁止在水源地内设置机械维修。

(6)在水源地的水渠(含暗渠)、泉眼等部位设置醒目标识,设置安全保护范围。

(7)要求施工单位在施工前征得水源保护区主管部门同意,制定施工保护方案,施工中主动接受当地环保部门及水源保护区主管部门的监督,严格执行水源保护区管理规定中的有关内容。

2)施工阶段的环境保护监理要点

(1)施工便道的修建和管理。

① 施工便道原则上要尽量利用现有道路,如无现场道路可用,应严格按照批复的用地范围进行修建,并在便道两侧设置明显标识以表明便道宽度,来往车辆和机械不得在便道外行使。

② 施工前对现场原始的地形地貌、地表植被等进行文字叙述和影像记录。

③ 严禁在便道外侧随意取土。

④ 对便道两侧的植被应细心保护,不得随意砍伐。必要时对两侧植被进行围挡保护。修建便道需要砍伐保护区内的植被时,应按照主管部门的规定办理苗木砍伐手续,并严格按照批准的砍伐数量和面积进行。

⑤ 便道的填筑材料应符合环保要求，不得使用垃圾、建筑废渣等带有污染性质的填筑料。

⑥ 施工在跨越水源地保护区内的水渠、水管、泉眼时，应采取便桥、便涵、绕行等措施加以保护。必要路段应进行工程防护，减少水土流失。便桥、便涵应设置缘石进行桥面水导流，防止桥面污水流入水渠内。

⑦ 应对施工便道的临时排水进行综合合理规划，不得直接排入保护区内的自然水体中。

⑧ 设置施工便道养护、维修专职人员，随时保持其运行状态良好，经常洒水，限速慢行，避免扬尘，减少对便道两侧植被和水体的影响。

⑨ 便道结束使用后，严格按照拟订的恢复方案进行整治恢复。

(2)取(弃)土场的监管。

① 取(弃)土场应履行临时用地报批手续，并严格按照设计或有关文件批复的界限和要求施工，不得随意选址和扩大范围，不得在水源地保护区内设置取(弃)土场。

② 取(弃)土场使用完毕后，应按照拟订的方案进行恢复，并接受环保监理和主管部门的检查验收。

(3)临时材料堆放场的设置和管理。

临时材料堆放场的选址均在水源地保护区之外。水源地保护区整个场站进行了地面硬化。材料堆放场采用彩钢棚遮盖。场地四周设置排水沟进行集中排水处理，并设置隔离栅封闭。生活垃圾集中处理，符合环保要求。

(4)临时营地的管理。

① 施工营地不得设置在水源保护区范围内，在附近设置必须得到管理部门的同意。

② 施工时设置移动垃圾箱、化粪池，对生活污水和生活垃圾采取相应的措施，尽量降低施工人员活动对当地环境的影响，并加强对施工人员的环境保护教育，提高施工人员的环保意识，规范施工人员行为。

(5)污水、废料的管理。

① 禁止将污水、废料和其他施工机械的废油等污染物抛入水体，应收集后与工地上的污染物一并处理。

② 选择合理的施工季节，避开雨季，尽量缩短施工期，使土壤暴露时间缩短，并快速回填。

③ 加强对施工机械、车辆的维修保养，禁止以柴油为燃料的施工机械超负荷工作。

④ 禁止在保护区内存放油品。限制在地下水源区内进行车辆、设备加油,在施工过程中注意对施工机具的维护,防止其漏油。机械设备若有漏油现象,要及时处理,避免造成大的污染。

(6)水源地附近隧道作业的管理。

① 大坡隧道的临时或永久弃渣场不得设置在高坡水库水源保护区范围内。

② 隧道施工应采用超前钻孔探水,若探水孔水流量较大,应先对探水孔进行封堵后,根据地质情况进行防水。

③ 严格施工程序,在隧道施工开挖过程中,对完整岩质层采用光面爆破,对破碎岩层采用预裂爆作业,可有效地减少爆破对围岩和破碎岩石的扰动,保证保留岩体免遭破坏,减少超、欠挖和支护工作量,增加岩壁的稳定性。

④ 尽量少用爆破措施,如必须采用,应有限制地使用炸药用量,以减少对围岩裂隙的影响。

⑤ 对于强烈风化带或破碎带,应禁止爆破。

⑥ 隧道施工中应采取有效措施以避免隧道涌水:建议对隧道施工排水、施工期生活污水、含油废水、机械设备维修含油废水因地制宜设置集水坑、沉淀池,对污水、废水进行收集处理,不得在水源保护区范围内排泄。

⑦ 施工时如发现前方出现异常状况,如围岩破碎,裂隙发育,钻孔水流量大等,应立即停止掘进,采用注浆堵水措施。可采用长导管注浆和小导管注浆两种方式进行堵水。

三、文物保护区监理

油气管道工程建设穿越历史古迹、文物、墓区等地区的管理与控制监理要点如下:

(1)在文物保护区及文物保护区近距离施工时,应划定控制、保护范围。

(2)在文物保护单位及周围一定范围实施重点保护的区域,不得进行爆破、钻探、挖掘等工作。如在保护范围内需要进行工程施工活动的,则应保证文物保护单位的安全,并得到有关部门的批准后方可动工。

(3)严格按照施工要求划定管线施工带,在施工带范围内进行施工活动;教育并要求施工人员对较近距离文物要爱护和进行保护,避免一切有损文物的事件发生。

(4)对于施工活动中发现的地下文物,应立即停止施工,并将情况报告现场环保(HSE)人员。环保人员要组织保护好现场,并快速将信息传递给文物管理部门,待其处置。由当地文物管理部门上报省、市或县人民政府,由各级行政管理部门报告省文物局组织发掘和清理。建设单位采取措施进行保护,防止哄抢事件发生。

(5)若管道穿越文物地区需要发掘,发掘工作应由省文物行政管理部门在调查或勘探工作的基础上做出发掘计划,报国家文物行政管理部门批准后,发掘工作完成后方可施工。

四、居民区施工监理

1. 监理目标

居民区施工是指在管道两侧 200m 范围内居民点施工。环境监理的监理目标是:防止噪声影响居民,防止施工扬尘对居民产生影响,减少居民损失,保障居民正当权益。

2. 监理要点

(1)每天 21 点至次日凌晨 5 点是否按要求禁止高噪声设备作业,是否存在噪声扰民的现象,是否有居民投诉。

(2)施工路段、灰土拌和场地、运输便道等是否定时洒水。

(3)粉状材料堆放时是否设篷盖。

(4)施工现场是否设围栏或部分围栏,以减少施工扬尘扩散范围。

(5)汽车运输砂土、水泥、碎石等易起尘物料是否加盖篷布、是否控制车速,防止物料洒落和产生扬尘。

(6)卸车时是否尽量减少落差,减少扬尘。

(7)大风时,是否避免进行挖掘、回填等大土方量作业或采取喷水抑尘措施。

(8)运输路线是否尽可能地避开村庄,施工便道是否进行夯实硬化处理,以减少扬尘的起尘量。

(9)各类推土施工是否做到随土随压、随夯,减少水土流失。

(10)对推过的土地是否做到及时整理,是否有植被恢复或绿化措施。

(11)以柴油为燃料的施工机械是否存在超负荷工作的现象。

(12)施工中是否有随意抛弃建筑废料、残土和其他杂物的现象。

(13)施工期生产垃圾和生活垃圾是否集中收集,是否运至地方环保部门指定地点安全处置。

(14)调查拆迁居民意见以及拆迁政策落实、执行情况。

五、农业生态系统保护区监理

(1)环境监理人员监督检查施工单位是否将农业损失纳入到工程预算中。管道通过农业区时,尤其是占用园地、菜地、粮棉油地等经济农业区时,是否尽量缩小影响范围,减少损失,降低工程对农业生态环境的干扰和破坏,避免占用耕地。

(2)环境监理人员监督检查施工单位是否按有关土地管理办法的要求,逐级上报有审批权的政府部门批准,对于永久占地,应纳入地方土地利用规划中,并按有关土地管理部门要求认真执行。

(3)环境监理人员监督检查施工单位是否根据《基本农田保护条例》〔国务院令第257号〕,非农业建设经批准占用基本农田的,按照保持耕地面积动态平衡,应"占多少、垦多少",没有条件开垦或开垦耕地不符合要求的应按规定缴纳耕地开垦费,专款用于开垦新耕地。

(4)环境监理人员监督检查施工单位是否在施工结束后做好基本农田的恢复工作。除补偿因临时占地对农田产量的直接损失外,是否考虑施工结束后因土壤结构破坏对农作物产量的间接损失以及土壤恢复的补偿费等。

(5)环境监理人员监督检查施工单位是否采用了分层开挖、分层回填措施,是否进行土壤肥力的恢复;所占用基本农田耕作层的土壤是否用于新开垦耕地、劣质地或者其他耕地的土壤改良;临时占用的农田,工程完工后,是否立即实施复垦措施,或与农民协商,由农民自行复垦。

(6)环境监理人员监督检查施工单位是否提高施工效率,缩短施工时间,以保持耕作层肥力,缩短对农业生产季节的损失,因地制宜地选择施工季节,是否避开农作物的生长和收获期,减少当季农业损失。

(7)环境监理人员监督检查施工单位在管道施工中是否已采取保护土壤措施,对农业熟化土壤要分层开挖、分别堆放、分层填埋,减少因施工造成生土上翻、耕作层养分损失、农作物减产的后果,同时检查是否做好汛期施工的防雨布覆盖挖方土和耕作熟土层。

(8)环境监理人员监督检查施工单位在施工中是否尽量减少对农田防护树木的砍伐,完工后根据不同的地区特点是否采取植被恢复措施,种植速生树木和耐贫瘠的先锋灌木草本植物,在农地可种植绿肥作物,加速农业土壤肥力的恢复。

(9)环境监理人员监督检查施工单位在施工完成后是否做好现场清理及恢复工作,包括田埂、水渠、弃渣妥善处治等,尽可能地降低施工对农田生态系统的不利影响。

(10)环境监理人员监督检查施工单位是否严格按照环评及批复要求的线路走向进行施工作业,并控制施工占用土地;减少对地表植被的占压和破坏;对管线永久占地合理规划,严格控制施工作业带宽度。

(11)环境监理人员应检查管线敷设施工宽度是否控制在设计标准范围内,是否尽量沿道路纵向平行布设,以减少土壤扰动和地表植被破坏,减少裸地和土方暴露面积;施工作业是否利用原有公路,沿已有车辙行驶;对现场施工作业机械是否严格管理,划定活动范围,不得在道路站场以外的地方行驶和作业,以保证路外植被不被破坏。

(12)环境监理人员监督检查施工单位是否在施工结束后恢复地貌原状。对管沟回填后多余的土严禁大量集中弃置,应均匀分散在管线中心两侧,并使管沟与周围自然地表形成平滑过渡,不得形成汇水环境,防止水土流失;是否对废泥浆池做到及时掩埋、填平、覆土、压实,以利于土壤、植被的恢复,同时加强对施工人员环保宣传和教育。

六、环境敏感区施工方法

环境敏感区生态系统较为薄弱,极易受到人为的不当开发活动影响而产生生态负面效应。生态敏感区包括生物、生态环境、水资源、大气、土壤、地质、地貌以及环境污染等属于生态范畴的所有内容。管道在穿过环境敏感区施工时,所采取的施工方法一般采用“五步法”,具体内容如下:

第一步,在环境敏感区域施工前,施工单位应与当地自然保护区主管部门沟通,征得当地自然保护区主管部门的同意。

第二步,根据自然保护区的特点和环境影响评价报告及其批复文件的内容,制定详细的施工保护方案和环境污染事故应急预案,并报环境监理、建设单位和当地自然保护区主管部门批准或备案,并明确施工中主动接受当地环保部门及自然保护区主管部门的监督。

第三步，施工中严格执行保护区管理规定和自然保护区施工保护方案的相关内容，落实环境影响评价报告及批复文件规定的各项环境保护措施和设施，并遵循如下原则：

(1)减少对自然生态的扰动和破坏，保护珍稀动植物，保护自然景观或文物古迹。

(2)防止噪声影响居民，防止施工扬尘对居民产生影响，减少居民损失，保护居民正当权益。

(3)减少对土壤的扰动和理化性质的影响，减少对农业生产的影响，恢复植被，防止水土流失。

(4)减少定向钻施工作业给河道两岸作业点周围环境带来的影响。

(5)减少施工中的各类污染物对水体(地表水和地下水)的污染。

第四步，施工结束后，应邀请环境监理单位、建设单位对自然保护区施工情况进行检查和确认，对环境监理单位和建设单位发现和提出的问题进行整改。

第五步，通过环境监理单位和建设单位验收后，应邀请当地环境保护主管部门和自然保护区主管部门进行检查验收，对验收发现的问题要按照环境保护主管部门和自然保护区主管部门的要求进行整改，直至通过验收。

第二节　环境敏感点环境监理要点

在管道施工过程中需穿越河流、公路、铁路、沟渠等地段，往往采取隧道、盾构、定向钻、顶管、大开挖等穿越形式，但上述穿越方式会对水体、地质产生较大影响，隧道穿越工程产生的弃渣可能引起水土流失，河流、沟渠等穿越工程对地表水体质量和水体使用功能的影响等。

一、隧道穿越工程环境监理

1. 隧道穿越工程简介

隧道穿越技术已比较成熟，我国早在20世纪70年代初建设东北输油管道时，曾在抚顺市和沈阳市两次使用隧道成功地穿越了浑河；西气东输一线也在延水关采用隧道方式穿越了黄河；西气东输二线也采用隧道的方式穿越了长江等大型河流。隧道穿越的主要优点是便于管理和维修检查，对水生生物和河流水质均不会造成影响，并可同时进行多条管道穿越；缺点是工期长，会产生大量的弃土石方，施工临时占地和弃土石方的堆放是主要环境问题。

2. 隧道穿越工程环境影响分析

(1)隧道建设期间需要修建引道路基与施工便道、开挖洞口边坡以及就地取材开采建设用的石料，这些工程都需要开挖山体，对山体造成扰动，有可能引发滑坡、崩塌等地质灾害，还会损害原有植被，破坏自然环境。此外，还有可能对社会环境产生一定的影响，如占用果园或林地，需进行经济补偿等。

(2)隧道开挖中产生的大量弃渣如堆积处理不当，将占用土地资源，破坏原有地貌，遇暴雨还可能引发泥石流，造成水土流失。

(3)隧道的建设材料及弃渣主要依靠汽车运输，因此，车辆会对运输沿线产生扬尘污染，如果管理不善，还将在运输沿线产生抛撒、泄漏等影响环境的现象。施工过程中产生的生产废水和生活污水如不加处理，随意排放，将污染周围地表水或地下水体。

(4)在地下水发育地区，隧道的开挖有可能破坏地下水径流，造成周围地下水位下降，阻隔地下水体的运移，从而破坏山顶的生态环境。隧道施工中如发生塌方冒顶，或在地表产生裂缝，隧道发生涌水，将会使隧道顶部山坡上的池塘、水田干涸，进而影响隧道顶地表的自然环境。

3. 环境监理要点

(1)尽量缩短穿越施工期，使土壤暴露时间缩短，并快速回填。

(2)临时堆放场应选择较平整的场地，且场地使用后尽快恢复植被。

(3)隧道弃渣场应选择在距离隧道出入口较近的荒地、洼地、冲沟等地方。

(4)施工场地平整前进行表层土剥离，用于后期场地绿化覆土，根据施工场地占地类型及土层厚度确定表层土剥离厚度。剥离的表层土集中堆放在施工场地一侧，表层土平均堆放高度、堆放坡比严格按照设计要求执行。为防止表层土堆置土体的流失，在堆体四面坡脚可采用填土编织袋进行临时围护。

(5)沿施工场地边界布设临时排水边沟，并在场地排水出口处布设沉沙池，使施工场地雨水径流经沉沙池沉淀后，接入周边自然排水系统。

（6）弃渣场设置挡渣墙，弃渣场上缘设导排水沟。若弃渣场布置在冲沟内，还应设置排水涵管。

（7）以爆破形式开挖隧道，会产生强噪声、振动，应考虑对野生动物的影响而采用适当爆破方式，还要考虑炸药残留的影响。

（8）对于隧道内可能产生的涌水、渗水情况，尽量采取注浆堵水的方式，防止大量地下水流失。

（9）进行排水工程的同时，预设居民饮用生活水等的补救措施。

（10）对所出渣石可选择强度较高的部分进行破碎后作为补砌的粗骨料，减少弃渣数量。

（11）隧道施工期间要限制炸药用量，减少对围岩裂缝的影响；加强地面井泉监测和洞内涌水量监测。

（12）施工结束后，将先期剥离表层土均匀回填于施工场地，并采用灌草结合的方式恢复地表植被。渣场使用完毕后，根据具体情况可填土、种植适宜生长的植物。

（13）弃土弃渣应放置在隧道出口附近的凹地或者荒草地上，应设置拦渣坝、拦土墙、截水沟，防止水土流失现象的发生。

二、公路、铁路顶管穿越工程环境监理

1. 公路、铁路顶管穿越工程简介

穿越公路、铁路工程采用顶管方式。顶管法施工是在地下工作坑内借助顶进设备的顶力将管子逐渐顶入土中，并将阻挡管道向前顶进的土壤从管内用人工或机械挖出。这种方法相比开槽挖土减少了大量土方，并节约了施工用地，特别是要穿越建筑物时，采用此法更为有利。

2. 公路、铁路顶管穿越工程环境影响分析

（1）产生弃土，天气干燥时将产生大量扬尘。

（2）弃土及施工机械短时间阻塞交通，给行人和车辆造成不便。

（3）施工过程中的生活垃圾及废焊条头、废机油、土建施工废料等废弃物如果随意丢弃，不按规定进行处理，将对环境将产生一定的影响，尤其是废机油、土建施工废料等对土壤的污染风险较大。

3. 环境监理要点

(1)将弃土及时运走,并洒水降尘。

(2)施工机械不得有漏油现象,如果出现油料泄漏,应及时处理。

(3)施工结束后,应及时清理施工现场,恢复原貌;施工垃圾应清理干净、分类处理。

(4)对公路、铁路护坡加固处理,并经过交通管理部门的验收确认。

(5)施工生产废水(包括管道试压水、施工机械废水等)不得随意排放,经处理达标后排入当地环保部门指定的地点。

三、定向钻穿越工程环境监理

1. 定向钻穿越工程简介

定向钻穿越大中型河流是目前施工中较为常见的技术方法,是应用垂直钻井中所采用的定向钻技术发展起来的。其施工方法是先用定向钻机钻一个导向孔,当钻头在对岸出土后撤回钻杆,并在出土端连接一个根据穿越管径而定的扩孔器和穿越管段;在扩孔器转动(配以高压泥浆冲切)进行扩孔的同时,钻台上的活动卡盘向上移动,拉动扩孔器和管段前进,使管段敷设在扩大了的孔中,施工情况详见图 6-1 和图 6-2。

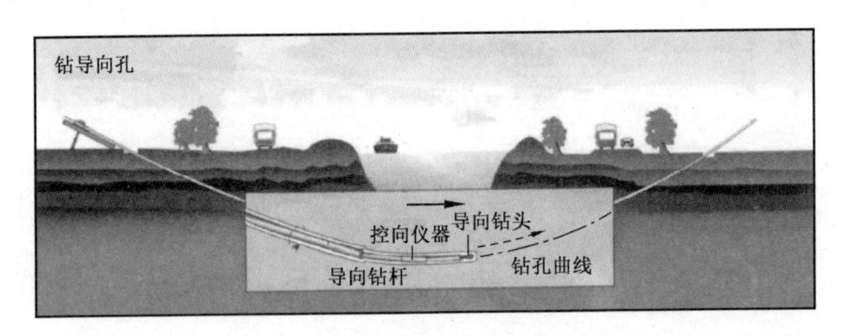

图 6-1　定向钻钻导向孔示意图

定向钻穿越是一种先进的管道穿越施工方法。定向钻穿越的管道孔在河床以下,距离河床 10m 以上,具有不破坏河堤、不扰动河床等优点。施工不会对河床中水流、水温、水力条件及水体环境、河流水质产生直接影响,也不影响航运和船舶抛锚;施工地点在河道两侧滩地,距离穿越水域的水面一般较远,施工作业废水不会污染水体。施工用泥浆的主要成分是膨润土和

图6-2　管线回拖示意图

少量(一般5%左右)的添加剂(羧甲基纤维素钠CMC),无毒、无油,无有害成分。泥浆池设在入土场地和出土场地中,池底均铺设防渗材料以防渗漏,同时泥浆池的大小设计也留有一定的余量,以防雨水冲刷外溢。

2. 定向钻穿越工程环境影响分析

(1)施工时会对河堤两侧土层产生暂时破坏。

(2)钻屑沉淀池和泥浆收集池有可能泄漏而污染水体。

(3)施工结束后还将产生一定量的废弃泥浆、钻屑等固体废弃物。

(4)施工过程中会产生生活污水和生活垃圾等。

3. 环境监理要点

为了最大限度地减轻定向钻穿越水体的影响,施工过程中环境监理的监理要点如下:

(1)需要设置施工营地的,施工营地应设置在河漫滩以外,施工人员的生活污水、生活垃圾和粪便应集中处理。

(2)严格控制施工范围,尤其是河流穿越段,应尽量控制施工作业面,以免对河流造成大面积破坏。

(3)施工场地应尽量紧凑,减少占地面积;产生的废弃泥浆应就地固化填埋,不具备填埋条件的,运至指定地点掩埋或拉运到当地垃圾处理场掩埋。

(4)施工生产废水(包括泥浆分离水、管道试压水、管沟开挖的渗水以及施工机械废水等)均不得随意排放,需经初步沉淀处理后,排入当地环保部门指定的河流(Ⅳ或Ⅴ水体),但必须经当地环保部门认可后方可排放。

(5)施工时所产生的废油等物严禁倾倒或抛入水体,不得在水体附近清洗施工器具、机械等;应加强施工机械维护,防止施工机械漏油。

(6)含有害物质的建筑材料如沥青、水泥等不准堆放在河漫滩附近,并应设篷盖和围栏,防止雨水冲刷进入水体。

(7)管道敷设及河道穿越作业过程排放的废弃土石方应在指定地点堆放,禁止弃入河道或河滩,以免淤塞河道。

(8)泥浆池要按照规范设立,其容积要考虑30%的余量,以防雨水外溢;泥浆池底要采用可降解防渗透膜进行防渗处理,保证泥浆不渗入地下。

(9)施工结束后,应将各种垃圾和多余的填方土运走,保持原有地表高度,恢复河床原貌,以保护水生生态系统的完整性。

(10)施工结束后,剩余泥浆经pH调节后作为废物收集在泥浆坑中,经当地环保部门同意,固化处理后就地埋入防渗的泥浆池中,上面覆盖40cm的耕作土,保证恢复原有地貌,或送当地环保部门处置。在采取上述措施的同时,在定向钻穿越施工中,尽量循环使用泥浆,以便减少废泥浆的产生量,同时也减少新泥浆的用量。

四、大开挖穿越工程环境监理

1. 大开挖穿越工程简介

大开挖方式穿越河流,适合于河水较浅、水量较少、河漫滩较宽阔的河流,施工作业一般选在枯水期进行。在河流一侧开挖导流渠,然后开挖河床管沟,采用管段上加混凝土压块进行稳管处理,管道埋深在河底稳定层中,管顶埋深约在冲刷层以下1.5m。待施工完成后,经覆土复原,使河床稳固。对于中小河沟渠的开挖,一般在非汛期进行。每年6月至9月的汛期,水位高出非汛期水位1m左右,会给施工带来更大难度。施工过程中一般先采用草袋围堰,截流两端水源,然后再进行大开挖,并在管线通过后恢复河床原貌。

当需施工作业的河流水量较大时,采取草袋围堰导流方式施工,使河水通过导流明渠流向下游。在河床内开挖管沟,敷设管道,然后回填,拆除围堰,并回填导流明渠,并在管线通过后恢复河床原貌。对于河塘穿越,先进行围堰抽水,再开挖,在河床内挖沟敷设施工时,对河床会有暂时性破坏,施工完成后,经覆盖复原,对河流河床和面貌不会产生影响。对于冰封期断流的中小型河流,可不挖导流明渠,也不用围堰,破开封冻河床,开挖管沟,敷设管道,回填管沟,即完成施工;对于冰封期在冰盖以下有少量径流(一般流

量 $<0.05m^3/s$)的河流,只需设置简易围堰导流设施,即可完成开挖施工过程。冬季施工虽相对简单,但气温低,施工条件恶劣,管道组装焊接都比较困难。大开挖方式穿越河流见图6-3。

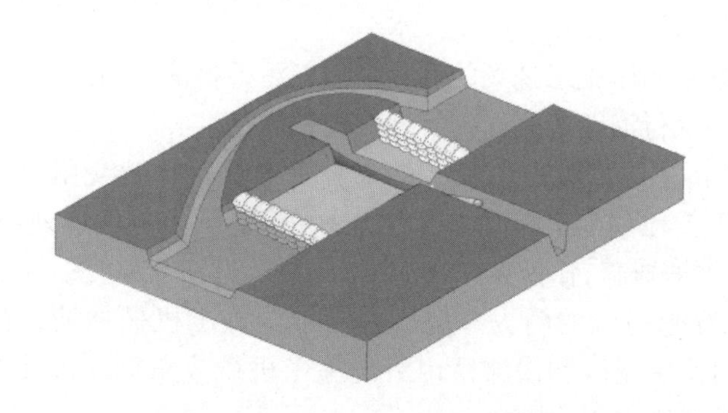

图6-3 大开挖穿越河流示意图

2. 大开挖穿越工程环境影响分析

大开挖穿越施工对河流水质会产生短期影响,主要表现为:

(1)可能造成河水短时断流,影响河水自然净化,增加河水泥沙量,短时间影响水质。

(2)管沟渗水的排放会使周边河水中泥沙、悬浮物含量在短期内有所增加,短期内影响水质。

(3)各项机械施工作业可能导致污染物(机油)渗漏,对地表水体造成污染。

(4)管沟回填后多余土石方处置不当,可能造成河道淤积和水土流失。

(5)在施工期间,施工人员的活动可能对水环境的影响还包括产生生活污水、生活垃圾等。

(6)大开挖穿越施工活动扰动水体,对鱼类有驱赶作用,使鱼类远离施工现场,迁到其他地方,施工区域鱼类密度显著降低,对鱼的产卵会产生一定影响。

3. 环境监理要点

在穿越施工期间,环境监理应重点监理以下大开挖穿越方式施工中应采取的主要环保措施:

(1)采取开挖方式施工时,要取得水利部门、规划部门、农业部门和环保部门认可,在施工期间尽量使对地表水水质的影响降至最低。

(2)尽量选择在枯水期施工。

(3)严格执行地方河道管理中的有关规定。

(4)禁止向水体排放一切污染物。

(5)严禁向河道排放管道试压水。

(6)严禁将两岸施工现场的洒落机油等污染物落入河流。

(7)严格执行渔业水质保护管理的相关规定。

(8)特别应注意围堰土在施工结束后的清理工作,避免阻塞河道。

(9)施工营地和施工临时厕所不能建在穿越河流的两堤外堤脚内,粪便应及时用土填埋覆盖,作为农作物的肥料。

(10)在穿越河流的两堤外堤脚内不准给施工机械加油或存放油品储罐,不准在河流主流区和漫滩区内清洗施工机械或车辆。机械设备若有漏油现象,要及时清理洒落机油。

(11)防止施工污染物的任意弃置,特别是防止设备漏油遗洒在水体中。防止设备漏油污染的主要措施包括:加强设备的维修保养,在易发生泄漏的设备底部铺防漏油布并在重点地方设立接油盘;为了防止漏油后蔓延,在大型设备周围设置围堰,并及时清理漏油。

(12)对于管沟开挖或河床开挖时产生的渗出水排放,影响是局部的,在河水流过一段距离后,由于泥沙的重新沉积,会使河水的水质恢复到原有状况。为了控制影响,对水质要求较高的河流,应采取先经渗坑过滤后再排入河流的办法。

(13)施工结束后,应尽量使施工段河床恢复原貌,管沟回填后多余土石方可均匀堆积于河道穿越区岸坡背水侧,压实,或用于修筑堤坝;必须注意围堰土在施工结束后的清理工作,避免阻塞河道,可将这些土石方用于修筑堤坝;应严格执行河道管理的有关规定,尽量减少对堤坝等水工安全设施的影响。

五、悬索跨越工程环境监理

1. 悬索跨越工程简介

在长输管道施工中经常会遇到较深的河流、地势陡峭的峡谷等自然障碍物,这就需要采用跨越施工。大跨度的跨越工程多数采用悬索形式,悬索结构跨越能力大,管道受力小,比较适宜山地、河流较深无法进行穿越的工程，实用性比较广泛。但是悬索结构形式复杂，施工难度大，施工工艺多变，技术含量高，尤其在工作索的设计安装、管道的发送安装及悬索、抗风索的调整等施工技术上始终是一个难点，施工工艺急需改善。

2. 环境监理要点

1）废气、噪声、粉尘环保措施

（1）在合理安排施工计划的同时，要求在满足施工要求的前提选用低噪声施工机械和工艺，施工噪声必须符合《建筑施工场界噪声限值》（GB 12523—2011）中各施工阶段噪声限值要求。

（2）营地内的发电设备应设置在离生活、办公地较远的地点。

（3）施工便道采取上覆石子的方式以减少扬尘，必要时可以采取铺设浸水草袋或洒水的方式降尘。

2）固体废弃物环保措施

对项目施工期、运营期产生的建筑垃圾、生活垃圾做到合理处置。土石方应在工程内部实现平衡。生活垃圾集中堆放定时清运。

3）污水处理环保措施

（1）按“清、污分流”原则处理污水，不得直接外排污染周围水体。

（2）施工期生产废水经絮凝沉淀处理后回用或用于道路洒水。

（3）施工中排放的含油污水、生活污水和垃圾必须经过有效处理，严禁向河道排放生活污水和含油污水。

（4）生活污水沉淀后用于场地洒水。所有含油废弃物和生活污水、泥浆不得向河中排放。

4）现场油料环保措施

（1）设备进场前应进行检查和保养，不得让设备带病入场。

（2）现场准备集油槽和细沙，如果发生漏油，首先使用集油槽，然后用细沙处理地面。沾油的原土、细沙、泄漏的残油集中后运出现场。

（3）场内不储存大量的油品。需要现场储存的油料均使用桶装放置于距地面以上300mm的平台上，平台下部挖设集油浅坑，坑内设防渗布并垫细沙，整体置于钢结构防雨棚内。现场不储存汽油，储存地周围设置禁火区，配置灭火器，悬挂醒目标志“严禁烟火”等，并设专人检查。

5）现场泥浆的处置

施工需用的泥浆为黏土泥浆，不添加任何外加剂。多余的废浆采取外

运的方式处理,处理地点应满足当地环保部门的要求。

6)生态影响减免措施

悬索跨越施工生态影响减免措施的总体要求是:禁止施工人员利用工作之便非法捕捞水生动物,以免造成对渔业资源的破坏;对于作业区域内的植被,只要是能不破坏的就尽量不破坏。具体措施如下:

(1)场平时将原来土地中的熟土收集后集中堆放,然后再进行土方平衡。土方平衡后,对于外露的土方采用彩条布遮盖的方式保护。

(2)岸边部分采用袋装土码砌修筑临时护坡。

(3)冲沟地段,先使用袋装土修筑临时截水墙,并修筑排水沟,保障正常排水。同时联络设计、安排人力将最后进行的永久水工保护工程提前至工程前期执行。

(4)在厂区周边挖设排水沟,并在排水沟内设置沉沙池。为了减少水土流失,在沉沙池的设置上,通过保证数量来保证沉沙效果,尤其排水沟转弯处要重点设置。沉沙池底部铺垫石子,沉沙池要经常清理。现场根据降雨情况,对沉沙池采取有效维护措施,并根据使用情况改进沉沙池。

(5)悬索跨越工程施工中,大体积混凝土养护会产生一些废水,处理方式应为先沉淀后处理。

(6)生活垃圾先集中然后拉至垃圾坑处理。临时厕所应设置在远离河岸的场区外侧。生活污水先收集后利用车辆外运处理,积水坑采用防渗布整体护壁防渗。

(7)如设备发生漏油,首先使用集油槽应急,然后用细沙处理油污的方式处理,污染物全部外运处理。

(8)加强废料管理,同时将废料区设置在远离河岸侧,工作完成后做到“工完、料净、场地清”。

(9)索具和桥面施工涉及跨越至水域上方,施工组织上应加大预制力度,管道安装采用岸边预制,牵引发送,减少水面上方作业。安装时工人均配备工具袋,以防止螺栓等落水。

(10)对于焊接过程中产生的废料,应及时收集后运出现场;管材和钢材防腐后进场,现场仅进行少量修补。修补时,地面垫设彩条布,废料收集后运出现场。

(11)管道试压用水取水前先进行化验,合格后方可使用;排水前先取样化验,合格后方可排放,排放先进入沉淀池缓冲然后排放;如与线路试压工期相近,则接临时流程通过线路管道排至场外。

第三节 环境敏感作业环境监理要点

从管道施工过程可以看出,施工阶段环境敏感作业主要来自:开挖管沟、建设施工便道活动中施工机械、车辆和人员践踏等对土壤的扰动和植被的破坏;工程占地对土地利用类型以及农业、林业、牧业生产的影响等。

一、施工作业带清理环境监理

1. 影响分析

管道施工前,首先要对施工作业带进行清理和平整,以便施工人员、车辆和机械通行,然后才能进行管沟开挖作业。我国管道所经地区的地形复杂多变,管线基本穿行于草原牧场、低山(丘陵)、林区、农田、水网、荒漠戈壁、黄土丘陵和平原地带之间,工程施工作业带一般地区设计宽度为16~30m,部分地段由于施工措施导致作业带宽度可达50m。清理施工作业带对生态环境的影响主要表现为:

1)草原牧场

穿越草原牧场,施工作业带和管沟的开挖将会破坏草皮,尤其会对开挖管沟两侧5m范围内的牧草造成严重的破坏。

2)低山(丘陵)区

在丘陵及低山区人工作业时,首先该范围内林木将被砍伐,然后岩石段还要炸石铺路,炸出管沟,其施工过程不仅对作业带内植被造成较大的破坏,也将产生一定量的弃石渣。这些弃石渣若处置不当,将造成水土流失。

3)荒漠戈壁区

该区段为风沙草滩地貌,地层岩性为风积沙,风蚀作用较为强烈,地表植被覆盖度较低,生态环境较脆弱。管道施工活动将破坏地表保护层,对已固定的沙丘产生扰动,在风蚀的情况下有可能激活沙丘。因此,施工会降低风沙区地表的稳定性,加快土壤侵蚀过程。

4)黄土丘陵区

管道经过黄土丘陵区以水蚀型为重要特征,土体结构疏松,遇水侵蚀后

极易流失，同时发生潜蚀、冲沟等现象。在该段开挖管沟易改变地貌形态，加剧水土流失，同时也将加重黄土的湿陷和潜蚀现象。

5）平原

管线经过的平原区以农田为主，开挖管沟造成的土体扰动将使土壤的结构、组成及理化特性等发生变化，进而影响农作物的生长，造成农业生产减产。

2. 环境监理要点

（1）合理选线，尽可能避开沿线自然保护区、森林公园、风景名胜区、军事禁区以及集中供水水源保护区；管道穿越林区的路由选择尽量顺直，在满足安全距离的基础上，尽可能少砍伐林木；尽可能不占或少占良田、多年种植经济作物区和优质牧场；尽量避绕水域、沼泽地。

（2）减小施工扰动面积，严格控制施工作业活动范围，控制作业带宽度，严禁随意扩大施工用地范围，有必要时采取必要的临时挡护措施。

（3）严禁乱砍、伐、铲、踏周围的植被，所有车辆必须在临时道路上行驶；严禁开辟新路乱碾乱压，以免对原有地表自然状态进一步破坏，最大限度地减少对土壤和植被的扰动。

二、管沟开挖、回填环境监理

1. 影响分析

开挖管沟是建设施工期对生态环境构成影响的最主要活动。目前陆上管道主要采用沟埋方式敷设，整个施工作业带范围内的土壤和植被都会受到扰动或破坏，开挖管沟造成的土体扰动将使土壤的结构、组成及理化特性等发生变化，进而影响土壤的侵蚀状况、植被的恢复、农作物的生长发育等。尤其是在开挖管沟约5m的范围内，植被破坏最为严重，从而导致水土流失。

管道回填过程将会因置换而产生一部分弃土，这些弃土会对生态环境产生一定影响。此外，山区段施工作业带平整也将产生弃石方，倘若弃土石堆放不当，则容易引发水土流失。

2. 环境监理要点

（1）管沟开挖土应分层开挖、分层堆放，管沟回填也应分层回填并夯实，这有利于植被的恢复。

(2)回填剩余废弃的砂石应运至指定的存放地,不得随意倾倒。

(3)施工完毕后及时进行地貌恢复,并压实回填土,及时清理各类施工废弃物,做到现场整洁、无杂物。

(4)应避免在春季大风季节以及夏季暴雨时节施工,尽可能缩短施工时间,提高施工效率,减少裸地的暴露时间。

(5)施工产生的弃土,应合理规划、合理利用。在农田地段,可将弃土用于置换田埂土,将田埂土均撒于农田,或用于修缮沟渠等;在低山丘陵区,弃土用于填平低洼地段,或用于岩石段填埋土,临时施工便道修复等。

(6)施工结束后,应按国务院《土地复垦规定》复垦。凡受到施工车辆、机械破坏的地方都要及时修整,恢复原貌。对于水蚀强烈的丘陵坡地和沟壑地段,为避免产生新的水土流失,应严格按照水土保持措施和方案实施。

三、施工便道和伴行路建设环境监理

1. 影响分析

施工便道和伴行路的建设是管道施工期间对生态环境产生影响的主要活动之一。该过程常会破坏表层土的土壤结构和理化性质,毁坏大量的植被并破坏动物的生存环境等,进而形成大量的生物斑痕。如经过的部分黄土丘陵地带、荒漠戈壁等人烟稀少,道路交通状况较差的地区,为方便管道的建设以及将来的运行和维护,需要修筑一定数量的施工伴行道路,但极易破坏当地地貌。

2. 环境监理要点

(1)开工前,施工单位应对临时设施进行严格规划,尽量利用已有道路(特别是国道、省道等),不建或少建施工便道,以达到既方便施工,又少占农田、林地、草场的目的。

(2)要严格按设计规定的取土坑、弃土堆进行取(弃)土,并规定施工车辆的行驶便道,以防施工车辆在有植被的地方任意行驶。对取(弃)料场与设计不符的,要根据实际情况指定取(弃)土地点,进行规则的取(弃),防止乱挖、乱弃。有草皮的地段,挖除的草皮不能乱弃,要用于边坡防护或取土坑的复垦。基岩山区施工时,应严格按设计的弃渣场堆放弃渣,并先修筑拦挡措施或采取临时拦挡措施(如堆石护坡脚等)。

(3)对于挖方边坡、土质边沟、截水沟等要按规定的坡度、尺寸完成,并要求外形整齐美观,坡面平整、稳定,不允许在挖方边坡坡顶弃方,以防发生进一步的水土流失。

(4)施工过程中,严格控制便道宽度,不得随意开辟新路,同时及时规定施工车辆的行驶便道,以防施工车辆在有植被的地方任意行驶。

(5)对于边施工、边维持通车的路段,要求各工序配合紧密,以防社会车辆在有植被的地段任意行驶。

(6)对于道路临时占地,应在施工结束后及时采取措施,尽快恢复原貌;对于道路永久占地,应采取路旁建绿化带或绿地的措施,即另选相同面积的土地进行植被恢复,以弥补植被损失。

(7)整个工程完工后,要对施工垃圾及生活垃圾做好彻底的清理工作。

四、无损检测放射源监理

1. 影响分析

无损检测放射线对物质有较强的穿透能力,长输油气管道建设利用射线对焊缝进行无损检测,射线无损检测的放射性污染因子是贯穿、泄漏及散射的X射线,非放射性污染物是发出的X射线电离空气分子产生的微量臭氧和氮氧化物,以及工作期间产生的噪声。

如果防护不当,人体若被放射线直接或间接照射,则会使人体组织的细胞(尤其是血液中的白细胞)因电离而损伤,严重者造成细胞死亡过多而产生病变。

1)X射线的影响

(1)在正常工作的情况下,X射线检测系统经韧致辐射发出X射线经透射、反射,对作业场所及周围环境产生X射线辐射,会对工作人员和公众产生一定的外照射。

(2)在X射线检测系统运行时,由于未设置警示标识,导致周边人员误入,受到X射线的照射。

2)电磁辐射的影响

应对无损检测中的磁粉探伤存在的电磁辐射污染及其对人体的伤害予以关注。电磁辐射危害人体的机理主要是热效应、非热效应和累积效应等。

(1)热效应:人体70%以上是水,水分子受到电磁波辐射后相互摩擦,引起机体升温,从而影响体内器官的正常工作。

(2)非热效应:人体的器官和组织都存在微弱的电磁场(生物电磁场),它们是稳定和有序的,一旦受到外界强电磁场的干扰,处于平衡状态的微弱电磁场将遭到破坏,人体也会遭受损伤。

(3)累积效应:热效应和非热效应作用于人体后,对人体的伤害尚未来得及自我修复之前(人体自身具有一定的承受力——内抗力),若再次受到电磁波辐射,其伤害程度就会发生累积,久之会成为永久性病态,危及生命。对于长期接触电磁波辐射的群体,即使功率很小,频率很低,较微弱的电磁场,长时间也会产生辐射积累,可能会诱发想不到的病变。

2. 环境监理要点

(1)工作人员进行无损检测作业时,需佩戴防护装置。

(2)由于射线的直线传播与衍射,直接作业人员应配备射线报警仪。

(3)在进行无损检测作业过程中,应根据安全区域大小设立围栏和警告牌。

(4)探伤仪使用后要注意防止射线源丢失,使用完毕及时妥善保管。

(5)加强无损检测单位对无损检测管理及作业人员关于放射基本知识和辐射防护的学习与培训。

(6)无损检测单位应使管理和操作规范化,做到操作人员全员持证上岗。

五、工程占地环境监理

1. 影响分析

管道工程占地分为永久性占地和临时性占地。其中,永久性占地主要用于站场、伴行路、阀室、渣场的建设,站场的建设将会改变原有的土地利用类型,从而对耕地、果园、林地、草地、荒地、难利用地(含戈壁、沙地、沼泽、裸岩、盐碱地)等产生一定的环境影响;临时性占地主要用于施工时管道的埋设、堆料场、施工便道以及施工营地的临时使用或建设,在施工期将会对环境产生影响。

2. 环境监理要点

(1)开工前,施工单位应对临时设施进行严格规划,以达到既方便施工,又少占农田、林地、草场的目的。

(2)要严格按设计规定的取土坑、弃土堆进行取(弃)土。

(3)对取、弃料场与设计不符的要根据实际情况指定取(弃)土地点,进行规则的取(弃),防止乱挖、乱弃。

(4)基岩山区施工时,应严格按设计的弃渣场堆放弃渣,并先修筑拦挡设施或采取临时拦挡措施(如堆石护坡脚等)。

(5)施工营地严禁设在饮用水水源保护区、自然保护区、风景名胜区等环境敏感区内。

六、管道试压环境监理

1. 影响分析

管道工程清管、试压一般采用无腐蚀性的清洁水进行分段试压,试压废水中主要含有悬浮物、泥沙、铁锈等,试压后若废水随意排放,将污染河流或地下水。

2. 环境监理要点

(1)对试压废水,应与当地环保部门协商,经滤布过滤后选择合适的地点排放;管道试压废水中主要含少量铁锈、焊渣和泥沙,因此,经收集进行沉淀处理后,经当地环保部门同意,或排入附近Ⅳ或Ⅴ类的沟渠河流,或进入市政府水管线,或做绿化浇灌用水。

(2)对水质要求较高的河流,设置坑池将管道试压水中的悬浮泥沙沉淀过滤后排放。

(3)为减少对水资源的浪费,在试压过程中尽量收集好废水,提高其重复使用率,同时加强废水的收集和排放的管理与疏导工作,排放去向应符合当地的排水系统要求,杜绝不经处理任意排放,避免造成局部土壤流失。

七、环保设施监理

工程运营期的主要污染来自场站,管线及阀室基本不产生污染物。环保设施的监理主要对象为场站产生污染物的环保设施。

1. 污水处理设施监理

1)污水来源

(1)管道运行期间产生的水污染源主要为各站场排放的生活污水,主要污染物为 COD、SS 等。

(2)清管废水集中存放在站内排污池中,不外排;或新建排污罐,管道清管废水通过地下管网集中到排污罐,不外排。排污罐储满后运至附近有资质单位处理。

2)污水处理要求及设计工艺

(1)各压气站压缩机或输油泵检修时冲洗设备的含油污水排入埋地式密闭排污罐,外运处理,各工艺站场均设卧式排污罐。

(2)站内设备外壁及场地冲洗废水,该部分水仅含少量的机械杂质和无机物,属于较为清洁的水,可汇入雨水边沟随雨水一并排出站外。

(3)生活污水经化粪池预处理,再经地埋式生活污水处理装置处理达标,排出站外。

(4)水源保护区附近的场站增加设置污水收集池,污水外运处理。

(5)典型污水处理站设计工艺:

生活污水(包括经隔油池除油后的厨房排污水)经排水管道收集、化粪池预处理后,自流入污水调节池,再经地埋式生活污水处理装置净化达标后外排。地埋式生活污水处理装置是生活污水处理系统的核心部分,设备主要由初沉池、接触氧化池、沉淀池、消毒池、污水池、污泥池构成,采用一体化设计。接触氧化池是利用自养型好氧微生物进行生化处理的设施,功能是对污水中溶解的含碳有机物进行降解和对污水中的氨氮进行硝化;沉淀池主要对生活污水进行泥水分离,沉淀下来的污泥采用泵提升至前级缺氧池进行消化处理,剩余污泥外排至化粪池前端的检查井,以便于循环处理;消毒池对经过生化、沉淀后的生活污水再进行消毒处理,消毒池出水可达标排放。

3)环境监理要点

(1)对各污水处理系统设计、施工单位资质、人员、组织施工方案、计划进度等资料进行审查和存档。

(2)对各污水处理设备的处理规模、设计工艺等相关设计参数进行审查和资料备档,对比与环境评价报告、设计的相符性。

(3)对给排水管网设计图进行审查和存档,落实施工中是否符合雨污分流、污污分流要求,处理后污水回用管网及去向。

(4)对各污水处理系统中池体的防渗施工情况进行旁站。

(5)对于含油污水,环境监理人员监督检查含油污水是否经离心泵提升后进入两级旋流油水分离器去除大部分污油，旋流出来的水经过加药后再进行浮选，浮选出来的水最后经水泵提升进入核桃壳过滤器、纤维球过滤器进行过滤，过滤出来的水是否满足《污水综合排放标准》(GB 8978—1996)规定的一级排放要求(达标后的废水用于绿化，不会对周围环境产生大的影响)。

2. 废气处理设施监理

1)废气来源

(1)对于天然气管道工程项目，废气主要来自于站场和阀室，当天然气站场及阀室系统超压或出现故障、清管作业分离器检修时，会有少量天然气放空。

① 清管作业周期为每年1~2次。每次清管作业排放的天然气为几立方米至几十立方米。场站在分离器检修中，也会有少量天然气经放空火炬排放。

② 系统超压和站场检修时排放一定量的天然气。天然气超压和放空系统放空次数极少，发生频次为每年1~2次，每次持续时间小于10min。

③ 排放的天然气中主要成分为甲烷，不同天然气管道工程输送的天然气所含的杂质也有所不同，有些天然气中会含有少量的H_2S。

(2)对于原油管道工程项目，站场的废气主要为储罐大呼吸、小呼吸及无组织排放的烃类气体。

2)废气处理要求

排放的天然气经放空火炬排入大气。

3)环境监理要点

(1)核实放空火炬的高度是否达到设计高度。

环境监理人员监督检查施工单位是否根据规范在站场围墙外设立放空火炬，是否采用密封良好的双阀控制。

(2)核实检查放空火炬与周边居民区和环境敏感目标的距离。

(3)核实检查场站燃气锅炉烟囱的高度是否满足8m的要求。

(4)环境监理人员监督检查施工单位是否加强了管理，减少了放空和泄漏(站场设置放空系统，大量天然气通过放空立管排放)；是否采用合理的输气工艺，选用优质材料，保证正常生产无泄漏。

(5)环境监理人员监督检查在原油站场储罐是否选用浮顶油罐，以减少烃类气体的挥发；在站场布置上，各输油站场的位置是否与附近居民点保持一定距离，以满足站场周围环境的要求。

3. 噪声防治设施监理

1)噪声来源

(1)站场正常运行时,噪声主要来自燃气汇气管、分离器、燃气锅炉、阀门及调压设备、放空系统与各类通风扇、排风扇、循环泵等产生的噪声。

(2)站场非正常运行时,噪声来自放空管、分离器调压时产生的噪声。清管作业时,主要来自放空管产生的瞬时噪声。

2)噪声处理要求

(1)在站场工艺设计中,尽量减少弯头、三通等管件,在满足工艺的前提下控制气流速度,降低站场气流噪声;尽可能选用低噪声设备,放空立管设置消声器。

(2)压缩机组设置在专门的机房内。

(3)压缩机厂房墙体采用隔声设计,选择轻钢结构建筑:内墙采用100mm厚轻钢龙骨纸面石膏板,内设50mm厚岩棉吸声材料,合理设计门窗大小等。

(4)站场选址尽量远离居民区。

(5)在初步设计时,对噪声源进行优化布局,对噪声源强扩散与厂界围墙的方位进行调整,对平面布置进行合理设计。

(6)站场周围栽种树木进行绿化,厂区内工艺装置周围、道路两旁也进行绿化,这样既可控制噪声,又可吸收大气中一些有害气体,阻滞大气中颗粒物质的扩散。

3)环境监理要点

(1)检查对需要进行噪声处理的设备与建筑是否按设计要求设置隔声屏障。

(2)检查需要进行噪声处理的设备与建筑的噪声处理方式及方法(建筑噪声需要的隔声、吸声、消声等处理措施)是否符合设计要求及不同噪声处理措施的落实情况。

4. 固体废弃物处理设施监理

1)固体废弃物来源

管道运行期间,各站场所产生的工业固体废弃物主要有:

(1)清管作业时产生10~20kg废渣,主要成分为粉尘、氧化铁粉末。

(2)分离器检修(除尘)时产生的粉尘,其量极少,约为几千克。

(3)压缩机检修时的废润滑油。

(4)各站人员产生的生活垃圾等。

2)固体废弃物处理要求

(1)对于清管作业和分离器检修的固体废弃物,属一般固体废弃物,目前输气管道工程均采用将其导入站内排污池中集中存放,然后定期清运到当地环保部门指定地点进行填埋处理。

(2)生活垃圾的处置将按照《城市生活垃圾管理办法》(建设部令第157号)处理,沿线各站场分别与当地环卫部门签订处理协议,交环卫部门统一处理;对农村场站要与当地环保部门进行联系,对生活垃圾选择合适地点进行掩埋。

(3)压缩机检修时排放的废润滑油,按《国家危险废物名录》(2016年8月1日起施行)属于危险废物(HW08),由厂家负责回收利用。

3)环境监理要点

(1)清管废渣、废滤纱、废润滑油等危险固体废弃物的处理方法及处理协议。

(2)场站生活垃圾的处理去向。

八、地貌恢复环境监理

1. 地貌恢复不当的影响分析

1)土地荒漠化

作业带的任意拓宽、弃渣的任意堆放等施工活动不同程度地损坏了地表土体结构,破坏了地表植被,引起了水土流失,导致了土地荒漠化。

2)生物种类减少

施工设备运行和维护过程中的废液含有有害的无机物和有机物,进入土壤后与其中生物体内的物质络合、螯合反应生成有毒有害物质,导致生物体畸变甚至死亡,致使当地生物种类减少。

3)危害当地居民健康

若在我国西部戈壁、荒漠地区,戈壁滩生物种类较少,富集有毒有害生物通过食物链很容易进入体内，当地居民对这些新污染物抵抗能力差，从而有害身心健康。

2. 环境监理要点

1）管道施工作业带环境恢复监理要点

（1）对竣工阶段环境恢复措施，严格按照相关环境保护要求执行。

（2）清除施工场地及其周围的各种施工垃圾及固体废弃物，平整场地，恢复原貌。在施工焊接、无损检测、防腐各工序施工过程中，安排专职人员把每道焊口残留下来的砂轮片、玻璃片、焊丝、焊条头、药皮、防腐片头、剩余黏合剂收集起来并分类存放，然后定期统一送到指定部门进行回收。既有利于地貌恢复，保护生态环境，又能取得当地相关政府部门的认可。

（3）施工结束后，将表层土分别覆于地表，促进植被自然恢复。

（4）拆除施工临时厕所时，将厕所内的污物清理干净，运至生活垃圾处理场进行处理，其他运至建筑垃圾处理场处理，并对表面进行覆土，恢复植被。

（5）分类清理生产垃圾和生活垃圾，运至相应的垃圾处理场进行处理。

（6）按照要求拆除所有施工标志。

（7）河流穿越段施工场地的环境恢复，应重点注意以下几个方面：

① 彻底清除各种施工垃圾及固体废弃物；疏通上、下游水路，保证无弃渣及建筑垃圾。

② 在拦河坝拆除过程中应做好扬尘控制和拆除后的现场清理。

③ 应做好施工段河床和河岸堤防原貌的恢复。

④ 做好河道平整，及时疏通洪水通道，防止河道改线造成水力侵蚀等。

2）站场施工作业带环境恢复监理要点

（1）施工结束后，清除各种施工垃圾及固体废弃物，平整场地，尽快恢复施工作业带内的地表原状。

（2）对大型机械设备工作区的临时施工工作垫层在使用完毕后全部拆除。

3. 管沟回填地貌恢复监理要点

1）管沟开挖监理要点

管沟开挖之前要求先对施工机组进行培训，介绍地质状况和地下障碍物，进行管沟开挖的技术交底，在保证施工安全的条件下尽量不要拓宽作业

带,少破坏原始地貌和地下障碍物,为农民下一季耕作提供条件。同时,管沟开挖时,按设计图纸施工,不应超挖超宽并且把熟土层和卵石层分开堆放,为后序的地貌恢复创造有利条件。

2)管沟回填监理要点

对于农田段,依据熟土层的情况,因地制宜,当熟土层厚度大于700mm时,采用分层回填、分层沉降的方法进行地貌恢复。

分层沉降的施工工法如下:挖机A以卵石层为原料,用20mm×20mm格栅筛子筛选细土,一直向前筛选细土。挖机B回填细土至管顶300mm,一直向前回填,并以桩号区间为单位,回填一条土埂直至地表。然后与当地村民沟通,用适当水灌溉管沟,等管沟土沉降密实且表层呈分散状态时,挖机C开始回填筛选渣土和卵石。接着再次与当地村民结合,二次管沟浇水,等沉降后挖机D开始熟土层回填至地表上200mm。通过分层沉降,可有效避免管沟塌方下沉,保持了土壤的肥力,有利于地表农作物的生长。

对于特殊的农田段,采用分层回填、表层土置换等措施进行地貌恢复。首先与农田段一样先细土和中间卵石回填,其次把多余的卵石倒出农田,购置熟土倒运至管沟上方并高出地表200mm。把多余的弃土、弃渣用于修筑道路,便于村民通行。

对于环境脆弱的戈壁滩,应采用分层回填、夯实、种草籽的方式进行地貌恢复。

施工工法如下:将20mm×20mm格栅筛选的细土回填、夯实,然后回填大粒径的砾石,紧接着回填小粒径的卵石,平铺整个作业带并夯实,最后喷水车洒水,种草籽。这样起到了防风固沙、保护环境的作用。

4. 取(弃)土场环境恢复监理要点

(1)在取土场的恢复过程中需重点做好对取土大坑洼地的整平工作,为以后的植被恢复打下良好的基础。

(2)河滩内的取土场取土完毕后,尽快对取土场内及周边进行平整处理。

(3)山丘坡地内的取土场取土完毕后,需重点做好顺坡连接工作,以便形成稳定坡度,防止水土流失。

(4)弃土(渣)场应按要求做好工程挡护措施,顶面应进行平整、碾压,并做好地表径流的引排,防止水土流失。

(5)在弃土场的恢复过程中需重点做好表面整平、表土回填和边坡的整治工作，为以后的植被恢复打下良好的基础。

(6)弃渣堆置完毕后平整渣面，将表层土回铺于渣体顶部，压实整理。

(7)砂石料场在使用完毕后应严格按照要求进行闭坑处理，并按要求做好边坡和底面的整治工作，尽量使之与周围环境相协调。

5. 施工便道环境恢复监理要点

(1)施工便道无论是农田段还是戈壁滩，尽量使用地勘中的机耕道路和伴行道路。即使新修道路，在满足通车的条件下也要少占地、少破坏地表植被。

(2)在施工便道清理时，应保证不影响周围的公用设施如交通道路、行洪通道、水利设施和光缆等，恢复便道两侧地面的原来状态。

(3)临时施工便道无填土的，应对行车道路进行平整，消除轮迹。

(4)临时施工便道有填土的，应结合所处的自然环境条件采取相应措施。直接填筑在原地表面的便道，应清除便道填土，露出原地表植被，清除填料时注意保护便道基底植被或表土(熟土)；预先铲除并保存植被及表土的便道，平整后利用保存的表土及植被进行回铺。

(5)便道与公路平交路口处，做好公路路基边线和排水沟的恢复。

6. 施工营地环境恢复监理要点

(1)施工营地使用结束后，应及时对场地进行环境恢复，施工营地内的建筑物(含硬化地面)须全部拆除，建筑垃圾及施工场地中剩余的土、砂、石料清运至邻近的弃土场内，进行平整。同时对恢复后的场地进行洒水，以固结地表，防止产生扬尘，并促进植被的恢复。

(2)施工场地、营地等造成土壤板结，需平整翻新(表层土壤松耙处理，必要时换土)，恢复措施可参考取(弃)土场植被恢复措施。

(3)将生活营地内及周围生活垃圾等全部清除，分类收集运至垃圾处理场进行统一处理。

(4)施工机械维护、保养等的固体废弃物与生活垃圾分别清理，分别运至相应的固体废弃物处理场进行处理。

(5)施工结束后，应将施工场地、生活营地及周围的防火隔离带进行原貌恢复。

7. 植被恢复监理要点

(1)适宜植物选择。

在制定植物恢复措施时，树种、草种的选择原则是：

① “适地适树、适地适草”的原则。为提高绿化成功率,乡土的树种、草种或者在当地绿化中已推广使用的树种、草种为首选,选择原则是:较强的固土护坡功能,根系发达、草层紧密;耐践踏,扩展能力强;对土壤气候条件有较强的适应性;病虫危害较轻,栽后容易管理。

② 树种选择要充分考虑树种的抗逆性,达到固土、防护功能与环境效益有机结合;选择树形美观、卫生的树种,同时注意层次上的协调搭配。

③ 保障管道安全的原则。严格执行管道保护有关条例,管道中心线左右各5m范围内不得种植深根性树种。

(2)种树、种草技术。

管道建设项目种草一般有管沟作业带覆土层种草、渣面种草、护坡种草及站场绿化。

① 种植方式:栽植、埋植或直播。直播有条播、撒播、穴播和混播几种方式。部分植物护坡可采用网格状种草。

② 草种选择:草种应生长迅速,枝叶繁茂、根系发达,能较快形成地面覆盖,另外还应具备抗咸性、耐旱、耐寒、耐热、耐湿、耐瘠薄等优势。

第四节 生态要素环境监理要点

一、大气环境监理

油气管道施工中空气环境监理重点监控废气和粉尘是否达标排放;施工期间向大气排放有害蒸气和气体的施工工程,应与当地环境保护主管部门协商,在有利的气象条件下完成。

(1)根据施工过程的实际情况,施工现场设围栏或部分围栏,以减少施工扬尘扩散范围。

(2)应避免在春季大风季节以及夏季暴雨时节施工,尽可能缩短施工时间,提高施工效率,减少地表裸露的时间;遇有大风天气时,应避免进行挖掘、回填等大土方量作业或采取喷水抑尘措施。

(3)施工单位必须加强施工区的规划管理:建筑材料的堆场及混凝土搅拌场应定点定位,并采取防尘、抑尘措施;如在大风天气,对散料堆场应采用水喷淋法防尘,以减少建设过程中使用的建筑材料在装卸、堆放、搅拌过程中的粉尘外逸，降低工程建设对当地的空气污染。

（4）用汽车运输易起尘的物料时，要加盖篷布、控制车速，防止物料洒落和产生扬尘；卸车时应尽量减少落差，减少扬尘；运输车辆进出的主干道应定期洒水清扫，保持车辆出入口路面清洁、润湿，并尽量要求运输车辆放慢行车速度，以减少地面扬尘污染。另外，运输路线应尽可能避开村庄，施工便道尽量进行夯实硬化处理，减少扬尘的起尘量。

（5）施工单位必须选用符合国家卫生防护标准的施工机械和运输工具，确保其废气排放符合国家有关标准。加强对施工机械、车辆的维修保养，减少不必要的空转时间，禁止以柴油为燃料的施工机械超负荷工作，减少烟尘和颗粒物的排放。

（6）对堆放的施工废料采取必要的防扬尘措施。

（7）施工单位应对施工人员采取防护和劳动保护措施，缩短工作时间，发放防尘口罩等。

（8）在干燥和干旱地区，施工扬尘会影响局部空气质量。在扬尘严重的地方，应采取以下防尘措施：

① 在施工进出道路和作业带用洒水车洒水控制扬尘。

② 在施工进出道路上用化学除尘剂控制扬尘，例如用氯化钙或氯化镁的溶液控制扬尘。

③ 拉运土方、石灰、沙子等易产生灰尘的车辆，必须采用可靠的掩盖、覆盖措施。

二、声环境监理

（1）施工单位必须选用符合国家有关标准的施工机具和运输车辆，尽量选用低噪声的施工机械和工艺，振动较大的固定机械设备应加装减振机座，同时加强各类施工设备的维护和保养，保持其良好的工况，以便从根本上降低噪声源强。

（2）限定施工作业时间。在距居民区较近地段施工时，要尽量避免夜间作业，以防噪声扰民；严格执行《建筑施工场界环境噪声排放标准》（GB 12523—2011）对施工阶段噪声的要求，需要在夜间施工时，必须向主管部门提出申请，获准后方可在指定日期进行，并提前告知附近居民。

（3）设置声屏障降噪。对作业无法停止的产生噪声的作业，如试压作业的空压机，可采用设立屏障等方法以减少噪声。根据施工需要，建临时围挡,对施工噪声起到隔离缓冲的作用。

(4)加强对施工期噪声的监督管理。建设单位的环保部门应按国家规定的建筑施工场界噪声标准对施工现场进行定期检查,实施规范化管理,对发现的违章施工现象和群众投诉的热点、重点问题及时进行查处,同时积极做好环保法规政策的宣传教育,加强与施工单位的协调,使施工单位做到文明施工。

(5)运输车辆应尽可能减少鸣笛,尤其是在晚间和午休时间。在施工便道 50m 以内有成片的民居时,夜间应禁止在该便道上运输建筑材料。对必须进行夜间运输的便道,应设置禁鸣和限速标志牌,车辆夜间通过时速度应小于 30km/h。

(6)施工单位要合理安排工作人员轮流操作辐射高、强噪声的施工机械,减少工人接触高噪声的时间,同时注意保养机械,使筑路机械维持其最低声级水平。对在辐射高、强声源附近的施工人员,除采取发放防声耳塞的劳保措施外,还应适当缩短其劳动时间。

(7)爆破、钻孔产生噪声大等作业如靠近居民区,在 19:00 后应停止作业,以减少对居民的影响。推土机、吊车、挖沟机、运管车等重型设备能产生 70dB 以上的噪声,如施工区域靠近人口稠密地区,须采取降噪措施,或减少甚至避免在居民休息时间内作业。必须连续施工作业的工点,施工单位应视具体情况及时与当地环保部门取得联系,按规定申领夜间施工证,同时发布公告最大限度地争取民众支持,并采取利用移动式或临时声屏障等防噪措施。

(8)加强绿化,在站场周围种植花卉、树木,以降低噪声。

三、水环境监理

施工期对水环境的污染主要来自施工过程中产生的废水、废液,如管道安装完后清管、试压中排放的废水、定向钻施工所用的泥浆、施工器械的泄漏、洗刷及丢弃的垃圾等。

1. 地表水环境监理

1)管道工程施工对地表水的主要影响

(1)大开挖对地表水的影响。

管道工程在开挖管沟和开挖穿越施工中,对河流水质会产生短期影响。

河道蓄水，河水断流，可能影响河水自然净化，短时间影响水质；管沟渗水的排放会使周边河水中泥沙含量在短期内有所增加。各项机械施工作业可能导致污染物（机油）渗漏，对地表水体造成污染。管沟回填后多余土石方处置不当，可能造成河道淤积和水土流失。另外，开挖管沟、穿越施工期间，施工人员的活动对水环境的影响还包括生活污水、生活垃圾等的产生与处理。

（2）穿跨越对地表水的影响。

钻屑沉淀池和泥浆收集池中污染物外溢或泄漏可能污染水体；施工中产生一定量的固体废弃物（主要是废弃泥浆和钻屑）；施工过程产生的生活污水和生活垃圾等。

2）地表水环境监理要点

（1）施工前应向当地环保和水利部门通报施工方案和进度安排，并在他们的监督下施工。

（2）对管道施工过程中可能产生的水环境影响以预防为主，要求施工单位必须制定施工中水环境保护管理的具体措施，预防对水源保护区地下水产生不利影响。

（3）河道施工时所产生的废油等物严禁倾倒或抛入水体，不得在饮用水源附近清洗施工器具、机械等。加强施工机械维护，防止施工机械漏油。

（4）施工营地不能设置在水体旁，施工人员的生活污水、生活垃圾和粪便应集中处理。其中，生活污水和粪便可设化粪池处理并定期清理，处理后的废水可用于肥田；生活垃圾应装入垃圾桶并定时清运；施工结束后化粪池应用土填埋并恢复植被。

（5）严格控制施工范围，尤其是河流穿越段，应尽量控制施工作业面，以免对河流造成大面积破坏，影响生态系统的完整性。

（6）施工生产废水（包括泥浆分离水、管道试压水、管沟开挖的渗水以及施工机械废水等）均不得随意排放，需经处理达标后排入指定的地点（经当地环保部门认可）。

（7）管道施工时，应仔细检查施工设备安全；禁止在开挖管沟内给施工设备加油、存放油品储罐、清洗施工机械和排放污水，防止漏油、生产废水污染土地和地下水。

（8）含有害物质的建筑材料如沥青、水泥等不准堆放在水体附近，并应设篷盖和围栏，防止雨水冲刷进入水体。

（9）管道敷设及河道穿越作业过程产生的废弃土石方应在指定地点堆

放，禁止弃入河道或河滩，以免淤塞河道。

(10)施工结束后，应运走废弃物和多余的填方土，保持原有地表高度，以保护水生生态系统的完整性。

2. 地下水环境监理

1)管道工程施工对地下水的主要影响

(1)施工期间，开挖隧道将产生大量废渣，隧道内部混凝土衬砌将产生一定量的废弃泥浆。这些废渣和废弃泥浆随意堆放，经过雨水淋滤，将会对地下水产生污染。

(2)管道清管和试压过程中排放的废水主要污染物为少量铁锈、泥沙等悬浮物，不经任何处理，随意排放，会污染地下水。

(3)工艺站场施工过程中各种施工机械设备洗涤用水和施工现场清洗、建材清洗废水，含有一定量的油污和泥沙，虽然污水量较少，但直接排放仍会对当地环境造成不良影响。

2)地下水环境监理要点

(1)在废渣堆放场地修建挡墙，将废渣和废弃泥浆收集后集中处理。

(2)试压废水应经沉淀，去除铁锈、泥沙等悬浮物后，可重复利用或直接外排，尽量保持工地原有水系的畅通，不能阻截的水道铺设涵管通过。

(3)建立临时性的含油污水调节池和沉沙池，对含油污水和含沙污水加以处理，达标后排放。

四、施工废料监理

施工期产生的固体废弃物主要为施工垃圾、废弃泥浆、工程弃土、生活垃圾和隧道弃渣等。

1. 施工垃圾

施工废料主要包括焊接作业中产生废焊条、防腐作业中产生的废防腐材料及施工过程中产生的废混凝土等。施工废料部分可回收利用，剩余废料依托当地职能部门有偿清运。

2. 废弃泥浆

(1)施工结束后剩余泥浆经 pH 调节为中性后作为废物收集在泥浆坑

中,经当地环保部门的许可,经固化处理后就地埋入防渗的泥浆池中,上面覆盖40cm的耕作土,保证恢复原有地貌,或送当地环保部门指定的垃圾堆放场处置。

(2)在采取上述措施的同时,建议在定向钻穿越施工中尽量循环重复使用泥浆,以减少废泥浆的产生量。

3. 工程弃土

施工过程中产生的弃土主要为管道在陆地开挖敷设或穿越公路、铁路敷设时多余的泥土和碎石。应在不同地段采取不同的措施,将该部分土石方全部利用。

(1)在耕作区开挖时,熟土(表层耕作土)和生土(下层土)分开堆放,管沟回填按生土、熟土顺序填放,保护耕作层。回填后管沟上方留有自然沉降余量(高出地面0.3~0.5m),多余土方就近平整。

(2)在穿越公路、铁路时,顶管产生的多余泥土和碎石用于地方乡道建设填料或道路护坡。

4. 生活垃圾

施工期产生的生活垃圾具有较大的分散性,且持续时间短。施工人员吃住一般依托当地的旅馆和饭店或民居,其生活垃圾处理均依托当地的处理设施,不能依托的区段及施工营地排放的生活污染物收集起来,统一送当地环卫部门处理,基本不会对周围环境产生影响。

5. 隧道弃渣

对隧道施工产生的弃渣,能利用的尽量利用,不能利用的送选定的弃渣场填埋。

五、雾霾天气施工监理

近年来,“雾霾”一词已成为年度关键词。雾霾是特定气候条件与人类活动相互作用的结果。高密度人口的经济及社会活动必然会排放大量细颗粒物(PM2.5),一旦排放量超过大气循环能力和承载度,细颗粒物浓度将持续积聚,此时如果受静稳天气等影响,极易出现大范围的雾霾。

PM2.5即细颗粒物,指环境空气中空气动力学当量直径小于或等于2.5μm的颗粒物。它能长时间悬浮于空气中,在空气中的浓度很大程度上表现了空气污染的严重情况,对空气质量和能见度等有重要的影响。与较粗的大气颗粒物相比,PM2.5粒径小、面积大、活性强,易附带有毒有害物质,且在大气中停留时间长、输送距离远,管道建设的施工有可能会增加空气中的颗粒物,加重雾霾天气。雾霾天气对人体健康和大气环境质量影响很大,并且影响社会和谐稳定。

1. 油气管道线路作业施工监理要点

(1)合理制订施工计划。由于秋冬季节冷空气活动偏少且强度偏弱,地面风速小,有利于水气在大气低层积聚,极易形成雾霾。因此,管沟的开挖及回填应尽量避开雾霾季节,既减少了对空气环境的污染,又降低了对员工健康的影响。

(2)及时掌握空气污染形势。要及时通过电视、广播、手机等途径关注空气质量日报、预报,及时按照国家发布的预警进行施工安排。

(3)对管沟开挖的裸露场地和集中堆放的土方采取覆盖措施。

(4)对机械设备与机具定期保养,减少废气排放,控制空气污染。机械拆除前,做好扬尘控制计划,采取清理积尘、拆除体洒水、设置隔挡等措施。

2. 油气管道站场工程作业施工监理要点

(1)对站场施工道路、料场等进行硬化,降低裸土面积。对裸露场地和集中堆放的土方采取覆盖,对建筑施工区域进行覆盖绿化等措施。施工现场出口设置洗车槽。

(2)土方作业阶段,运送土方、垃圾、设备及建筑材料等,不污损场外道路。运输容易散落、飞扬、流漏的物料的车辆,采取全面覆盖密目网的措施,以减少扬尘。土方运输车辆采用全封闭车斗,保证车辆清洁,采取洒水、覆盖等措施,达到作业区目测扬尘高度小于1.5m,不扩散到场区外;达不要求,暂停土石方开挖、运输作业。

(3)结构施工、安装装饰装修阶段,作业区目测扬尘高度小于0.5m。对易产生扬尘的堆放材料应采取覆盖措施,对粉末状材料应封闭存放;对场区内可能引起扬尘的材料采取降尘措施,如覆盖、洒水等;浇筑混凝土前清理灰尘和垃圾时尽量使用吸尘器,避免使用吹风器等易产生扬尘的设备;机械剔凿作业时,可用局部遮挡、掩盖、水淋等防护措施;高层或多层建筑清理垃圾,应搭设封闭性临时专用道或采用容器吊运。

(4)施工现场非作业区达到目测无扬尘的要求。对现场易飞扬物质材料仓库采用全封闭库房,有针对性地采取有效措施,如洒水、地面硬化、围挡、密网覆盖、封闭等,防止扬尘产生。

(5)构筑物爆破拆除前,做好扬尘控制计划。可采用水化阻隔法,清理积尘、淋湿地面、预湿墙体、楼面蓄水、建筑外设高压喷雾状水系统、搭设防尘排栅和直升机投水弹等综合降尘。选择风力小的天气进行爆破作业。

(6)定期保养机械设备与机具,减少废气排放,控制空气污染。机械拆除前,做好扬尘控制计划,可采取清理积尘、拆除体洒水、设置隔挡等措施。

(7)建筑垃圾控制,对现场废物处理进行监控,每天不少于两次的全场清理,清理可能增加扬尘的材料、废物;对施工现场生活区设置封闭式垃圾容器,施工场地生活垃圾实行袋装化,及时清运。对建筑垃圾进行分类,并收集到现场封闭式垃圾站,集中运出。

(8)制定综合应对雾霾天气的专项应急预案。

(9)加强人员的培训教育宣传工作。

3. 对参建单位人员的健康管理

在重度雾霾和重污染环境下参建单位人员一般暴露在户外。雾霾主要以PM2.5为主,组成成分非常复杂,且含有毒物质,包括数百种大气颗粒,其中有害人体的主要是气溶胶粒子,如矿物颗粒物、海盐、硫酸盐、有机气溶胶粒子等,它能直接进入人体上、下呼吸道和肺叶中,可被人体呼吸道吸入,引起鼻炎、支气管炎、心脑血管疾病等,管道建设参建人员长期处于这种环境中会诱发肺癌。在雾霾环境下,应加强对参建人员的健康管理。

(1)加强自我防护,佩戴防霾口罩。

(2)重度雾霾和重度污染环境下,应按照专项应急预案要求,减少户外作业。

(3)配备应急车辆、空气净化器、氧气袋等物资。

(4)制定重度雾霾和重度污染环境下管道建设人员的应急预案。

六、生态环境监理

管道施工过程中,将作业带宽严格控制在20m范围内(一般地段设计作业带宽为30m),严禁施工设备人员越界碾压踩踏;在机械设备进入作业带前,将作业带内的草皮全部认真剥离,移植至异地养护,其他表土均分离后苫盖保护;管沟回填后,植被恢复时,将原有表土摊撒,再将原来的草皮移回原地,同时购买当地的草种播散在作业带内,并定时进行浇灌。实践验证,以上做法能将施工扰动范围控制在最小范围内，最大限度地保护原有物种，也使施工扰动区域的植被很快得到恢复，效果良好。

根据不同的地形地貌，对线路主体工程实施环境监理要点如下：

(1)戈壁沙漠地段，严格控制作业活动区域，禁止车辆越界碾压、扰动沙漠戈壁的表壳；采取分段开挖、分段下沟回填，缩短开挖土的暴露时间；回填后及时对扰动区域采取草方格固沙、片石压盖的措施，最大限度地减少风蚀。

(2)农田、草地、林地地段，严格控制施工作业带宽在26m范围内(设计为30m)，监督检查土方开挖施工中熟土(表层耕作土)剥离和保护，与生土(下层土)分开堆放，回填时按照生土、熟土的顺序进行，最大限度地保护耕植土并恢复施工影响区的原地貌。

(3)山区、丘陵地段，对开挖、回填的边坡达到设计稳定边坡要求后，迅速采取防护措施，做好坡面和坡脚的排水及植被恢复，防止产生冲刷。

(4)平原水网地段，监督采用导流围堰隔离作业区地表水与外界的联系，防止污染水体；严格控制施工时序，尽量避开雨季施工，缩短管沟开挖暴露时间，避免管沟积水塌方；及时进行场地平整，填平积水坑，及时恢复农田。

七、环境风险防范

随着近几年来我国能源需求的剧增，在建和拟建的油气管道工程累计里程每年呈数千公里的速度飞速增长，类似中国石油集团兰郑长和兰成渝成品油管道破裂引发的各种规模溢油污染事故层出不穷，社会关注度空前提高。在环境风险防范中，对管道工程选线、环境影响评价、设计及建设等各个阶段都提出了新要求。

1. 高度重视合理选线选址在减缓环境影响中的基础地位

合理选线选址是规避和降低环境风险的重要手段。环境影响评价工作应在预可研或项目建议书阶段提前介入，与设计单位共同开展选址和选线工作，将环境因素作为选址和选线必须考虑的因素。

应按照法律法规和部门规章符合性、地区规划符合性和环境风险可接受性三方面进行路由评价，如有必要，应从环保角度提出路由调整方案。要点明确了推荐路由已获地方规划部门和环保部门同意，但存在重大环境风险和生态影响的,应考虑从大范围空间进行重新选线的可能性。环境保护部审批的锦州—郑州成品油管道工程即为典型案例,评估前线路经过陡河水库上游,评估要求绕避水库重新选线,为此增加管道长度20km,增加投资1亿元,避免了唐山市数百万人口饮用水源遭受溢油污染的风险,充分发挥了评估的作用。

2. 规范穿越水源地和各类生态敏感区的技术评估原则

管道工程建设长度动辄数千公里的特点,决定了工程建设中会不可避免地涉及各类环境敏感区,关注环境敏感区的穿越是项目评估的重中之重。要点提出,“避让原则”是管道穿越各类环境敏感区的基本原则。应优先关注水源地和国际河流。对于水源地,管道路由选择原则上不应穿越保护区,南水北调工程等长距离引水干渠确实无法绕避的除外。施工方案的选择原则为施工期环境影响最小且环境风险最小。对于国际河流,应优选穿越地点和穿越方式及保护措施,原则是保证在任何情况下不让油品进入河流。对于特殊区域,如地质灾害区域、地震易发区、活动断裂带等有可能引发管道断裂等安全问题的区域,评估应予以关注,重点是管道的安全保护措施和可能造成的次生环境后果。重视自然保护区功能的完整性及风景名胜区的景观保护工作。

3. 突出关注油品管道的风险影响、防范及应急措施

要点强调穿越敏感水体的路由比选和穿越方案比选在环境风险评估中的突出作用。按照预防为主、全程控制的原则进行措施和环境风险影响的评估。风险评估的优先顺序为:路由比选——方案比选——保护措施比选——应急措施——后果预测。强化风险防范措施,进行分层次和分类评估,重点关注管道埋深、管道材质与类型、壁厚、防腐、焊接、阀室类型与间距、在线检漏预警与控制系统、套管、盖板、挡板等防控措施的选择。

明确了隧道、定向钻、顶管和大开挖等各种穿越方式的优缺点和使用条件以及不同管材和管型的适用条件。

在应急预案中突出关注不同事故情景下的应急策略,增加应急措施的针对性。对经过特别敏感区域的输油管道工程,可要求建立计算机实时预测和决策指挥系统。加强基础数据的收集和整理,验证模式,整合GIS、卫星、遥感技术和沿线的河流(依托既有江河水文站)等实时水文参数,为风险事故实时预测和辅助应急决策提供技术支持。

第七章 油气管道工程环境监理文件管理

第一节 一般规定

环境监理资料管理的基本要求是收集及时、真实齐全、分类有序；由专门的资料管理员负责整理、保管；资料分类编目、编号，以便于跟踪检查。

(1)环境监理工程师应建立健全监理文件与资料管理制度，并应根据工程建设需要应用计算机辅助管理手段建立文件、资料管理系统，对文件、资料进行有效管理。

(2)环境监理工程师应建立环境监测、工程变更等各项台账。

(3)环境监理文件与资料应及时整理，分类有序、系统、完整，并分类建立案卷，有效保管。

(4)环境建立归档文件必须完整、准确、系统地反映环境监理活动的全过程。

第二节 环境监理资料的管理

一、环境监理资料管理的意义

环境监理资料管理是指环境监理在开展工作时，对监理过程形成的文件、资料进行收集、加工整理、立卷归档和检索利用的一系列工作。环境监理资料管理的对象是环境监理文件、资料，是环境监理信息的载体。配备专门的人员对监理文件、资料进行系统、科学的管理，对于环境监理有着重要的意义。具体体现在以下几个方面：

(1)可以为监理工作的顺利开展创造良好的条件。

环境监理的主要任务是根据环境影响评价及其批复的要求，按合同规定对项目建设过程进行环境保护管理。在环境监理过程中产生的各种信息，经过收集、加工和传递，以监理文件、资料的形式进行管理和保存，是有价值的监理信息资源，是环境监理工程师进行建设项目环境保护目标控制的客观依据。

（2）可以极大地提高环境监理的工作效率。

对监理资料进行科学、系统的整理归类，形成环境监理文件档案库。当工作需要时，可以有针对性地及时提供完整资料，迅速解决工作中问题。如果资料分散，就可能导致信息不全，影响判断的准确性，阻碍监理工作的正常开展。

（3）可以作为竣工环保验收时提供完整的环境监理档案的有效保障。

监理文件、资料的管理，是把环境监理的各项工作中形成的全部文字、声像、图纸及报表等文件、资料进行统一管理及保存，从而确保文件、资料的完整性。一方面，在建设项目竣工环保验收时，环境监理可以向建设单位移交完整的环境监理文件、资料，作为建设项目的档案资料；另一方面，完整的监理文件、资料对环境监理具有重要历史价值的资料，在建设项目运行中出现环保问题时，通过查阅历史资料可以追溯原因和分清责任。对监理文件进行科学管理，也有利于开展监理工作总结，不断提高环境监理的工作水平。

二、环境监理资料管理的内容

环境监理资料管理的内容：环境监理资料必须及时整理、真实完整、分类有序；环境监理资料的管理应由项目总监负责，并指定专人具体实施；对环境监理资料应在各阶段环境监理工作结束后及时整理归档；环境监理档案的编制及保存，应按有关规定执行。

1. 文件收文与登记

所有收文在收文登记表上进行登记（按监理信息分类别进行登记）。应记录文件名称、文件摘要信息、文件的发放单位（部门）、文件标号以及收文日期，必要时应注明接收文件的具体时间，由环境监理部负责收文人员签字。

2. 文件传阅与登记

由环境监理总部监理工程师或其授权的监理工程师确定文件、记录是否需传阅,如需传阅,确定传阅人员名单和范围。每位传阅人员阅后应在文件传阅纸上签名,并注明日期。文件和记录传阅期限不应超过该文件的处理期限。传阅完毕后,文件原件应交还信息管理人员归档。

3. 文件发文与登记

文件发文由总监理工程师或其授权的监理工程师签名,并加盖环境监理部印章,对盖章工作应进行专项登记。

所有发文按监理信息资料分类和编码要求进行分类编码,并在发文登记表上登记。收件人收到文件后应签名。发文应留有底稿,并附一份文件传阅纸,信息管理人员根据文件签发人指示确定发文责任人和相关传阅人员。文件传阅过程中,每位传阅人阅后应签名并注明日期。发文的传阅期限不应超过其处理期限。重要文件的发文内容应在监理日记中予以记录。

项目监理部的信息管理人员应及时将发文原件归入相应的资料柜中,并在目录清单中予以记录。

4. 文件、资料分类存放

监理文件档案经收发文、登记和传阅工作程序后,必须使用科学的分类方法进行存放,以满足项目实施过程查阅、求证的需要,方便项目竣工后文件和档案的归档、移交。项目监理部应备有存放监理信息的专用资料柜和用于监理信息分类归档存放的专用资料夹。在大中型项目中,应采用计算机对监理信息进行辅助管理。

信息管理人员应根据项目规模规划各资料柜和资料夹内容。

文件档案资料应保持清晰,不得随意涂改记录,保存过程中应保持记录介质的清洁和不破损。

项目建设过程中文件和档案的具体分类原则应根据工程特点制定,监理单位的技术管理部门可以明确本单位文件档案资料管理的框架性原则,以便统一管理并体现出企业的特色。

5. 文件、资料归档

监理文件档案资料归档内容、组卷方法以及监理档案的验收、移交和管理工作,可参考现行《建设工程监理规范》(GB/T 50319—2013)及《建设工程文件归档规范》(GB/T 50328—2014)中的规定执行。

对一些需要连续产生的监理信息，在归档过程中应对该类信息建立相关的统计汇总表格以便进行核查和统计，并及时发现错漏之处，从而保证该类监理信息的完整性。

监理文件档案资料的归档保存中应严格按照保存原件为主、附件为辅和按照一定顺序归档的原则。

6. 环境监理影像资料的整理与归档要求

（1）环境监理影像资料集中统一管理，以单位工程作为单元，按分部、分项工程以及专题内容、拍摄时间进行排序和归档。

（2）环境监理影像资料应有文字说明，具体内容包括影像编号、影像题名、拍摄内容简要描述、拍摄时间、地点和拍摄者等。

（3）工程竣工后应对环境监理影像资料进行后期技术处理，系统地剪辑和编排，并刻录成光盘，以便永久保存。

第三节　环境验收资料

一、环境监理资料内容组成

环境监理资料应包括下列内容：

（1）环境监理委托合同。

（2）环境监理工作方案。

（3）设计交底与图纸会审会议纪要。

（4）施工组织设计中的环保内容报审表。

（5）施工营地设置方案图。

（6）工程进度计划。

（7）环保设备质量证明文件。

（8）环境监测资料。

（9）环保工程设计变更资料。

（10）环境监理整改通知单。

（11）环境监理业务联系单。

（12）污染物排放审批单。

（13）会议纪要。

(14)来往函件。

(15)环境监理日志。

(16)环境监理月报。

(17)环境监理专题报告。

(18)工程污染事故报告。

(19)工程污染事故处理方案报审。

(20)设计阶段环境监理报告。

(21)施工阶段环境监理报告。

(22)环境监理总报告。

二、施工阶段环境监理月报

施工阶段环境监理月报应包括以下内容:

(1)本月工程概况。

(2)本月工程进度。

(3)本月施工现场环保情况:

① 主要的环境污染。

② 采取的环保措施及效果。

(4)环保设施的建设情况:

① 工艺中的产污环节。

② “三同时”环保设施建设情况。

(5)本月环境监理工作小结:

① 对环保达标、环保措施等方面情况的综合评价。

② 本月环境监理工作情况。

③ 有关本工程的意见和建议。

(6)下月环境监理工作的重点。

环境监理月报应由项目总监组织编制,签字确认后报建设单位和本环境监理单位。

三、环境监理工作方案

设计阶段环境监理工作与环境监理工作方案编制工作同步开展,设计阶段环境监理工作成果以专门篇章的形式编入环境监理工作方案。

环境监理工作方案应包含以下几方面的内容：

(1)总则。

(2)建设项目概况。

(3)区域环境概况。

(4)环境影响评价文件要点及环境影响评价批复要求。

(5)设计阶段环境监理成果。

(6)环境监理工作范围。

(7)环境监理工作目标。

(8)环境监理工作内容。

(9)环境监理机构。

(10)环境监理工作制度与方法。

(11)环境监理拟取得的主要成果。

四、施工阶段环境监理报告

施工阶段结束后，环境监理单位应向建设单位提交施工阶段环境监理工作报告。报告应在项目总监的主持下编写，总结建设项目在每个具体施工阶段的环境监理成果，反映建设项目施工期环保达标排放情况及环保设施建设情况等。施工阶段环境监理报告作为批准项目试生产的必要条件。

该报告应包含以下几方面内容：

(1)环境监理依据。

(2)工程投资及建设情况。

(3)环境保护(敏感)目标。

(4)环境质量及污染物排放标准。

(5)土建阶段环境监理工作开展情况。

(6)厂房(主体工程)建设阶段环境监理工作开展情况。

(7)环保设施建设安装阶段环境监理工作开展情况。

(8)施工阶段环境监理工作结论及建议。

(9)附件，包括图表及现场照片。

五、环境监理总报告

项目环境监理工作结束后,环境监理单位应向建设单位提交环境监理工作总报告。报告应在项目总监的主持下编写,全面总结建设项目环境监理成果,反映建设项目在设计、施工期间环境监理工作开展情况、环保达标排放情况及环保设施建设情况等,报告将作为建设项目环保竣工验收的必要条件。

该报告应包含以下几方面内容:

(1)总则。

(2)项目概况及施工期环境要求。

(3)环境保护敏感目标搬迁及污染防治措施、生态保护措施的落实完成情况。

(4)设计阶段环境监理工作实施情况。

(5)施工期环境监理工作实施情况。

(6)环境监理结论、存在的问题及建议。

(7)附件,包括图表及工作影像材料。

六、环境监理工作基本表式

环境监理工作基本表式见附录四。

第八章　典型油气管道工程环境监理实例

随着近年来我国能源需求的剧增，在建和拟建的油气管道工程累计里程每年呈数千公里的速度增长。然而油气长输管道在建设过程中也产生了一定的环境问题。重视油气长输管道建设过程中的环境问题，以实现工程建设与生态环境的可持续协调发展，提高管道工程的建设质量，是管道工程建设中不可缺少的内容。以下提供一些油气长输管道工程施工期环境保护的典型案例，为今后做好油气管道工程的环境监理工作提供经验。

第一节　西二线输气管道工程西段环境监理案例

一、工程分析

1. 工程概况

西气东输二线工程（西段）（以下简称“西二线西段”）包括霍尔果斯—甘陕界干线、中卫—靖边联络线及轮南—吐鲁番支干线，涉及新疆、甘肃、宁夏和陕西四省（自治区），线路全长3744.67km。

西气东输二线西段干线与西气东输三线西段干线总体并行敷设，西三线总体在西二线的南侧敷设。霍尔果斯—中卫段并行线路长度约占总长度的91.10%，局部路段二者分离，分离段总长度约217.5km。在西二线通过的重点、难点路段，西二线已经为西三线敷设了管道49.049km，预留了10处箱涵位置，供西三线西段干线安装通过。

2. 监理组织机构

西气东输二线管道工程西段共设置1个监理总部，新疆监理分部、甘肃监理分部、宁陕监理分部共3个监理分部；监理机构由监理总部、监理分部、监理区段三个层次组成，朗威公司担任监理总部，北京兴油、辽宁辽河、朗威监理单位分别承担3个分部工作。监理总部、监理分部配备专门负责环境监理工作的副总监理工程师，同时设置HSE部作为职能部门实施环境监理工作，监理区段设一名专职环境监理工程师，现场监理都兼有环境监理的职责，对于生态保护区、环境保护区、水源地等环境敏感区设置环境方面的旁站监理，具体组织机构见图8－1。

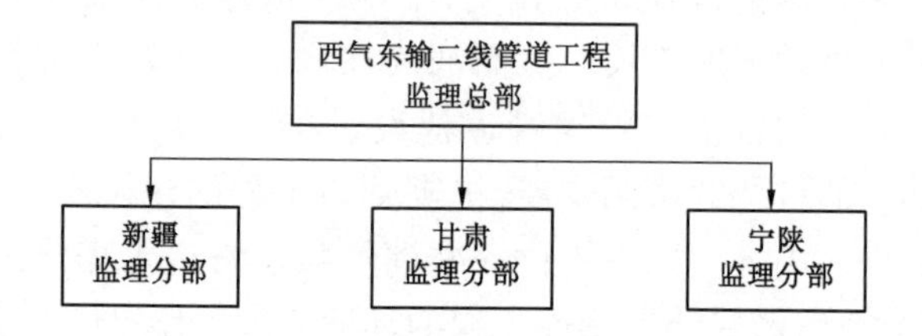

图8－1　西气东输二线管道工程监理组织机构图

(1)监理总部的组织机构。

根据监理总部监理合同约定，结合西气东输二线管道工程监理管理需求，西气东输二线管道工程监理总部设置进度控制部、技术质量部、HSE部、合同/投资控制部、信息管理部、综合管理部，以实现总体协调与业务管理有效衔接。监理总部按照招标文件、投标承诺及合同要求派遣了30名监理人员。针对环境监理工作，由总监理工程师总负责，设置1名专职环境副总监理工程师以及专职的环境监理工程师，形成了满足招标要求且专业配套的环境监理工程师团队，具体组织机构见图8－2。

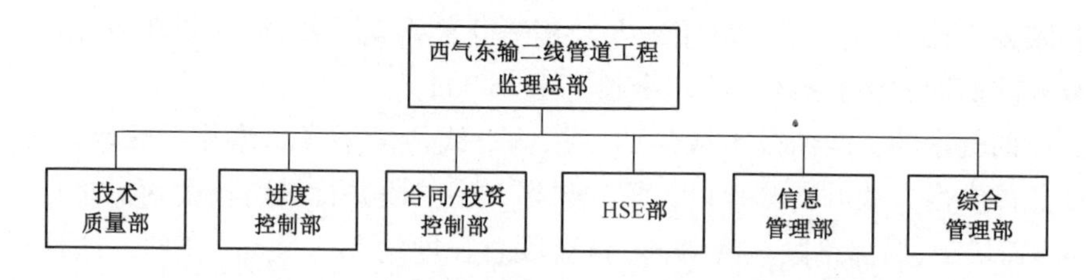

图8－2　西气东输二线管道工程监理总部组织机构图

(2)监理分部的人员配置。

各监理分部根据各自工作范围，设置了HSE部，具体负责环境管理工作，在每个标段设1名环境监理工程师，专职负责本标段的环境监理工作，分部组织机构见图8－3。

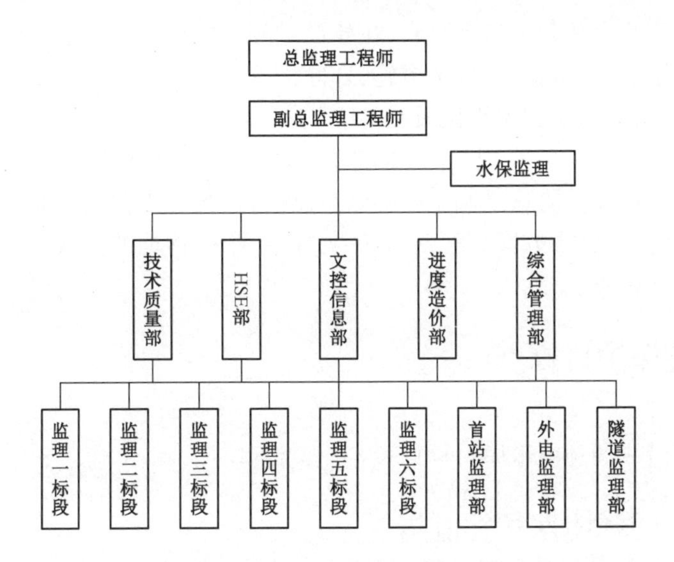

图 8-3　西气东输二线管道工程监理分部组织机构图

二、西气东输二线监理工作亮点

1. 组织机构健全，职责分工明确

西气东输二线借鉴以往工程环境监理工作经验，在项目成立时就充分考虑了环境监理工作的重要性，从监理总部、监理分部到现场监理巡视标段均设置有专职、兼职环境监理人员，做到了三级管理机构设置和专人负责管理，并在监理规划中进一步明确了环境监理的工作职责，为现场工作开展提供了依据。

2. 执行上岗制度，确保环保体系有效运行

自工程开工以来，先后组织环保培训 8 期共计 72 人，其中 24 人获得中国石油天然气集团公司工程环境监理培训合格证书，并持证上岗；专业环境监理工程师编制环保管理文件 24 份，组织参加涉及环保监理例会 56 次，进行专项环保检查 45 次，做到了严格履行环境监理职责，环境管理体系有效运行，处于受控状态。

3. 工作目标明确，不断强化过程管控

西二线西段开工以来，就已明确了环境零污染的目标，并要求各单位按

照具体工作将总体目标进行分解，在建设过程中组织落实，通过在建设中加强对组织措施、经济措施、技术措施、合同措施的管理管控，确保最终环保验收一次通过，并获得国家级优质奖。

为了确保目标的实现，监理总部、分部结合西北项目实际情况编制了《监理HSE管理手册》，绘制了敏感区示意图，并督促承包商编制《自然保护区、水源保护区施工方案》等，通过专项指导、监控管理的方式，逐一落实环境监理工作职责。

三、环境保护目标点

工程沿线的环境敏感目标见表8－1。

四、施工期环境保护控制措施

1. 生态环境保护措施

本工程对环境的负面影响主要为生态环境的影响，生态环境保护的对策是避免、消减和补偿，重点在于工程施工阶段避免或减缓对生态的破坏和影响以及施工结束后的生态恢复措施。在对生态环境的防护和恢复上，本工程采取了以下多种措施：

(1)合理选择布设施工营地，限定施工人员活动范围。定点堆放生活垃圾及其他废物，施工结束后及时带离现场，并恢复占用场地原貌；对于施工区域内的生态环境，要求加强教育与宣传，爱护一草一木，禁止砍伐当地树木。

(2)划定施工范围，严格控制超占耕地(图8－4)。在管沟开挖时，做好分层开挖，做好表土分离，并堆放在指定地点，在回填时分层回填，同时将土壤中的固体废弃物清理干净，避免因回填方式问题使土地退化而影响农业生产。

(3)现场施工时机已避开农作物生长季节，减少对农业生产造成的损失，保证农田生态系统功能的相对稳定。

(4)合理规划设计路由，少建和不建施工便道与伴行路。如穿越赛里木湖风景区、安西极旱荒漠自然保护区不新建伴行道路、便道；利用已有道路加以修正，采用小型运管车拉运管道，或是利用施工作业带，采用挖掘机逐根运管方式作业。

表 8－1　环境保护目标统计表

环境要素	区域	类别	行政区域	环境影响评价情况	实际情况	备注
水环境	新疆	重要地表水体	—	Ⅱ类水体：精河、白杨河、柯柯亚水渠； Ⅲ类水体：沿子河、古尔图河、四棵树河、奎屯河、安集海河、玛纳斯河、塔西河、呼图壁河、头屯河、乌鲁木齐河（青年渠）、塔尔郎河、红柳河、孔雀河、白杨河	Ⅱ类水体：精河、白杨河、柯柯亚水渠； Ⅲ类水体：沿子河、古尔图河、四棵树河、奎屯河、安集海河、玛纳斯河、塔西河、呼图壁河、头屯河、乌鲁木齐河（青年渠）、塔尔郎河、红柳河、孔雀河、白杨河	—
		饮用水水源地保护区	乌鲁木齐市	穿越乌鲁木齐市西山水源地、乌拉泊水库水源地、柴窝堡湖西南水源地的二级保护区共20.1km	穿越乌鲁木齐市甘河子地下饮用水源地一级保护区2.28km、二级保护区6.54km；穿越铁路专供地下饮用水源地一级保护区0.62km；穿越西山水源地二级保护区2.56km；穿越柴西水源地二级保护区17km	本工程建成后水源保护区范围作了调整。2009年5月，新疆维吾尔自治区人民政府以《关于同意乌鲁木齐市饮用水水源保护区划分方案的批复》（新政函〔2009〕100号）批复了新水源保护区范围
			奎屯市	—	邻近奎屯市地下水水源地，与保护区最近距离370m	—

续表

环境要素	区域	类别	行政区域	环境影响评价情况	实际情况	备注
水环境	新疆	饮用水水源地保护区	克拉玛依市独山子区	—	环境影响评价未提及独山子三个水源保护区。根据2006年水源保护区划界范围，管线穿越二级保护区1.83km，准保护区11.16km。根据2011年划界范围，管线穿越一级保护区1.58km	2011年9月新疆维吾尔自治区人民政府以《关于克拉玛依市饮用水水源保护区划分方案的批复》（新政函〔2011〕245号）批复了水源保护区范围
			精河县	—	邻近精河县城镇一个水厂水源地，最近距离1.12km	—
	甘肃	重要地表水体	—	疏勒河、北大河、黑河、石羊河、径河等Ⅲ类水体的河流	疏勒河、北大河、黑河、石羊河、径河等Ⅲ类水体的河流	—
		饮用水水源地保护区	酒泉市玉门市	穿越河西林场水源地二级保护区0.3km，准保护区1.05km	穿越玉门市河西林场饮用水水源保护区的二级保护区3.32km	2012年12月甘肃省政府以《关于酒泉市集中式饮用水源保护区范围的批复》（甘政函〔2012〕173号）批复了水源保护区范围

续表

环境要素	区域	类别	行政区域	环境影响评价情况	实际情况	备注
水环境	甘肃	饮用水水源地保护区	嘉峪关市	穿越黑山湖水源地 1.05km(未区划)	2009 年水源地重新划分后，本工程在预留的工程廊道内敷设，不穿越黑山湖水源地	2010 年 12 月甘肃省政府以《关于嘉峪关市饮用水水源保护区划分的批复》(甘政函〔2010〕13 号)批复了水源保护区范围。建设单位与嘉峪关水务局签订《西气东输二线管道工程穿越嘉峪关市饮用水源地补偿合同》，开展水源井迁建工作并建设双泉应急备用水库，总费用 43790.69 万元
				北大河水源地，不穿越	2009 年水源地重新划分后，本工程在预留的工程廊道内敷设，不穿越北大河水源地	
				嘉峪关水源地，不穿越	2009 年水源地重新划分后，本工程在预留的工程廊道内敷设，不穿越嘉峪关市集中生活饮用水水源地	
				双泉水源地，不穿越	2009 年水源地重新划分后，本工程在工程廊道里敷设的同时，穿越了二级保护区 14.13km	
			酒泉市肃州区	酒泉市肃州区城市饮用水源地，不穿越	穿越酒泉市肃州区第三水厂水源地二级保护区 8.52km	水源地为工业用水水源，不是饮用水水源
				—	穿越新建南石滩饮用水水源保护区的二级保护区 4.2km	该保护区为新建水源保护区，晚于本工程建设时间，尚未建成投入使用。2012 年 12 月甘肃省政府以《关于酒泉市集中式饮用水源保护区范围的批复》(甘政函〔2012〕173 号)批复了水源保护区范围，计划用 3 年时间建成投用。目前酒泉市第二水厂作为城市临时饮用水水源使用

续表

环境要素	区域	类别	行政区域	环境影响评价情况	实际情况	备注
水环境	甘肃	饮用水水源地保护区	张掖市高台县	穿越南华饮用水源地二级保护区 9km	穿越高台县饮用水水源保护区的二级保护区 1.92km	2012 年 4 月甘肃省政府以《关于张掖市城区饮用水水源保护区范围的批复》(甘政函〔2012〕52 号)批复了该水源保护区范围
			金昌市永昌县	城市饮用水源地,不穿越	穿越永昌县集中式饮用水水源保护区的二级保护区 5.16km	工程建设时按环境影响评价要求向南侧偏移 4km 避开了永昌县水源地一级保护区。2012 年 10 月甘肃省政府以《关于金昌市城区生活饮用水水源保护区范围的批复》(甘政函〔2012〕157 号)批复了新的保护区范围
				穿越永昌县水磨关地表水水源保护区准保护区	穿越金昌市地表饮用水源保护区中,后大寺河、金川河、二坝渠的二级保护区(水域、陆域)及准保护区	2012 年 10 月甘肃省政府以《甘肃省人民政府关于金昌市城区生活饮用水水源保护区范围的批复》(甘政函〔2012〕157 号)批复了新的水源保护区范围
			武威市凉州区	穿越武威市凉州区水厂西关水源地二级保护区	2012 年重新划分保护区范围后,本工程不穿越凉州区城区水源地保护区,与二级保护区最近距离 3km	2012 年 12 月 17 日甘肃省政府以《关于武威市城区生活饮用水水源保护区范围的批复》(甘政函〔2012〕181 号)批复了保护区范围

续表

环境要素	区域	类别	行政区域	环境影响评价情况	实际情况	备注
水环境	宁夏	重要地表水体		Ⅲ类以上水体：黄河、清水河、长流水、南山台子扬水干渠、长沙河、中河、马家沟、小河、马饮河、沙河	Ⅲ类以上水体：黄河、清水河、长流水、南山台子扬水干渠、长沙河、中河、马家沟、小河、马饮河、沙河	—
		饮用水水源地保护区	吴忠市红寺堡区	—	穿越红寺堡柳泉地下饮用水水源地（规划）二级保护区4.8km	该水源地为规划水源保护区，晚于本工程建设时间，目前已完成保护区划分技术工作，并上报宁夏回族自治区人民政府，目前尚未批复
			固原市原州区	穿越彭堡地下水源保护区的二级保护区约2.4km、准保护区约9.7km	穿越固原市彭堡地下水源保护区的二级保护区约2.4km，准保护区约9.7km	—
	陕西	重要地表水体	—	Ⅲ类以上水体：红柳河、八里河	Ⅲ类以上水体：红柳河、八里河	—
		饮用水水源地保护区	榆林市靖边县	—	穿越靖边县四柏树饮用水水源保护区的一级、二级、三级保护区。穿越两处规划开采井的一级保护区，与规划开采井最近距离20m；不穿越已建开采井的一级保护区；穿越二级保护区7.9km、穿越三级保护区8.2km	保护区批复建立时间晚于本工程环境影响评价批复时间。2008年4月24日，靖边县人民政府以《关于印发<靖边县四柏树生活饮用水水源保护区划定方案>的通知》（靖政发〔2008〕21号）批复了保护区范围

续表

环境要素	区域	类别	行政区域	环境影响评价情况	实际情况	备注
生态环境	新疆	自然保护区	霍城县	管道距新疆霍城四爪陆龟自然保护区边缘约2km，不穿越	管道距新疆霍城四爪陆龟自然保护区边缘约2km，不穿越	—
		风景名胜区	霍城县	管道从赛里木湖风景名胜区南侧通过	穿越赛里木湖国家级风景名胜区核心景区，穿越距离23.04km	—
			巴州	管道距博斯腾湖风景名胜区最近处1～2km	管道距博斯腾湖风景名胜区最近处1～2km，不穿越	—
		天然林保护区和重点	霍城县	穿越天西局霍城林场重点公益林区25km	穿越天西局霍城林场重点公益林区30km	—
			精河县	穿越精河县重点公益林75.8km	穿越精河县重点公益林75.8km	—
	甘肃		乌苏市	穿越乌苏市重点公益林20.8km	穿越乌苏市重点公益林22km	—
		生态功能保护区	哈密地区	穿越哈密东天山生态功能保护区118km	穿越哈密东天山生态功能保护区113km	—
		自然保护区	哈密地区	穿越哈密东天山生态功能保护区118km	穿越哈密东天山生态功能保护区113km	—
			酒泉市瓜州县	穿越甘肃安西极旱荒漠国家级自然保护区实验区68.4km	穿越甘肃安西极旱荒漠国家级自然保护区实验区68.4km	实际情况与补充环境影响评价一致

续表

环境要素	区域	类别	行政区域	环境影响评价情况	实际情况	备注
生态环境	甘肃	自然保护区	酒泉市玉门市	穿越甘肃玉门市南山自然保护区实验区约47.2km	2014年玉门市南山自然保护区重新规划后，不穿越保护区	2014年8月27日，甘肃省人民政府《关于玉门市南山省级自然保护区范围及功能区规划的批复》（甘政函〔2014〕110号）调整了保护区范围
			张掖市甘州区	穿越黑河流域国家级生态功能保护区走廊平原农田保护防风固沙功能区约324km	穿越张掖黑河湿地国家级自然保护区实验区，穿越长度2754m	保护区成立时间晚于本工程环境影响评价批复时间。2011年4月19日，国务院办公厅《关于发布河北骆梁等16处新建国家级自然保护区名单的通知》（国办发〔2011〕16号）批复了建设
			武威市古浪县	穿越甘肃古浪马路滩自然保护区实验区约57km	不穿越甘肃古浪马路滩自然保护区，该保护区于2014年撤销	2014年1月8日武威市人民政府以《关于撤销古浪县马路滩自然保护区的批复》（武政发〔2014〕5号）撤销了该保护区
		湿地	酒泉市瓜州县	穿越大泉湿地1.65km、小泉湿地1.1km	穿越大泉湿地1.65km、小泉湿地1.1km	实际情况与补充环境影响评价一致
		水产种质资源保护区	酒泉市瓜州县	—	穿越疏勒河特有鱼类国家级水产种质资源保护区实验区650m	保护区划定时间晚于本工程环境影响评价批复及建设时间。2010年11月，农业部发布第1491号公告，公告国家级水产种质资源保护区（第四批）名单，其中含本保护区

续表

环境要素	区域	类别	行政区域	环境影响评价情况	实际情况	备注
生态环境	宁夏	自然保护区	中卫市	管道于沙坡头自然保护区南侧边缘外约1km处通过	管道于沙坡头自然保护区南侧边缘外约1km处通过	—
		水产种质资源保护区	中卫市	—	穿越黄河卫宁段兰州鲶国家级水产种质资源保护区实验区700m	2007年12月,农业部发布第947号公告,公告国家级水产种质资源保护区(第一批)名单,其中含本保护区。2008年7月,农业部办公厅发布了《关于公布黄河鄂尔多斯段黄河鲶等40处国家级水产种质资源保护区面积范围和功能分区的通知》(农办渔〔2008〕47号)。虽然保护区划定时间早于本工程环境影响评价批复时间,但其面积、范围、功能分区公布时间晚于本工程环境影响评价批复时间
空气环境	所有区段	居民点		管道沿线200m内居民、站场周围5km内居民	管道沿线200m内居民、站场周围5km内居民	—
声环境	所有区段	居民点		管道沿线200m内居民、站场周围200m内居民	站场周围200m内居民	—
环境风险	所有区段	居民点、穿越河流		站场周围5km内居民、穿越的河流(事故时)	站场周围5km内居民、穿越的河流(事故时)	—

图8-4 农田段严格控制超占耕地

(5)施工中产生的废物(包括弃土弃石)和垃圾,经与地方协调,在指定地点堆放,施工完成后运离现场;结合主体工程的建设进度同时完成沿线水土保持工作;对于施工期间的废水,进行定期消毒、定点排放。

(6)要求施工单位减少夜间施工作业,避免灯光、噪声对夜间动物活动的惊扰;在施工过程中预留野生动物迁徙通道,禁止捕杀野生动物。

(7)对进入现场车辆要求按固定线路行驶,减少对原有地表植被和土壤的破坏,同时严格控制作业人员在施工区域外的其他活动。

(8)施工结束后,对施工破坏的植被、土壤进行及时修整,对于地貌恢复后的施工作业带,以播撒草籽、种植灌木、栽植花草等方式进行恢复。对于水蚀强烈的丘陵坡地和沟壑地段,为避免产生新的水土流失,采取加设连续性的挡土墙、截水墙等方式。

(9)戈壁地段采取砾石压覆防止土壤风蚀措施。荒漠地段采取草方格固沙、人工种植固沙植物措施。安西极旱荒漠自然保护区地段采取砾石压覆并人工种植物种措施,见图8-5和图8-6。

图8-5 沙漠段人工插栽草方格

图 8－6　铅丝石笼压覆施工

(10)施工过程中,加强对施工人员的管理,禁止施工人员对野生植被的破坏,严格限制人员的活动范围,严禁破坏沿线的生态环境。

(11)工程施工占用林地和砍伐树木,均获得林业主管部门审批。

(12)施工便道以林带空隙地为主,尽可能不破坏原有地形、地貌。

(13)施工带内无法避让的珍稀植物、古树名木等,经过协商后进行异地移栽。

(14)管道在穿越天然林保护区和重点公益林区地段施工时,督促施工单位减少砍伐树木,配备灭火器材,做好防火工作。

2. 环境敏感区环境保护措施

根据环境影响评价报告对管道沿线主要生态环境敏感区的划分,环境监理对沿线环境敏感区给予了高度关注,要求施工单位编制环境保护方案并严格按照施工方案和环境保护措施要求施工,尽一切可能减少施工对景观、草场、水源地、戈壁、荒漠和脆弱植被的破坏。

在施工过程中对环境敏感区的具体保护措施如下:

(1)要求施工营地建在远离环境敏感区的地方,施工人员的生活污水、生活垃圾和粪便做到集中处理。

(2)禁止在保护区内存放油品、对车辆和设备进行加油与维检修,并且防止机械、设备漏油。

(3)管道在敏感区施工,严格控制作业带作业,采用编织袋堆砌拦渣、砌石拦渣等施工方式,防止作业带超占和毁坏林业。施工作业带宽度由正常的28m缩短至20m,施工便道控制在6m范围内,伴行路控制在8m,教育员工严禁乱铲乱踏周围的植被资源,要求所有车辆必须在伴行路上行驶。施工结束后,施工承包商及时清理现场,使作业带很快恢复原貌。

(4)施工过程中采用砂、碎石、矿渣等材料挤压的方式,对施工作业带内的软土进行浅层加固,部分地区采用定向钻或湿地挖掘机、挖掘船进行施工作业。为加强管道自身稳定性,对管沟沟底的软土进行岩土工程处理。采用碎石、块石等材料对沟底进行抛石挤淤法处理,对软土地基进行强制性置换。

(5)对土质较稳定的地段,采用带水作业、明沟排水的方法施工;对于沟壁易垮塌的沙土段,采用先沟外井点降水,后开挖管沟的方法施工;对土质极不稳定、管沟难以成行的淤泥段,用截水板(木板或钢板)桩墙,辅以井点降水的措施开挖管沟。如黑河大开挖穿越,在枯水期进行施工并采取围堰施工工艺,监理人员加强管理,严格控制作业面宽度,施工料堆远离地表水体,施工结束后将垃圾和多余的填方土运走,恢复河道原貌。

(6)定向钻穿越、大开挖穿越河流,采取彩条布或聚乙烯膜进行隔离,防止油污渗漏和泥浆污染;河、塘里用木桩打桩阵,用草袋子装上土垫高上面再铺上钻杆排、钢板等方法,保证大型施工设备在作业带上行走,减少对水塘的破坏。

(7)对穿越敏感区等局部线路进行调整。如在嘉峪关水源保护区,管道在嘉峪关市将穿越嘉峪关地下水源地一级保护区,将路由向南移3.3km,移出一级保护区以外;瓜州大泉、小泉湿地管线穿越将对大泉地下露头泉水产生影响,管道路由调整以能利用原有伴行路为原则,管道向南移100m,使管道施工区域位于湿地泉水露头保护范围外。

(8)张掖黑河湿地国家级自然保护区、果子沟伴行道路的水土保持、赛里木湖爬坡段的植被或地貌恢复等方面,实施适合当地环境的生态恢复措施。如大、小泉湿地的水生态系统维持,施工结束后,对施工作业带先实施砾石压盖措施以减缓地表水分蒸发和土壤风蚀作用,继而在砾石压盖基础上采用人工挖穴栽种和移栽方式恢复植被。在安西极旱荒漠自然保护区,施工方选择适合本土环境的植物,采用人工种植的方式恢复自然植被;在精河、宁夏等脆弱区,采用草方格固沙,人工种植固沙先锋植物恢复植被;在吐鲁番、哈密等荒漠戈壁段,将下层翻出的石砾覆盖于管道施工带上,防止土壤风蚀;对于霍尔果斯、河西走廊等自然条件较好的地区,采用自然恢复的方法。

(9)开展专项生态修复工程。如果子沟—赛里木湖工程段生态修复工程,环境监理对施工单位所有进场的客土、种苗、草籽、预制构件、刺网等材料进行检查,对不合格的材料坚决要求退出施工现场;施工过程中不符合设计要求时不许栽植,土质不好时要求换土,栽植时对土球是否完好、根系是否修剪等进行检查。

3. 水污染控制措施

1)污染源及主要污染物

针对本工程而言,水环境影响因素主要来源于施工人员在施工作业中产生的生活污水、管道清管试压排放的废水以及穿越工程产生的废水。

2)采取的污染控制措施

为了最大限度地减轻施工对水体的影响,施工过程中主要采取以下环保措施:

(1)根据以往施工经验,在一般地段,施工队伍的吃住一般依托当地的旅馆和饭店,在山区和隧道施工地段依托当地民居。

(2)管道试压废水主要含铁锈、焊渣和泥沙等杂质,经收集沉淀处理后,经当地环保部门同意,排入附近Ⅳ或Ⅴ类的沟渠河流。

(3)在采用大开挖方式进行施工时,选择枯水期施工,且河床底面砌干砌片石,两岸陡坡设浆砌块石护岸,以防止水土流失。

(4)选择离水体较远处设置施工营地,对生活污水和粪便采用化粪池集中处理;对生活垃圾装入指定垃圾桶并定期清运;施工结束后,化粪池用土填埋并覆盖植被恢复。

(5)严格控制施工范围,尤其是对河流穿越段,控制施工作业面,避免对河流造成大面积破坏,污染河流水质。

(6)禁止在河流两岸堤防以内给施工机械加油、存放油品储罐、清洗施工机械和排放污水。机器设备维修时,对各种油料的渗、漏、溢、滴,采取铺垫多层塑料布隔离措施,防止污染地面。

(7)废油、含油土、油手套、油棉纱集中回收,严禁将其倾倒入下水道、沟渠以及河流,禁止随地倾倒。液体材料的空包装、容器放置在距离水体较远的地方,下面铺垫塑料布。

(8)施工生产废水(包括管道试压水、管沟开挖的渗水以及施工机械废水等)经过沉淀处理后,并经当地环保部门认可排入指定河流(Ⅳ或Ⅴ水体)。

(9)含有害物质的建筑材料,如沥青、水泥等堆放在远离水体区域,并设置篷盖和围栏,防止雨水冲刷进入水体。

(10)管道敷设及河道穿越作业过程排放的废弃土石方堆放在指定地点,并及时运离现场,禁止弃入河道或河滩,以免淤塞河道。

(11)施工结束后,将多余的填方土和垃圾清理外运,恢复河床原貌和原有地表高度,以保护水生生态系统的完整性。

4. 大气污染控制措施

1)主要大气污染源

施工废气主要来自施工扬尘、钻爆隧道施工和运输车辆行驶产生的扬尘及施工机械(柴油机)排放的烟气。

(1)施工扬尘。

施工扬尘主要来自土方的开挖、堆放、回填,施工建筑材料的装卸、运输、堆放和混凝土拌和等以及施工车辆运输产生的扬尘。

(2)施工废气。

施工废气主要来自施工机械驱动设备(如柴油机、钻机和顶管设备等)排放的废气以及运输管材和施工人员的车辆排放的尾气。管线施工期所产生的扬尘、废气、尾气均为低空排放。

2)采取的污染控制措施

(1)控制扬尘。主要在土方开挖、堆放、回填及施工材料的运输等方面,采取控制设备、车辆运行速度及线路,减少扬尘;设备在作业时注意运动幅度,减少扰动;施工现场设置围墙或围栏,减少施工扬尘扩散范围。

(2)大风天气禁止进行挖掘、回填等大土方量作业,因进度需要必须施工时,采取喷水方式抑尘措施。施工结束后及时进行地表恢复,减少地表裸露的时间。

(3)设有固定的建筑材料堆场、混凝土搅拌站,对易起尘的物料进行遮盖,在大风天气对散料堆场采用水喷淋法防尘。

(4)拉运土方、石灰、沙子等易产生灰尘的车辆,采用临时苫盖措施。对施工进出道路和作业带定期洒水控制扬尘。针对施工段等机械车辆经常活动的场所,实行地面硬化,定期洒水,控制扬尘。

(5)定期对施工机械、车辆进行维修保养,杜绝超负荷工作。对使用的设备、车辆进行定期维护保养,及时更换机油等,避免因机械故障引起非正常状况产生废气,并对车辆进行排放量检测,以满足环保要求。

(6)施工废料堆放时进行平整夯实,对易起尘材料用毡布进行苫盖。

5. 噪声污染控制措施

1)主要噪声污染源

管道线路施工对声环境的影响主要是由施工机械、车辆造成的,此外,在山区石方段采用爆破方式开沟或修建隧道时也会产生较强噪声。

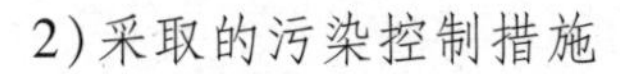
2)采取的污染控制措施

(1)选择低噪声施工机械,定期检查设备、车辆的维修保养记录,使施工机械保持良好运行状态,避免超过正常噪声运转。

(2)在人口密集区附近施工时,要求施工单位白天施工,避免夜间施工,防止噪声扰民。

(3)对长期使用、噪声大的机械设备,设置临时隔音措施,合理布局。

(4)对站场周围及厂区内,合理栽种花卉、树木进行绿化,既可降低噪声又可吸收大气中有害气体,阻滞大气中颗粒物质扩散。

6. 固体废弃物处置措施

1)主要固体废弃物来源

施工期产生的固体废弃物主要为生活垃圾、工程弃土、工程弃渣和施工废料等。

(1)生活垃圾。

施工期间产生的生活垃圾具有极大的分散性,且持续时间短。施工人员吃住一般依托当地的旅馆和饭店。

(2)施工废料。

施工废料主要包括焊接作业中产生废焊条、防腐作业中产生的废防腐材料及施工过程中产生的废混凝土等。

(3)工程弃土、弃渣。

施工过程中土石方主要来自管沟开挖、穿跨越、修建施工便道和伴行道路以及输气工艺站场。

本管道工程弃渣包括管道施工作业带、修建和改造伴行道路以及修建施工便道产生的弃渣。

2)采取的污染控制措施

(1)生活垃圾集中回收,依托当地设施处理;施工条件不允许且无法依托的,以机组或项目部为单位,设置集中处置点,定期回收处理。

(2)施工垃圾集中回收处理,与生活垃圾一同进行处理。

(3)施工废料采取集中回收运至当地垃圾处理部门予以处理。

(4)对弃土弃渣,按照当地主管部门的批复,在指定地点设立弃渣场,修建挡渣墙,采用砾石压覆,并进行覆土保护。

7. 环境保护教育与宣传

(1)各 EPC 项目部定期对施工人员进行环境保护的宣传教育,对每一位上岗人员进行培训，让他们充分认识每一项环保措施及其落实的重要性，真正使环境保护措施起到应有的作用。

(2)教育职工爱护环境，保护施工场所周围的一草一木，不随意摘花、折木，严禁砍伐、破坏施工区以外的作物和树木。教育方式采用发放施工手册或培训材料的方式，并组织施工人员认真学习。

(3)单位和人员要严格遵守国家法令，坚决禁止捕猎任何野生动物，爱护保护区内所有的兽类、鸟类、两栖爬行类、鱼类和各种昆虫。

(4)为确保监理人员切实履行职责，现场管理受控，掌握必要的环境知识，组织对环境影响评价报告书、相关环境法律法规、标准规定、应急管理等内容开展培训，对作业中的环境敏感点识别与削减措施、岗位操作指南等重点宣贯(图 8 - 7)，不断提高员工在紧急状况下的自我保护能力及现场管理能力，覆盖全体监理人员，根据施工进展分多次不同形式开展培训工作，达到了预期的目的。

图 8 - 7　安西极旱自然保护区施工场景

五、试运行期环境保护措施

1. 场站环境保护要求落实情况

试运行期的相关环境影响评价报告、规章制度、突发环境事故应急预案等均已备案，相关保驾队伍均已匹配到位、应急物资满足要求，建设了有效的环境风险应急措施，同时建立了相对完善的应急分级响应系统和应急预案，为降低工程的环境风险和发生事故时采取应急措施提供了保证；达到工程“三同时”标准，满足场站环境保护及投产要求。

2. 环境风险防范措施落实情况

针对可能发生的突发事件开展风险分析，完善预防与预警系统，做到早发现、早防范、早报告、早处置。

(1)成立了以业主、监理总部、各监理分部、各EPC项目部负责人为责任人的试运投产环境保护领导小组，保证试运投产过程中的环境管理得到有效落实。

(2)编制完成了试运投产应急预案，并已进行演练，为防止试运投产过程中出现紧急情况做好了准备。

(3)试运投产前，对参与投产保驾人员进行详尽的技术交底及安全、环境教育与培训。

(4)组织所有参加投产保驾人员认真学习投产保驾方案，确保投产保驾人员会熟练使用现场安全、消防器材设备。

(5)将试运具体时间等信息通知当地公众、执法机构和应急快速反应机构。

(6)投产前，要求各EPC项目部对场站阀室各种安全、环保设施进行认真检查。必须先用便携式可燃气体检测仪测试，确认安全后方可进入；进入阀室等空间必须有两人同时在场，一人操作，另一人监护。

(7)如发现阀门或管道漏气，必须在500m范围内熄灭一切火源并按照预案及时采取有效措施；第一时间上报投产保驾领导小组，现场必须设置警示带、警示牌，设专人拦挡疏导车辆人员，防止群众进入危险区域。

(8)建立可靠的通信系统，配备必要的防爆对讲机，保证试运投产期间的信息畅通。

(9)严禁试运投产保驾人员在试运投产现场吸烟，不得将火种、开通的手机带入试运投产现场。

(10)安全监督人员现场监护，杜绝违章管理及违章作业。

3. 环境保护投资落实情况

环境影响评价文件中，西气东输二线(西段)的概算总投资约373.1亿元，环境保护投资约7.93亿元，占总投资的2.1%。

实际工程总投资约538.04亿元(霍尔果斯—中卫段干线、中卫—靖边联络线的总投资约442.1亿元，轮南—吐鲁番支干线总投资约42.25亿元，中卫—甘陕界干线总投资约53.69亿元)，实际环境保护投资13.57亿元，占总投资的2.52%。具体实际环境保护投资见表8-2。

表 8-2　西二线西段工程环境保护投资统计表

单位:万元

项目		设备或措施	布设位置	新疆段（干线）	新疆段（轮南—吐鲁番支干线）	甘肃段（干线）	甘宁界—中卫段（干线）、宁夏段（中卫—靖边联络线）	陕西段（中卫—靖边联络线）	中卫—甘陕界段（干线）	合计
恢复地貌		用人工或推土机将地表进行平整	全线	1223	1020	1664	393	311	636.4	5247.4
恢复植被		种草、植树	草地、林地	14631	40	2397	527	68	3127.1	20790.1
水土保持工程		草方格、浆砌石、挡土墙、排水沟、边坡护坡、渣场设置等	荒漠戈壁、丘陵、山区	25411	8357	16533	2695	952	6894.7	60842.7
污染防治	污水处理	生活污水处理装置	各站场	216	16	126	36	18	90.4	502.4
		生产废水收集系统	各站场	192	16	120	24	12	92.9	456.9
	生活垃圾处理	收集、填埋	各站场	30	2	20	20	10	47.0	129
站场绿化		种草、植树	各站场，绿化面积不低于10%	82	7	43	43	—	35.1	210.1

续表

项目	设备或措施	布设位置	新疆段（干线）	新疆段（轮南—吐鲁番支干线）	甘肃段（干线）	甘宁界—中卫段（干线）、宁夏段（中卫—靖边联络线）	陕西段（中卫—靖边联络线）	中卫—甘陕界段（干线）	合计
环境风险	放空火炬、立管	—	1470	225	885	60	135	112.2	2887.2
环境管理	环境监理和环境监测	管线沿线	285	105	208	137	31	70.8	836.8
管道穿越嘉峪关市饮用水水源地补偿	迁建水源井、建设双泉应急备用水库	嘉峪关市	—	—	43790.69	—	—	—	43790.69
合计			43540	9788	65786.69	3935	1537	11106.6	135693.29

根据环境影响评价报告中所列环境保护项目及生态保护措施、施工合同、初设/施工图设计文件等要求，环境保护投资主要用于恢复地貌、恢复植被、生态恢复治理、环境风险防护措施、水土保持、三废治理及环境监理、监测等施工期生态环境保护措施等方面。

六、环境保护案例点评

1. 环保执行情况

该工程执行了环境影响评价制度和环境保护“三同时”制度。工程本着“建设绿色管道”的目标，在西二线西段环保投资约为7.93亿，确保了资金投入，并能有效地控制现场环境保护措施，较好地落实了环境影响评价报告书及其批复文件中的生态环境保护和污染防治措施，并结合当地实际开展了防沙尘、草方格防护等保护措施，减少了工程对西北地区植被破坏影响。

管道走向基本按照环境影响评价要求避让了新疆霍城四爪陆龟自然保护区、中卫市沙坡头自然保护区、安西极旱荒漠保护区等，对建设和试运行过程中新出现的保护区也采取了严格保护措施。施工伴行路建设主要利用现有的乡村道路以及西气东输一线建设的道路进行整修，一方面便于工程建设使用，另一方面改善了当地的交通条件，也极大地降低了新建伴行路的长度。施工期，管道穿越大中型河流施工过程采用了国际、国内技术成熟的定向钻以及跨越施工，减少了对水体的影响和破坏；对于采用大开挖形式的河流，开挖过程会对水体造成一定的影响，施工过程中采取了严格的控制措施，将影响降低到了最低点，而且施工结束影响也随之结束。

施工期和试运行期严格执行环境保护有关规定，有完善的环保管理组织机构和管理体系，进行了有效控制管理，环保规章制度健全，环保措施运转正常。

2. 西气东输二线环境保护调查结果

西气东输二线工程运行期各站场排放的生活废水、生活污水经一体化设备处理后达到规定的标准外排，水量小，且达标，对所在区域地表水基本不产生影响。本项目运行期的生产主要是依靠压缩机自用天然气，废气排放的NO、SO_2等有毒有害物质低于排放标准，对区域环境空气质量基本不产生影响；只有事故状态下才会出现暂时影响，并且随事故控制而影响消失。

运行期间站场噪声对站场周围的声环境产生了一定的影响，主要表现在夜间，影响距离在40m范围内，由于站场设计距离居民最少50m的安全距离，因此对区域整体声环境质量影响可以接受。

管道施工中对自然保护区、水资源保护区采取了避让及穿越过程中的防护措施，对保护区内的植被、水源影响控制到较低程度，从而减少了生态影响；大型和河流的穿越均采用目前先进、环保的穿越方式，对环境影响较低，施工过程要求的环保措施落实到位，因此大型河流穿越对环境影响较小。此外，对中小型河流，只有环境条件允许才采用开挖方式，否则采用定向钻穿越的方式，因此河流穿越的环境影响是可接受的。

从土壤表层中总氮、有机质变化情况对照看出，除个别样点外，管道上原样表层比对照样表层的总氮、有机质含量均低，说明施工对土壤中总氮、有机质含量产生了一定的影响。从pH值变化来看，施工弃渣对土壤影响较小。

从植被样调查看，新疆、甘肃、陕西管道沿线植被已经有了相当程度的恢复，采取人工种植恢复的地区保护较好，自然恢复地区进展较慢。从当地的实际情况出发，生态恢复需结合当地实际情况，因地制宜，不宜强调人工恢复方式。从管道经过的典型敏感目标——玉门湿地、七道沟湿地、靖边万亩林地等管道外5m、10m、50m范围植被覆盖指数(NDVI)的统计来看，管道施工对周围的生态环境基本没有造成影响。

管道施工过程中采取了环境影响评价建议的措施，对区域的珍稀动物影响较小，对施工区域的鸟类存在暂时的影响，但随施工结束影响也结束。

管道建设过程中，伴行道路、隧道、改线工程对生态环境造成了一定影响，但在可控范围内，并已采取了相应的水土保持措施和植被恢复措施。

根据全线调查资料进行分析，并在重点地段遥感监测和地面观测数据的支持下判断，监测期内未观测到管道工程建设区施工扰动造成的大面积土壤侵蚀强度和程度明显提高现象。多数地段水土保持措施满足了施工质量服务要求，发挥了水土保持作用，效益显著。

3. 结论

西气东输二线管道工程环保手续齐全，环保设施与建设项目主体工程已基本投入使用，施工期和试运行期各项环保措施落实情况良好，各项污染物的排放达到了国家或地方标准的要求，符合环保验收要求，验收组一致同意通过验收。

第二节　漠大输油管道工程环境监理案例

一、工程分析

1. 工程概况

中俄原油管道漠河—大庆段工程起始于黑龙江省漠河县兴安镇附近漠河首站，终于大庆市中南部大庆末站（紧邻现有的林源末站），线路全场925.34km，管道沿途经过黑龙江省大兴安岭地区漠河县、塔河县、新林区、松岭区、加格达奇区、黑河市、嫩江县、齐齐哈尔市、讷河市、依安县、大庆市林甸县让湖路区级大同区，内蒙古自治区呼伦贝尔市、莫力达瓦达瀚尔自治旗、鄂伦春自治旗等12个县市。

管道采用常温密闭输油工艺，管径813mm，设计压力8.0MPa（局部9.0MPa），管道全长925.34km。

管道沿线设置漠河首站1座、中间清管站2座（塔河清管站、讷河清管站）、中间泵站1座（加格达奇中间泵站）、大庆末站1座，共5座站场及附属配套系统。

管道全线共设置36座应急阀室，其中15座RTU阀室、19座手动阀室、2座高点放空阀室。新建2条220kV供电线路共270km，修整沿线道路130km，施工伴行路30km，施工便道210km。为了保障管道运行安全和防止水土流失，沿线水工保护工程修筑浆砌石、草袋护坡等10余万立方米。

管道沿线穿越11条大中型河流、15处铁路、26处二级及二级以上公路，详见表8－3。

表8－3　管道沿线穿越大中型河流情况

序号	河流名称	类型	穿越方式	长度m/次	开工时间	结束时间
1	额木尔河	大型	大开挖	600/1	2009年11月15日	2010年2月9日
2	盘古河	中型	大开挖	500/1	2009年10月25日	2009年12月3日
3	大西尔根气河	中型	大开挖	400/1	2009年10月10日	2009年11月15日
4	呼玛河隧道	大型	隧道	600/1	2009年9月18日	2010年3月25日
5	西里尼西河	中型	大开挖	500/1	2009年12月18日	2010年1月16日

续表

序号	河流名称	类型	穿越方式	长度 m/次	开工时间	结束时间
6	塔河	中型	大开挖	500/1	2009 年 11 月 15 日	2009 年 12 月 30 日
7	多布库尔河	中型	大开挖	1400/2	2009 年 10 月 25 日	2010 年 3 月 15 日
8	嫩江	大型	定向钻	1000/1	2009 年 10 月 26 日	2010 年 2 月 8 日
9	讷谟尔河	中型	大开挖	3800/1	2009 年 11 月 17 日	2010 年 1 月 11 日
10	乌裕尔河	中型	大开挖	2800/1	2009 年 11 月 28 日	2010 年 1 月 9 日
11	引嫩干渠	中型	定向钻	300/1	2009 年 7 月 6 日	2009 年 8 月 10 日

管道沿线地势北高南低，北部地形起伏较大，沿线为大兴安岭低山，丘陵及河谷地貌，河谷一般为草原、湿地和沼泽；南部为松嫩平原，地势平坦、开阔。管道沿线多年冻土主要分布在漠河—加格达奇段，多年冻土区分布上可分为岛状融区多年冻土和岛状多年冻土区，在垂直方向上多为衔接多年冻土。

2. 管道沿线植被分布与自然环境

漠大线工程所经大兴安岭林区为我国重要的天然林区，森林资源丰富，内设松岭、新林、呼中、塔河、十八站、图强、西林、加格达奇等共 10 个林业局，有林面积占总土地面积 90% 以上。中部地区为内蒙古自治区的鄂伦春旗和莫力达瓦旗，为山地草原，南部为松嫩平原。

漠大线沿线植被分布情况：原始森林 372km，草原 176.23km，农田 371km，详见表 8－4。

表 8－4　漠大线线路工程土地占用情况

类型	长度，km	永久占地，ha	临时占地，ha	合计，ha	备注
原始森林	378.22	43.45	724.64	768.09	
草原	176.12	0.3	318.34	318.64	包括沼泽、湿地
农田	371	16.3	821.51	837.81	包括林间耕地
合计	925.34	60.05	1864.49	1924.54	

管道沿线途经黑龙江省两大水系：黑龙江水系（在我国境内主要有额木尔河、盘古河、呼玛河等 3 条主要河流）、嫩江水系（在我国境内主要有讷谟尔河、乌裕尔河等 2 条主要河流）。

3. 管道沿线自然保护区与湿地分布

管道沿线涉及的自然保护区共有 5 处，包括呼玛河自然保护区、讷谟尔河湿地自然保护区、乌裕尔河—双阳河自然保护区、林甸野生中药材自然保护区以及盘古河种质资源保护区，其中国家级1处、省级3处、县级1处，重点保护对象为河流生态、冷水鱼类、湿地、药材及野生动植物等，详细情况见表8－5。

表8－5　管道沿线穿越自然保护区基本情况

项目	呼玛河自然保护区	讷谟尔河湿地自然保护区	乌裕尔河—双阳河自然保护区	林甸野生中药材自然保护区	盘古河种质资源保护区
所在地	黑龙江省塔河县、呼玛县	黑龙江省讷河市	黑龙江省依安县	黑龙江省林甸县	黑龙江省塔河县
面积	总面积52050ha，保护面积30000ha	总面积61385ha，其中核心区18792ha、缓冲区22516ha、实验区20077ha	总面积为22934ha，其中核心区9260ha、缓冲区5265ha、实验区8409ha	总面积30000ha	总面积6500ha，其中核心区4850ha、实验区1650ha
级别	省级	省级	省级	县级	国家级
建立时间	1982年	2007年8月	2007年8月	1999年10月	2007年12月
保护对象	冷水鱼类	河流湿地生态系统及珍禽水鸟	温带湿地生态系统及珍稀野生动物	野生中药材	细鳞鱼、江鳕
穿越区功能	核心区、缓冲区（施工期间临时调整为实验区）	缓冲区（需调整功能区）、实验区	实验区	实验区	实验区
穿越位置	保护区内加漠公路敷设，呼玛河穿越位于塔河铁路桥上游300m	讷河市双阳屯南3km	依安县长发屯南3km	北部引嫩总干渠东侧	保护区内S209省道敷设，盘古河穿越点位于盘古镇沿江林场
穿越距离	穿越呼玛河流域约168km	6390m	900m	3km	穿越盘古河流域29.5km
穿越方式	隧道、大开挖	大开挖	大开挖	开挖	大开挖

4. 管道沿线环境敏感保护目标

根据环境监理部在管道沿线的调研结果，确定沿线以下区域为黑龙江、内蒙古地区的主要环境敏感保护目标，详见表8－6。

表 8－6　管道沿线环境敏感保护目标

环境敏感目标分类	环境敏感保护区域	与管道关系
大气环境敏感目标	施工期管道沿线 200m 内居民点	管道沿线及站场周围近距离居民点
	运行期站场周围 5km 内居民点	
水环境敏感点	黑龙江	本管道工程定向钻穿越黑龙江
	盘古河	大开挖穿越，穿越点位于黑龙江塔河县沿江林场南 1.6km 处
	呼玛河	隧道穿越，呼玛河穿越位于塔河铁路桥上游 300m
	塔河	大开挖穿越，穿越点位于塔源镇西侧 500m 处
	讷谟尔河	大开挖穿越，穿越点位于讷河市双阳屯 3km
	乌裕尔河	大开挖穿越，穿越点位于依安县长发屯 3km
	嫩江、尼尔基水库	定向钻穿越，穿越点位于哈达阳镇北侧，下游距尼尔基水库上游 20km
	塔河县饮用水水源地	管道穿越该保护区的二级区，同时该穿越点为呼玛河省级自然保护区
	加格达奇甘河饮用水水源地	管道距其 9km
	北部引嫩干渠	管道于李绍义村北 1km 处定向钻穿越
声环境敏感目标	施工期管道沿线 200m 内居民点	共 34 个村镇
	运行期首末站、泵站周围近距离居民点	首站、末站附近无近距离居民点，仅塔河清管站北侧塔南村约 150m
生态敏感与脆弱区及需特殊保护地区	大兴安岭林区	管道穿越林区 378km，施工作业带 20m 内林木需要砍伐
	大兴安岭常年冻土区	117km 冻土区穿越
	呼玛河省级自然保护区	管道穿越呼玛河流域约 168km，其中穿越塔河二级水源地保护区
	讷谟尔河省级湿地自然保护区	管道大开挖 6390m，其中穿越缓冲区 2335m，穿越实验区 4055m
	乌裕尔河—双阳河自然保护区	管道大开挖穿越实验区 900m
	盘古河种质资源保护区	保护区实验区内沿 S209 省道敷设，穿越盘古河流域约 29.5km
	林甸野生中药材自然保护区	管道穿越该保护区约 3km
	大兴安岭地区自然湿地	管道穿越塔河湿地和多布库尔河湿地共约 30km
	沿线农田等	
环境风险敏感目标	管道穿越河流（事故状态）	全线共需穿越大型河流 3 处，中型河流 8 处

二、施工期环境监理的工作方法和内容

针对漠大线环境自然状况,积极主动开展环境监理工作,认真严格履行监理职责,主要工作如下:

(1)完善管理体系,严格工作程序,明确管理目标。

① 在漠大线准备期间,监理部按项目管理程序文件要求编制完成了漠大线监理规划和监理细则、HSE 监理细则与 HSE 两书一表,在其中编制了相关环保内容和环保检查表,在管理文件中明确要求监理部总监是漠大项目环境保护的第一责任人,同时要求 EPC 项目部、各施工承包商项目经理为各单位环境保护工作的责任人,建立 HSE 管理体系和程序文件,对各级施工单位明确环保主体责任和相关环境保护措施。建立各级施工单位 HSE 组织机构,专人负责,形成自上而下的环境管理体系,做到环保工作有人抓、环保事情有人管。

在施工前,监理部按两书一表要求组织对所有监理人员与各单位 HSE 管理人员进行施工前的 HSE 培训,对漠大线可能发生的环境安全风险继续进行分析、排查,让每个员工充分了解保护环境的重大意义,了解自然保护区的管理规定和施工期环保有关规定与具体操作规定,提高员工环保意识,杜绝破坏生态环境的事故发生。根据开工前 HSE 审计,漠大线各参建单位共 4000 余名工全部经过了 HSE 培训,培训率达到了 100%,按照环境影响评价报告及其批复文件,为了保证漠大线沿线的自然环境,各施工单位 55 个营地全部定点于城镇以上的地方,最大限度地依托社会资源,减少野外废弃物和生活垃圾的排放。

监理部根据集团公司安全环保部在管道建设工程中开展环保监理业务要求和漠大线环境监理工作需要,为了加强漠大监理部在环保领域的监理工作,在 2009 年 8 月,选派 7 人(监理部 1 人,监理区段每区段 1 人)去北京参加了中石油环境监理工程师培训,经考试合格取得环境监理工程师资格证,并在漠大线环境监理岗位持证上岗,开展环境监理工作。

根据漠大线环境监理工作需要,监理部按各标段环境监理工作进行资源投入:按照 300km 施工工程量配备巡逻检查越野车辆 1 辆,计算机、传真机、数码照相机各 1 台,环境监理工程师 2 人,并开通网络、电话等办公设施,共计投入车辆 3 辆、设备 9 台,环境监理工程师 7 人(总部 1 人,区段共 6

人)。漠大监理部作为中俄原油管道工程监理工作指挥部,实行总监理工程师负责制,依据监理委托合同进行施工阶段的环境监理工作,组织机构见图 8-8。

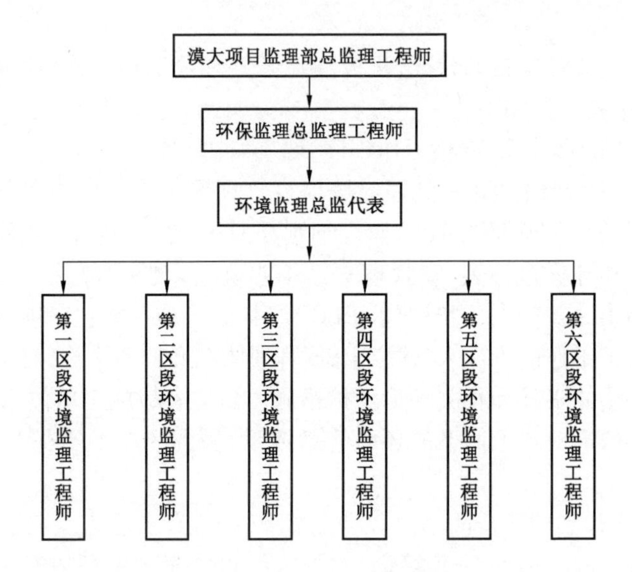

图 8-8　漠大项目环境监理部组织机构图

② 根据项目经理部在漠大线开展环境监理要求,监理部在原程序文件的基础上,根据漠大线环境保护的实际,在 2009 年 12 月编制完成了漠大线环境监理规划、环境监理细则和漠大线环境保护工作方案,在漠大监理部的基础上成立环境监理部,建立健全环境监理的组织机构,使环境监理工作在组织上得到了充分保障,并上报漠大项目部批准、备案,2010 年 4 月,根据项目经理部意见修改完善后重新上报,目前正在审核报批中。监理部在编制环境保护程序文件的同时,要求 EPC 项目部、各线路施工单位编制完成各单位环境保护工作方案和穿越自然保护区环保方案以及具体的保护措施,经环保监理审核上报当地政府环保部门备案。据统计,漠大线编制完成环保程序文件、管理文件共 17 项,其中包括自然保护区保护方案 5 项,基本覆盖了漠大线环境保护内容,有力地指导各施工单位的环境保护工作。

③ 根据漠大线实际情况和环境影响评价报告及其批复文件,监理部按要求在管道建设施工期施工作业活动对环境影响的测量放线到施工完工后地貌恢复等 19 道工序、环境风险类型进行风险因素排查、评估,共排查出 110 项风险因素,列出环境风险因素清单,并提出削减环境风险措施 50 项,

并对环境监理规划、环境监理细则、环境管理方案作了明确规定,作为施工期环境保护指导依据,要求施工单位、现场监理人员在施工作业中严格执行,规范施工作业行为,最大限度地保护漠大线自然环境,减少工程施工期对环境的破坏与干扰。

(2)漠大环境监理部依照法律法规、环境影响评价报告及环保批复,采取以下环境保护措施:

① 环境敏感区施工环保措施。

林区植被保护措施:

a. 严格按已批准的作业带 18 ~ 20m 施工。

b. 严禁在林区乱砍滥伐。

c. 施工期严防森林火灾。

d. 加强林区水工保护工程质量管理,防止水土流失。

e. 及时回收固体废弃物。

f. 加强在林区内作业管理,禁止对野生动物进行捕杀。

g. 及时恢复作业带植被。

117km 多年冻土地段保护措施:

a. 按设计要求在冬季施工。

b. 施工期快挖、快下,及时回填,防止冻融。

c. 加强管道换填土施工质量。

d. 分层开挖,分层回填,恢复地貌,减少对多年冻土层的干扰。

e. 及时恢复植被地貌。

f. 施工期要避开热融、塌陷、冻融、侵蚀发育地带以及高含冰多年冻土地带施工,做到冬季施工快挖、快填,缩短施工周期,减少冻融、沉降。

呼玛河、塔河县生活水源地保护措施:

a. 按环境影响评价报告迁移生活取水口。

b. 监测施工地段水质。

c. 隧道施工排水经过自然沉降后排放。

d. 对施工弃渣按指定的地点堆放。

e. 进行施工地点、弃渣地的地貌恢复。

呼玛河自然保护区、盘古河国家级冷水鱼自然保护区穿越保护措施:

a. 避开被保护鱼类巡游、产卵期进行施工。

b. 施工结束后及时清理河道内障碍物。

c. 及时回收固体废弃物。

d. 恢复原河床自然地貌。

e. 禁止在河边进行添加油料。

f. 禁止在河道中清洗设备、工具。

g. 施工避开野生动物栖息地、繁殖地和迁徙通道。

h. 恢复湿地天然状态,恢复湿地与水系连通。

370km 山地石方段弃土、弃渣保护措施:

a. 按要求将弃渣集中堆放。

b. 分层开挖、分层堆放、分层回填。

c. 对管道及管沟进行防止水土流失的水工保护。

d. 恢复施工作业带植被。

e. 回收固体废弃物。

f. 工程取土按集中取土的原则,取得当地环保部门和土地管理部门许可,并做好取土场地的地貌恢复。

② 松嫩平原地区环保措施。

讷莫尔河湿地以及乌裕尔河、双阳河自然保护区、林甸中草药自然保护区环保措施:

a. 严格按设计施工环保方案进行施工。

b. 严格按已批复的作业带宽度施工,严禁碾压作业带以外植被。

c. 定期回收固体废弃物。

d. 分层开挖、分层堆放、分层回填,对表层土进行保护。

e. 对河流穿越段及时疏通河道,及时恢复自然地貌和植被、沼泽自然水质。

f. 加强水工保护工程施工质量,按设计要求做到应保必保。

g. 严禁在保护区更换机油以及在水源地 30m 内加注油料。

h. 禁止在保护区捕杀野生动物、水禽,采集受保护种类的植物。

i. 控制施工噪声,保护珍稀野生禽鸟。

③ 一般地段施工环保措施。

a. 严格按设计及环保要求控制施工作业带在规定范围内,严禁碾压作业带以外草场、植物。

b. 管沟开挖严格按要求分层开挖、分层堆放、分层回填,对表层土进行保护,以便表层植被恢复、生长。

c. 及时回收施工固体废弃物。

d. 按要求恢复原水利设施及地面构筑物,保障水利设施功能。

e. 在施工现场加油料,必须有防污染、渗油的保护措施。

f. 对穿越的防风林带按规定禁止乱砍滥伐,及时办理相关手续。

g. 防止水土流失,加强水工保护工程施工质量,做到应保必保。

h. 加强生活营地的废弃物管理,及时组织回收、清理,防止污染环境。

i. 严格控制噪声,禁止在居民区附近夜间施工。

(3)从漠大线环保实际出发,发挥环境监理作用,加强环保预控和监督管理,按环保“三同时”原则,达到环境保护与施工同步。

① 漠大线自开工以来,从漠大线环保工作出发,为了保证北部大兴安岭地区自然环境不受到大的损害,严格控制作业带宽度在20m以内。同时,监理部、各监理区段为了严格控制进场道路,要求各施工单位在进场道路上要利用原林场集材道路,不准擅自开发进场道路,最大限度地保护大兴安岭森林资源,实现漠大线线路施工未发生林区超占问题。

② 监理部按照环保方案将林区防火工作作为安全环保的重点,监理部从开工后重点关注,认真开展森林防火工作,严格按漠大线林区防火预案责任到人、层层签订防火责任书,经漠大线参建人员的严防死守、共同努力,安全顺利地度过了秋季和春季防火期,受到当地政府、森林防火部门的好评。

③ 加强水工保护工程质量管理,防止发生水土流失。根据《开发建设项目水土保持技术规范》(GB 50433—2008)要求,按照漠大工程水土保持方案要求以及项目水土保持目标(扰动土地整治率达到98%、水土流失总治理度达到95%、拦渣率达到98%、植被恢复率95.1%、植草植被覆盖率达到20.6%),环境监理部认真做好现场管理,目前漠大线二期水工保护工程已完成施工,并完成种草、植树等植被的恢复工作。漠大线水土保持总投资12865.28万元,占管道总投资的1.95%,主体设计中具有水土保持功能的各类水工保护工程共442座,其中浆砌石工程有19246m^3,生态袋66720m^3,草袋护坡3130m^3,浆砌石护坡、作业带采用生态袋施工见图8-9。为了保证施工质量,监理在水工保护施工中发现存在质量问题,及时下发监理通知单,要求施工单位进行整改。例如,讷谟尔河穿越段护岸水工保护施工中,施工单位在验槽不合格的情况下擅自施工,监理坚持原则,并坚决要求施工单位全部返工,重新验槽,保证了护岸的施工质量。

④ 大中型河流穿越段施工前,施工单位按环境影响评价文件要求编制河流穿越施工方案、环境保护方案,按批复文件要求大开挖河流避开鱼类洄游、产卵季节(4月、5月、9月、10月)。及时清理河道事关安全、环保大事,漠大线河流穿越工作全部在河流封冻期完成穿越施工,如果在江河解冻流凌期前未清理围堰和河道障碍物,将发生桃花水漫滩和冰凌坝,会对当地自

图 8－9　浆砌石护坡、作业带采用生态袋施工图

然环境和植被造成冲刷，造成自然环境的破坏和施工安全事故。监理部在3月底连续下文要求各施工单位及时清理疏通河道，防止发生安全环保风险事件。目前河流穿越段地貌、河床恢复情况良好，河床畅通无障碍，保证河流泄洪和鱼类洄游。在2010年5月初黑龙江发生十年未遇的倒开江，沿江有3个村镇被淹，但在漠大线所有穿越的河流中未发生因穿越造成的安全风险和环境损害。截止到2017年，漠大项目未接到地方政府及环保部门的投诉。

⑤ 加强施工期地貌恢复施工管理。漠大线在2010年复工后，监理部要求加格达奇南部地区农田地貌恢复工作要加快进度。在农村春播前完成地貌恢复，达到复耕交地条件，减少二次进地作业，2012年农田地基本已达到复耕条件。

⑥ 加强工业固体废弃物的回收，清理管理工作做到工完、料尽、场地清，各施工单位在施工现场全部都设立了废弃物回收箱。监理部在巡视检查中，对施工现场工业垃圾及生活垃圾进行检查。在保温管修复中遗留在施工现场的工业废弃物、包装箱、油漆桶、聚氨酯泡沫及焊条头、焊丝等，未能及时回收、清理。监理部在HSE检查通报中作为专项整改项目要求修复防腐施工单位进行整改，加大回收力度，保证在施工期达到固体废弃物回收要求。

⑦ 严格按冬季施工方案和设计文件组织永冻土段施工。在永冻土段施工期间，监理部多次发文要求各施工单位必须在平均大气温度在－5℃以下进行林木砍伐和挖沟作业，并且加快施工进度，做到快挖、快填，减少管沟裸露时间，减少永冻土热融效应，防止产生热融。经过监理部、PC项目部大力组织、督促和施工单位的努力下，在地表解冻前完成了永冻土地段的管道焊接、下沟、回填工作，冬季永冻土段施工见图8－10。

图 8－10　冬季永冻土段施工图

⑧ 认真落实各项环保措施，及时发现解决环保工作中出现的问题。环保监理在日常的巡视检查中注重施工作业与环保的合规性，当发现不符合规定时，要深入调查问题根源，提出解决问题建议。呼玛河隧道施工时产生大量弃渣，现场监理人员要求施工单位办理弃渣手续，施工单位认为弃渣场已由当地土地部门指定，未到环保部门办理相关手续，环境监理要求施工单位到环保部门办理批准文件。由于及时补办了弃渣手续，得到了当地环保部门的认可，减少了后期环保违规风险。

⑨ 吸取西二线东段违规穿越水源地的环保事故教训，把环境敏感区保护工作当大事来抓，突出重点监督管理，认真检查手续的合法性、有效性，是否符合环境影响评价批复的要求。对漠大线穿越自然保护区水源地河流施工进行全面跟踪监督，监理部及各监理区段的环境监理把以上地区施工作为监理管理的重点。施工前认真审核穿越区环保方案，并按要求上报保护区主管部门备案。在穿越施工期每天进行巡视检查，加大监督管理力度，发现违规现象及时要求施工单位停工整改，同时将管道试压用水、排水作为重点管理目标，监理严格要求施工单位在上水前进行水质化验，试压后排水要进行排水水质监测，试压水经监测合格后方许排放，并要求必须取得排放水质化验报告单作为竣工资料存档。

三、环境保护案例点评

1. 环境保护执行情况

该工程执行了环境影响评价制度和环境保护“三同时”制度。工程本着建成“绿色管道、自然和谐管道”的目标，工程环保投资约为 8 亿元，确保了资金投入，并能有效地控制现场环保措施，较好地落实了环境影响评价报告书及其批复中的生态环境保护和污染防治措施，结合当地实际开展了兴安岭林区保护、北方冻土层以及洄游鱼群生态保护等措施，减少了工程对东北地区植被破坏影响。

管道走向基本按照环境影响评价要求按设计线路穿越通过呼玛河自然保护区、讷谟尔河自然保护区、乌裕尔河—双阳河自然保护区、林甸野生中药材自然保护区、盘古河种质资源保护区，尽量避免在保护区核心区域通过，采取了技术成熟的大开挖和隧道穿越施工。开挖时选择枯水期进行，减少对水体影响，并在施工过程中采取了严格的控制措施，将影响降低到了最低点，而是施工结束影响也随之结束。

施工期和试运行期严格执行环保有关规定，有完善的环保管理组织机构和管理体系，进行了有效控制管理，环保规章制度健全，环保措施运转正常。

2. 漠大管道工程环境保护调查结果

漠大管道工程运行期各站场排放的生活废水、生活污水经一体化设备处理后达到规定的标准外排，水量小，且达标，对所在区域地表水基本不产生影响。本项目运行期产生的废油采取排污池统一回收集中处理，不对站场周围造成污染；废气中主要含有 NO、SO_2等有毒有害物质，排放时低于排放标准，对区域环境空气质量基本不产生影响。运行期间站场噪声对站场周围的声环境产生了一定的影响，主要表现在夜间，影响距离在 40m 范围内。由于站场设计距离居民最少 50m 的安全距离，因此对区域整体声环境质量影响是可以接受的。

管道施工中对自然保护区、水资源保护区采取了避让措施及穿越过程中的防护措施，将对保护区内的植被、水源影响控制到较低程度，从而减少生态影响，因此河流穿越的环境影响是可以接受的。

从土壤表层中总氮、有机质变化情况对照看出，除个别样点外，管道上原样表层比对照样表层的总氮、有机质含量均低，说明施工对土壤对总氮、有机质含量产生了一定的影响。从 pH 值变化来看，施工弃渣对土壤影响较小。

从植被样调查看，管道沿线植被已经有了相当程度的恢复，采取人工种植恢复的地区保护较好，自然恢复地区进展也较好。从管道经过的典型敏感目标兴安岭林区、水源保护地等管道外5m、10m、50m范围NDVI的统计来看,管道施工对周围的生态环境基本没有造成影响。

管道施工过程中采取了环境影响评价报告中的建议措施,对区域的珍稀动物影响较小,对施工区域的鸟类存在暂时的影响,但随施工结束后影响亦结束。

管道建设过程中,伴行道路、改线工程对生态环境造成了一定影响,但在可控制范围内,并已采取了相应的水土保持措施和植被恢复措施。

根据全线调查资料进行分析,并在重点地段遥感监测和地面观测数据的支持下作出判断,监测期内未观测到管道工程建设区施工扰动造成的大面积土壤侵蚀强度和程度明显提高。多数地段水土保持措施施工质量达到要求,发挥了水土保持的作用,效益显著。

试运行阶段,管道输送原油产生的废弃物通过回收装置统一回收拉运,采取外运集中处理方式进行提炼或加工化工产品,减少对当地的污染。

3. 结论

漠大输油管道工程环保手续齐全,环保设施与建设项目主体工程已基本投入使用,施工期和试运行期各项环保措施落实情况良好,各项目污染物的排放达到了国家或地方标准的要求,符合环保验收要求,验收组一致同意通过验收。

第三节 中缅国内段输油、输气管道工程环境监理案例

一、工程分析及管理亮点

1. 第一合同项工程概况

第一合同项起自瑞丽市弄岛的中缅58号界桩,途经德宏、保山至大理,管线总长1164.36km。其中,双管并行天然气、原油管道(ϕ1016mm、ϕ813mm)各472.68km,成品油管道(ϕ219mm)219km,三管并行153km。油气合建站5座,成品油站场3座,阀室53座,隧道23条,河流跨越工程3个。

2. 第五合同项工程概况

第五合同项起自大理至丽江，为天然气丽江支线 200.84km，管径 219.1mm，设计压力为 6.3MPa；站场 2 座，阀室 7 座。

3. 建设过程中的管理亮点

1）健全组织机构

中缅油气管道工程 EPC 项目部自开工以来，紧紧围绕创建“生态文明工程”这条主线，成立了以项目经理为组长的生态文明工程工作领导小组，逐级签订责任书，做到横向到边（部门、人员）、纵向到底（班组岗位工人），一级抓一级，一级保一级，层层抓落实的管理网络，为水土保持生态文明工程提供了组织保障。

2）加强员工培训

为了增强员工的环保意识，业主、EPC 项目部除了自己组织的专项培训外，还聘请环保专家到工地进行授课，同时利用观看警示录像，在驻地和施工现场悬挂宣传标语等多种方式，让员工身处其中，耳濡目染，不断熟悉环保方面的知识，提高了环保意识，为做好生态文明工程提供了有力保障。

3）编制专项环境保护方案

EPC 项目部按照环保部批复的《环境影响评价报告书》编制项目环境保护实施方案，规范生态文明工程环境保护管理程序、措施。对国际性河流、国家森林公园等环境敏感区编制专项施工方案，并提交给当地环保部门，办理环境敏感点通过权。

4）加强指导和监督检查

业主、监理、EPC 项目部开展定期和不定期的专项检查，组织专家和有经验的人员对现场环境保护工作的落实情况进行检查，发现不能满足设计要求的或需要完善的方面，提出整改意见，督促施工单位限期整改。2014 年中缅项目部、监理部就组织地质灾害专家、设计人员和地方政府在雨季来临前后，先后 4 次对有可能造成滑坡、水土流失位置进行现场检查，防止发生水土流失和水体污染事件。

5）严格执行奖、惩制度

对施工过程中对环保工作作出贡献的单位和个人提出奖励，对不严格执行环保相关制度的给予处罚。例如，施工过程中施工单位严格控制施工作业带宽度，减少扰动面积，EPC将节省临时租地费用奖励给施工单位。通过奖惩，大大地提高了施工单位和个人参与环保工作的积极性。

6）加强重点部位的监控

施工前对管道途经区域易发生滑坡、崩塌、施工工序易造成水土流失严重区域，以及对省级、国家级的天然林保护区、风景名胜区、水源地敏感地段划分为三个风险等级。一级由施工班组监控，二级由施工项目部指派人员进行监控，三级由监理、EPC项目部指派人员进行监控，通过分级监控，确保了环保措施落实到位。同时，在易发生滑坡的地段，EPC项目部在易发生滑坡的位置安装GPS监视点和虹吸式自动雨量计，通过网络和雨水收集情况分析、监视滑坡情况，掌握地质变化。

二、环境监理的工作方法和内容

1. 工程设计管理

1）现场踏勘，及时优化路由

根据项目管道途经处的地质、地形条件的实际情况，在工程开工前，监理单位提出组织专家、设计、施工、测量等专业人员进行了现场勘查，对初设中管道线路走向进行优化和调整，最大限度地降低因施工原因造成的环境影响和作业安全风险。

2）结合现场实际情况，强化后续设计

管道施工过程中往往会发现设计与现场实际情况有一些出入，为确保设计图纸紧密贴合现场实际情况，设计人员深入一线，与施工单位、监理和业主进行衔接，对原有的施工图纸进行了认真的检查核实，根据现场实际进行补充修改后，提供针对性强的设计图纸，再由施工单位组织施工。例如，在第一合同项“漂亮河”施工过程中，开挖时发现此处存在易滑坡的不良地质，业主和监理、设计人员与施工单位进行现场踏勘，确定修筑抗滑桩和设置滑坡监视点适时监控，使施工过程和管道运行安全得到了有力保障。

2. 监理及施工组织管理

1）合理安排工期，将施工带来的影响降到最低

监理单位提出在编制项目整体计划时，对环境敏感点、水土保持易破坏

点、特殊要求点结合工程实际、地形地质、当地气候条件予以考虑,尽量避开雨季和风季进行施工作业。若无法避开时,采用增加施工机组,集中突击的方式用最短的时间完成施工作业,将施工带来的影响降到最低。例如,在芒市遮放贡米稻田段(此段作业长度为20km)进行施工作业时,为了不影响一季水稻的栽种,保证贡米基地能在2012年5月15日前进行耕种,自2012年3月15日打火焊接以来,在地方政府大力支持下,督促EPC项目部先后投入大型设备150多台、约1100人,仅用了75天就完成了该段的焊接、防腐、下沟、回填和地貌恢复工作,提前10天于5月5日完成交地,让农户能够及时进行耕种,圆满实现了对地方政府的承诺。

2)合理安排施工工序,减少对施工区域的环境破坏

监理部严格审查承包商施工计划,对关键工序予以加强管控,督促EPC项目部在安排施工作业时将施工区域地质情况、气候与施工工序相结合,一是要求优化工程施工工艺,在施工过程中边开挖、边回填、边碾压、边采取挡渣和排水措施;二是要求合理设计施工时序,缩短施工周期,减少疏松地面裸露时间,尽量避开雨季施工;三是要求施工时尽量减少边坡弃土石渣。对开挖边坡、回填边坡的防护工程,在达到设计稳定边坡后迅速进行防护,同时做好坡面、坡脚排水系统,施工一段、保护一段、交付一段。

3)全方位配合,保障"一次性通过",避免造成二次影响

监理与EPC项目部结合中缅管道沿线地质条件复杂、地质灾害发达的特点,并且考虑大部分天然气、原油、成品油等三管或二管不同类型管道的并行、同沟敷设,合理组织施工。从施工图设计、材料供应、外协、管道安装、地貌恢复等方面加以预控,保证在一个施工流程内,从扫线开始,一直到地貌恢复、水土保持施工结束,能用最短的施工时间、紧凑的顺序完成所有工序作业,避免二次进场,保护已建管道。同时,一次性做好各项赔付工作以及地貌恢复、土地复垦工作,并与地方有关部门完善各项手续,达到地方主管部门的要求,确保工程完工、交地及时,地方政府签字确认,并出具相关证明,实现工程移交时地貌恢复合格、土地复垦合格,有力地保障了管道施工"一次性通过"。

3. 工程措施落实

1)工程措施

根据中缅油气管道途经的地形地貌特征,将工程措施分为山地、河流和

冲沟以及地质不良单元三种不同类型,按照这三类制定不同的水土保持措施,保证了管道附近地表或地基的稳定,防止由于洪水、重力作用、风蚀、人为改变地貌的活动给管道造成的破坏。

(1)山地工程措施。

① 管线垂直等高线布置。根据“坡面越长,坡面集水越多,冲刷力越大”的原理,在管沟上布置浆砌石截水墙、截水沟以截短坡长,拦挡土石,将坡面集水分散,减小水流冲刷力,并将集水疏导入顺坡纵向排水沟。

② 管线平行或斜交等高线布置。在管道内侧和开挖边坡顶部设截水沟,截水沟与当地水文网连接,截水沟采用梯形断面,断面尺寸根据坡面集水面积和可能产生的径流确定。根据山坡岩石风化及风化破碎程度决定开挖边坡是否进行砌石保护,如需进行保护,选用浆砌石护坡或浆砌石挡土墙进行保护。

(2)河流、冲沟单元工程措施。

① 河流的岸坡防护,主要为治理河流岸坡在水力作用下的扩张。河岸采用浆砌石结构形式护岸。针对两岸河流特征状态,当岸坡较缓(倾角小于50°)时,采用浆砌石护坡;当岸坡较陡(倾角大于50°)时,采用浆砌石重力式挡土墙。河流岸坡护坡、挡土墙的基础埋深一般不小于管线穿越岸坡处局部最大冲刷深度以下1m;两岸的防护宽度超出管沟开挖最大松动带宽度两侧各5~25m。

② 河流、冲沟的河床防护,主要是治理河床的下切对管线的影响。对于土质河床及河床表面砂砾层较厚的河床,采用管线加配重块直埋,管沟顶部采用混凝土连锁排、浆砌石、石笼等保护;对于河床表面砂砾层较浅情况,采用混凝土标号为C25,水泥采用42.5级普通硅酸盐水泥,细骨料(砂子)采用粒径范围为0.16~5.0mm的坚实清洁砂,粗骨料(碎石与卵石)的最大粒径不超过40mm,混凝土浇筑管沟前用用8mm厚的橡胶板包裹管道,应尽可能在管沟上堆放一些大块石或漂石,保证河床面的齐平。

(3)地质不良单元工程措施。

① 滑坡的治理措施。滑坡防治采取挡土墙、抗滑桩、抗滑锚杆等措施对滑坡体进行支挡;采用向滑动面内灌浆等措施,黏结滑坡体;采用卸荷等方法彻底清除滑坡体;为防止地面水侵入滑动面内,在滑坡体周边布置有效的导流排水措施。

② 崩塌的治理措施。清除崩塌体;在坡角或半坡设置起拦截作用的挡

石墙和拦石网；在危岩下部修筑支柱等支挡加固措施；对岩体中的裂缝、空洞，宜采用片石填补、混凝土灌浆等方法镶补、勾缝；崩塌体周边布置有效的导流排水措施。

2）临时措施

（1）临时围挡。施工过程中开挖的土方容易滑落，特别是山地、河流穿越施工时极易发生大量的水土流失。在山地开挖出的土方采用草袋进行拦挡，避免降水直接作用于松散的土体表面，可以有效降低雨水对表面松散土体的侵蚀，减少水土流失。草袋铺设，根据管道开挖的线路分段分块铺设，循环使用。在河流穿越时，开挖前作业面外侧采用钢板桩进行稳固，减少水流的冲击，内侧采用塑料薄膜结合编织袋装土防渗及防止水土流失。

（2）临时排水沟。雨季施工时，降水会对临时堆放的松散土石方产生较大的冲刷，作业前修筑临时排水沟，将雨水尽快排向附近的自然沟渠。根据地形情况和简单实用的原则，可以采用塑料薄膜、砖砌排水沟。排水沟的尺寸是根据当地暴雨特征值进行校核的。

（3）土地整治。管沟开挖时生土、熟土分别开挖堆放，确保耕地复耕质量。管沟开挖时，土方按照熟土（30cm 以上的表面土）、生土（含有碎石或卵石）分开堆放，将生土、熟土分别堆放于管沟两侧，或将生土、熟土堆放于一侧但必须采取隔离措施分开堆放，回填时依次回填。这样为将来复垦和绿化提供土源，避免复垦和绿化时从外借土而造成新的破坏和水土流失，有利于保持施工区原有的自然环境和土地利用方式，有利于景观的自然和谐和生产力的恢复。

3）植物措施

植物措施的实施必须针对不同的地形、地貌和土壤、气候特点，因地制宜地采取海拔相似、距离相近、群落构成基本一致的野生植物带才能形成植被防护稳固而又有生态景观效应的防护结构体系，通过生态系统的自我支撑、自我组织与自我修复等功能来实现边坡的抗冲刷、抗滑动，达到减少水土流失、维持生态平衡的目的。

（1）草、灌木种的选择。在施工前期，监理、EPC 项目部就组织专家（福安园林公司）对项目管道途经区域内的植物分布情况进行了调研，掌握不同地区的植物分布情况，充分考虑气候、海拔、土壤等各种因素的影响，选择具有耐旱性、耐瘠性、再生能力强、生长迅速、青绿期长、抗病虫害能力强、抗外界干扰能力强、价格低廉、易护养的植被，制定了A、B两种不同的种植方案（A方案：适应于海拔2000m以上及高山峡谷地区；B方案：适应于海拔2000m以下及荒山荒坡地区）。

（2）种植时间的选择。根据云南的气候，最易于植被生长的时期为6月中旬至8月底，集中在这一时段播种是最好的，其余的时间种植无法满足植物所需的雨水，植物的根系不能发展，存活率非常低，因此必须抓住种植的最佳时段。

（3）调整种植方案。2013年开始进行植物种植，由于自然条件和施工时段的制约，全线植物种植面积仅占全部种植面积的60%。2014年进行检查时发现，第一次播种或植草的成活率和保存率相对较低，项目部先后三次组织专业公司（福安园林公司）召开专题会议进行讨论，重新调整了种植方案，采用灌木点播、草籽撒播的方式，在鹤庆段进行了实种，取得良好的效果后在全线实施。目前，植被种植覆盖率达到设计要求。

三、关键部位环境保护措施实施情况

1. 瑞丽江国际性河流大开挖实施情况

瑞丽江穿越工程采用分段围堰导流，机械开挖管沟，沟下组焊的方式自东向西穿越，穿越长度689m。为确保开挖后尽量避免造成大面积水土流失，采取塑料薄膜结合编织袋装土防渗及防止水土流失、修筑临时排水沟等措施。西岸水流量较大，易冲毁临时围挡措施，为减少围堰修筑时的水土流失，在临时围挡外围又采取打钢板桩的方法进行维护，减少冲击。同时，为确保对河水不造成污染，采取了对现场加油点统一规划、铺设彩条布回收油品、设置垃圾桶等措施，保护了瑞丽江环境。

2. 怒江跨越施工情况

怒江跨越段处于刚连河与怒江汇流处，跨越长度460m，分为东西两岸开挖。为避免施工过程中造成大量土石掉入江内及水土破坏，项目部严格按照环保部批复的《环境保护评价报告书》要求执行，编制专项施工方案及环保方案，落实各项保护措施，在施工过程中采取土袋围挡、密目网覆盖、修筑临时排水沟等临时措施，有效地防止了土石滚入江内和水土流失，见图8－11。

图 8 – 11　增加围挡防止砂石滚入江内以及堆土采取遮盖防止水土流失

3. 畹町森林施工情况

畹町国家森林公园油气双线穿越总长 3069m，项目部本着“环保优先、安全第一、质量至上、以人为本”的方针，尽量减少在施工过程中对土壤的扰动和植被的破坏，施工中精心组织、周密部署，将作业带范围控制在设计范围内，施工区域严格落实生土、熟土剥离，将熟土堆放于管沟一侧，使用密目网、彩条布等进行覆盖，减少土壤养分损失，工序完成段立即修筑挡水墙、排水沟，并将土壤进行回填。

4. 瑞丽首站施工情况

瑞丽分输压气泵站地处中缅油气管道工程（中国境内段）首站，距离边境约 4km，占地面积 208 亩，地质勘探土质为液态土，地下水非常丰富，施工时将会造成大面积的水土流失。为了解决这一难题，一方面避开雨季施工，将施工安排在 10 月至次年的 6 月；二是采取振冲碎石桩地基处理（21244 根桩总长 30 多万米）、设置沉淀池、修筑挡土墙（3470m^3）、排水沟（1566m）和埋设涵管（200m）等措施；三是聘请专业公司（福安园林公司）负责场站内和站外道路的植被恢复。通过各项措施的落实，既解决了液态土水土流失严重难题，又把瑞丽首战打造成了绿色场站。瑞丽首站施工情况见图 8 – 12，建成后瑞丽首站见图 8 – 13。

图 8 - 12　采用振冲碎石桩进行地基处理

图 8 - 13　建成后的瑞丽首站

5. 龙陵渣场施工情况

龙陵渣场位于云南省龙陵县龙新乡李家寨村，紧靠 320 国道，主要用于堆放龙陵分输站的弃土。渣场共分为 6 层，在渣土堆放过程中采用层层压实，逐层修筑挡土墙、方砌石护坡和排水沟的方法，对每层进行稳固，在护坡上种植植物进行固土、绿化。为确保植物的成活率，采用滴灌、覆盖的方法保证植物所需的水分、养分和温度。目前龙陵渣场已经成为当地的一道美丽风景线。

四、环境保护案例点评

1. 组织管理措施到位

1)建立高效、务实的环境保护管理体系

建设单位、监理及EPC项目部成立项目安全环保管理机构,制定相应的环保管理办法。委托有资质的环境监测单位进行施工期污染监测,落实施工期污染控制措施,建立完善的监测报告编制、上报制度。

2)加强工程的环境保护监理工作

建设单位加强工程监理的招投标工作,保证合理的监理费用,使工程监理单位能够独立开展工程质量、环境保护的监理工作。通过招标选择优秀的监理队伍,严把监理上岗资质关、能力关,明确提出配备具有一定环保素质的工程技术人员以及相应检测设备的要求。

施工单位作为具体的施工机构,必须自觉遵守和维护有关环境保护的政策法规,全面落实各项环保措施。

2. 加强施工期生态环境保护措施

1)工程占地保护措施

严格控制施工占用土地,减少敏感地段施工作业带宽度。不得在施工作业带范围以外从事施工活动。施工前清理作业带场地,注意表层土壤的堆放及保护,避免雨天施工;临时用地使用完后,立即实施复垦措施。

恢复原有土地利用格局。对管沟回填后多余的土方,应均匀分散在管道中心两侧,防止水土流失。

2)生物多样性保护措施

在施工过程中应加强对施工人员的管理,杜绝因施工人员对野生植物的乱砍滥伐而造成沿线地区生态环境的破坏。

3)植被保护和恢复措施

首先,应尽量缩窄管道通过森林公园等敏感区段的施工作业带宽度,减少对植被的破坏面积;其次,应保存施工区的熟化土;最后,施工结束后及时清理、松土、覆盖收集的耕作土,复耕或选择适宜当地的植物及时恢复绿化。

4)林地保护措施

加强对施工人员及施工活动的管理,禁止施工人员对林地乱砍滥伐,严格限制施工人员的施工活动范围。

5)野生动物保护措施

施工单位应对施工人员开展增强野生动物保护意识的宣传工作,杜绝施工人员猎捕施工作业区附近的蛙类、蛇类、鸟类等现象。在主要施工场地设置警示牌,提醒施工人员保护野生动物。

6)农业生态系统保护措施

将农业损失纳入到工程预算中,管道通过农业、牧业区,尤其是占用耕地、果园、菜地、粮棉油地、牧场等经济农业区时应尽量缩小影响范围,减少损失,降低工程对农业、牧业生态环境的干扰和破坏。提高施工效率,缩短施工时间,同时采取边敷设管道边分层覆土的措施,减少裸地的暴露时间,保持耕作层肥力,缩短农业生产季节的损失。

管道施工中要采取保护表层土壤措施,对农业熟化土壤要分层开挖、分别堆放、分层回填。

7)地表水体生态保护措施

管道所经区域内河流时,严格控制对鱼类产卵有害的河流淤塞。在过河管道的施工过程中,制定有力措施加强对河流生物、鱼类的保护,尽量减少对水资源的破坏。为防止河流生态环境受到影响,大中型河流穿越较多选用定向钻穿越方式,小型河流穿越采用大开挖方式进行施工时尽量选择枯水期进行,且河底面应砌干砌片石,两岸护坡设浆砌块石护岸。

8)水土流失防治措施

在主体工程施工过程中应加强临时防护措施和水土保持措施的施工,做到与主体工程同时施工,并经当地水行政主管部门进行阶段验收签字后方可撤离施工队伍。

3. 施工期污染防治措施

1)废气污染防治措施

针对开挖施工过程中产生的扬尘,采用洒水车定期对作业面和土堆洒水。在施工现场设置专门库房堆放水泥。施工现场设置围栏或部分围栏,缩小施工扬尘的扩散范围。当风速过大时,应停止施工作业,并对堆存的沙

粉等建筑材料采取遮盖措施。汽车运输易起尘的物料时,要加盖篷布、控制车速,防止物料撒落和产生扬尘。另外,运输路线应尽可能避开村庄,对施工便道应尽量进行夯实硬化处理。

2)废水污染防治措施

管道试压废水主要含铁锈和泥沙等杂质,经沉淀过滤后,按当地环保部门指定地点或指定方式进行排放。在穿越河流的两堤外堤脚内不准给施工机械加油或存放油品储罐,不准在河流主流区和漫滩区内清洗施工机械或车辆。

3)固体废弃物污染防治措施

施工现场设置专门的配浆区,在专用的泥浆搅拌、备置槽内进行泥浆配制工作,配制好的泥浆储存在金属结构的泥浆槽内,不得向环境中溢流。生活垃圾经收集后,依托当地职能部门处置。道路顶管穿越产生的弃渣主要为道路路基填土,可以用于地方基础建设的场地回填、道路建设或生态工程的挡坝。

4)噪声防治措施

施工单位须选用符合有关国家标准的施工机具和运输车辆,尽量选用低噪声的施工机械和工艺,振动较大的固定机械设备应加装减振机座,同时加强各类施工设备的维护和保养,保持其良好的工况。在离居民区较近的地方施工,严禁在晚上10时至次日6时进行高噪声施工,夜间施工应向环保部门申请,批准后才能根据规定施工。

试运行阶段,管道输送原油产生的废弃物通过回收装置统一回收拉运,采取外运集中处理方式进行提炼或加工化工产品,减少对当地的污染。

4. 结论

中缅管道工程环保手续齐全,环保设施与建设项目主体工程已基本投入使用,目前天然气管道已投产运行,成品油与原油管道已具备投产试运行条件,施工期和天然气管道试运行期各项环保措施落实情况良好,各项污染物的排放达到了国家或地方标准的要求,符合环保验收要求。

附录一 环境保护法律法规简介

我国的环境保护法律法规体系相对比较完善。从法律规范的形式和特点来说,既包括作为整个环境法与资源保护法律法规基础的宪法规范,也包括调整因实施国家环境行政管理而产生的行政关系的各行政法律法规;既包括民法中有关环境法规和环境法律的民事范围,也包括开发、利用、保护、管理环境中有关犯罪和追究刑事责任的刑事法律法规;既包括有关合理开发、利用和保护、改善环境的技术性措施和要求的技术性法律法规,也包括有关环境诉讼的程序性法律。此外,还包括一些有关法律法规和国际法律规范。因此,我国的环境保护法律体系是一个包含多种法律形式和法律层次的综合性系统。

一、环境保护法律法规纵向体系分层

从我国现行立法体系下法律法规的效力来看,环境保护法律法规体系主要由如下几个层次构成:

1. 法律

1)《宪法》

在环境与资源保护方面,《宪法》主要规定国家在合理开发、利用、保护、改善环境和自然资源方面的基本权利、基本义务、基本方针和基本政策等内容。如1982年的《宪法》第9条规定,“国家保障自然资源的合理利用,保护珍贵的动物和植物。禁止任何组织或个人用任何手段侵占或者破坏自然资源”;第10条规定,“一切使用土地的组织或个人必须合理地利用土地”;第26条规定,“国家保护和改善生活环境和生态环境,防止污染和其他公害。国家组织和鼓励植树造林,保护林木”。1988年的《宪法修正案》第2条规定,“任何组织或个人不得侵占、买卖或者以其他形式非法转让土地”。宪法规范属于指导性法律法规的范畴,它具有指导性、原则性和政策性,一切环境与资源保护的法律法规都必须服从《宪法》的原则,不得以任何形式与《宪法》相违背。

《宪法》(2004 年修正)是环境保护法立法的依据和指导原则,主要规定了国家在合理开发、利用、保护、改善环境和自然资源方面的基本权利、义务、方针和政策等基本内容。《宪法》第 26 条规定"国家保护和改善生活环境和生态环境,防治污染和其他公害"。

2)环境保护综合法

中国的环境保护综合法是指《环境保护法》(1989 年),它在环境法律法规体系中占有核心和最高地位。《环境保护法》第 13 条规定"建设污染环境的项目,必须遵守国家有关建设项目环境保护管理的规定。建设项目的环境影响报告书,必须对建设项目产生的污染和对环境的影响做出评价,规定防治措施,经项目主管部门预审并依照规定的程序报环境保护行政主管部门批准。环境影响报告书经批准后,计划部门方可批准建设项目设计任务书"。第 26 条规定"建设项目中防治污染的设施,必须与主体工程同时设计、同时施工、同时投产使用。防治污染的设施必须经原审批环境影响报告书的环境保护行政主管部门验收合格后,该建设项目方可投入生产或者使用"。

3)环境保护单行法

环境保护单行法是针对特定的保护对象而进行专门调整的立法,它以宪法和环境保护综合法为依据,又是宪法和环境保护综合法的具体化。因此,单行环境法规一般都比较具体详细,是进行环境管理、处理环境纠纷的直接依据。

环境保护单行法包括污染防治法(《水污染防治法》《大气污染防治法》《固体废物污染防治法》《环境噪声污染防治法》《放射性污染防治法》等)、生态保护法(《水土保持法》《野生动物保护法》《防沙治沙法》等)、海洋环境保护法和环境影响评价法等。

4)环境保护相关法

环境保护相关法是指一些有关自然资源保护以及其他与环境保护关系密切的法律,如《农业法》《森林法》《草原法》《渔业法》《矿产资源法》《水法》《土地管理法》《城市规划法》《防洪法》《节约能源法》《电力法》《可再生能源法》《清洁生产促进法》等。

2. 环境保护行政法规

环境保护行政法规是由国务院制定并公布或经国务院批准有关主管部

门发布的环境保护规范性文件。一是根据法律授权制定的环境保护法的实施细则或条例，如《水污染防治法实施细则》《大气污染防治法实施细则》《噪声污染防治条例》《森林法实施条例》等；二是针对环境保护的某个领域而制定的条例、规定和办法，如《建设项目环境保护管理条例》《排污费征收使用管理条例》《矿产资源开采登记管理办法》《报废汽车回收管理办法》等。

1）环境保护政府部门行政规章和标准

环境与资源保护行政规章是指国务院环境保护行政主管部门单独发布或与国务院有关部门联合发布的环境保护规范性文件，以及国务院各部门依法制定的环境保护规范性文件，主要是指国务院所属各部委和其他依法有行政规章制定权的国家行政部门制定的有关合理开发、利用、保护、改善环境和资源方面的行政规章。政府部门行政规章是以环境保护法律和行政法规为依据而制定的，或者是针对某些尚未有相应法律和行政法规调整的领域做出相应规定。与国务院制定的行政法规相比，国务院所属各部门制定的部门规章和标准数量更大、技术性更强，是实施环境与资源保护法律法规的具体规范，如《环境保护行政处罚办法》《环境标准管理办法》《报告环境污染与破坏事故的暂行办法》《产业结构调整指导目录》《清洁生产审核暂行办法》《公用建筑节能管理规定》《外商投资产业指导目录》等。

2）环境保护地方性法规和地方人民政府行政规章

环境保护地方性法规是享有立法权的地方权力机关和地方政府机关依据宪法和相关法律制定的环境保护规范性文件，是根据本地实际情况和特定环境问题制定的，并在本地区实施，有较强的可操作性，如《北京市防治大气污染管理暂行办法》《太湖水源保护条例》《湖北省环境保护条例》《贵阳市建设循环经济生态城市条例》《太原市清洁生产条例》等。

环境与资源保护地方性规章是指由各省、自治区、直辖市人民政府和其他依法有地方行政规章制定权的地方人民政府制定的有关合理开发、利用、保护、改善环境和资源方面的地方行政规章。从全国范围来说，地方行政规章的数量很大。

3. 环境标准

环境标准是环境保护法律法规体系的一个组成部分，是环境执法和环境管理工作的技术依据。我国的环境标准分为国家环境保护标准和地方环境保护标准。

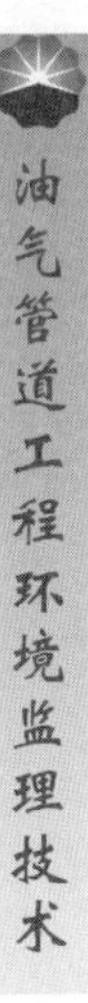

国家环境保护标准包括国家环境质量标准、国家污染物排放标准（或控制标准）、国家环境监测方法标准、国家环境标准样品标准、国家环境基础标准以及国家环境保护行业标准。地方环境保护标准包括地方环境质量标准和地方污染物排放标准。

4. 中国缔结或参加的环境保护国际公约

《中华人民共和国环境保护法》第46条规定"中华人民共和国缔结或者参加的与环境保护有关的国际条约，同中华人民共和国的法律有不同规定的，适用国际条约的规定，但中华人民共和国申明保留的条款除外"。这就是说，中国缔结或参加的国际条约，较中国的国内环境法有优先的权利。

目前中国已经签订、参加了60多个与环境资源保护有关的国际条约，如《联合国气候变化框架公约》及《京都议定书》《关于消耗臭氧层物质的蒙特利尔议定书》《关于在国际贸易中对某些危险化学品和农药采用事先知情同意程序的鹿特丹公约》《关于持久性有机污染物的斯德哥尔摩公约》《生物多样性公约》《（生物多样性公约）卡塔赫纳生物安全议定书》和《联合国防治荒漠化公约》等，除中国宣布予以保留的条款外，它们都构成中国环境法体系的一个组成部分。另外，中国已先后与美国、日本、加拿大、俄罗斯等42个国家签署双边环境保护合作协议或谅解备忘录，与11个国家签署核安全合作双边协定或谅解备忘录。

5. 其他与环境保护有关的法律

除了上述所累的环境与资源保护的专门性法律以外，在其他许多法律中也有不少环境与资源保护方面的法律规定。

《中华人民共和国民法通则》第124条规定"违反国家保护环境防止污染的规定，污染环境造成他人损害的，应当依法承担民事责任"，旨在调整平等主体之间因环境损害行为而产生的民事权利、义务关系。

1997年通过的新刑法中，专门增设了"破坏环境资源保护罪"一节，共9条，对一些污染环境、破坏资源的行为规定了刑事处罚条款，在一定程度上改变了我国资源保护法律在刑事处罚方面的空白，增强了环境与资源保护法律的权威性。2013年《最高人民法院、最高人民检察院关于办理环境污染刑事案件适用法律若干问题的解释》（以下简称《解释》）有了一个很大的变化，就是加大了对单位犯罪的打击力度，降低了入罪门槛。《解释》第6条明确规定，对于单位实施环境污染犯罪的，不单独规定定罪量刑标准，而是适用与个人犯罪相同的定罪量刑标准，对直接负责的主管人员和其他直接责任人员定罪处罚,并对单位判处罚金。同时,《解释》将原来的“重大环境污染事故罪”罪名调整为“污染环境罪”,并将原先9条入罪标准增至14条,污染环境罪等罪名的入罪要件、认定标准双双降低。一方面扩大污染物的范围,将原来规定的“其他危险废物”修改为“其他有害物质”;另一方面则将“造成重大环境污染事故,致使公私财产遭受重大损失或者人身伤亡的严重后果”修改为“严重污染环境”。此外,《解释》降低了污染环境罪的入罪量刑门槛,比如过去污染环境造成一人以上死亡的才能定罪,现在一人以上重伤便可定罪;过去造成三人以上死亡的,才能认定为后果特别严重,现在只要造成一人以上死亡的,即认定为后果特别严重。

在其他许多法律法规中也都有不少关于环境与资源保护的法律法规,如《乡镇企业法》《城市规划法》《农业法》《对外贸易法》《公路法》《电力法》等。这些法律法规涉及某一具体领域的环境与资源保护问题,因此针对性较强,也较易于操作,对于解决相关领域的环境与资源破坏问题起到了积极作用。

二、环境法的横向体系

从我国环境法涉及和涵盖的领域看,常把环境法分为环境污染防治和自然资源保护两大方面。

1. 环境污染防治法律法规

从1979年制定出第一部环境法以后,到目前中国已经颁布实施的环境污染防治方面的法律主要有:

1)《环境保护法》

目前施行的是1989年颁布的《环境保护法》,该法是对1979年《中华人民共和国环境保护法(试行)》的修订而重新颁布的,共分6章47条。作为环境保护综合性的基本法,它对环境保护的重要问题做出了较为全面的规定。该法规定了中国环境保护的基本原则和制度,如将环境保护纳入国民经济和社会发展计划;实行经济发展和环境保护相协调、预防为主、防治结合、综合治理等原则,以及环境影响评价制度、“三同时”制度,排污收费等制度。该法较为全面地规定了环境监督管理、保护改善环境、防治环境污染和其他公害以及违反环境法应承担的法律责任等方面的内容。

从1979年试行到1989年正式实施的《环境保护法》明确了立法目标

"为保护和改善生活环境与生态环境,防治污染和其他公害,保障人体健康,促进社会主义现代化建设的发展",同时定义"环境是指影响人类生存和发展的各种天然的和经过人工改造的自然因素的总体",确立了环境标准、环境影响评价、排污收费、限期治理等一系列基本制度。从20世纪80年代开始,全国人大常委会根据污染防治和生态保护各领域特点,相继制定了《海洋环境保护法》《水法》《草原法》《大气污染防治法》《固体废物污染环境防治法》《水污染防治法》《环境噪声污染防治法》《环境影响评价法》《清洁生产促进法》《循环经济促进法和节约能源法》等二十余部法律,形成了以法律制度和科技促进产业结构调整、促进经济增长方式转变、保护和改善环境,为推动建设资源节约型、环境友好型社会,不断改进和完善了我国环境和资源保护法律。从1995年八届全国人大三次会议到2011年十一届全国人大五次会议,全国人大代表共2474人次以及中国台湾代表团、海南代表团提出修改《环境保护法》的议案78件,反映现行《环境保护法》是经济体制改革初期制定的,已经不适应经济社会发展要求,社会各方面修改呼声很高。十一届全国人大常委会将修改《环境保护法》列入了五年立法规划的论证项目。

2012年,十一届全国人大常委会第二十八次会议初次审议了《中华人民共和国环境保护法修正案(草案)》,在中国人大网公布,向社会公开征集意见。并于2013年十二届全国人大常委会第五次会议上进行了第三次审议。

2)《海洋环境保护法》

《中华人民共和国海洋环境保护法》是为了保护和改善海洋环境、保护海洋资源、防治污染损害、维护生态平衡、保障人体健康、促进经济和社会的可持续发展而制定的法规。第一部《海洋环境保护法》颁布于1989年12月26日。第九届全国人民代表大会常务委员会第十三次会议于1999年12月25日对《海洋环境保护法》修订通过,自2000年4月1日起施行。2013年12月28日第十二届全国人民代表大会常务委员会第六次会议通过《全国人民代表大会常务委员会关于修改〈中华人民共和国海洋环境保护法〉等七部法律的决定》,并公布对《中华人民共和国海洋环境保护法》等七部法律所做的修改,自公布之日起施行,自2014年3月1日起施行。

3)《水污染防治法》

第一部《水污染防治法》于1984年5月11日第六届全国人民代表大会常务委员会第五次会议通过。根据1996年5月15日第八届全国人民代表大会常务委员会第十九次会议《关于修改〈中华人民共和国水污染防治法〉

的决定》对《水污染防治法》进行了修改,2008 年 2 月 28 日第十届全国人民代表大会常务委员会第三十二次会议再次修订。

制定《水污染防治法》的目的是防治水污染,保护和改善环境,以保障人体健康,保证水资源的有效利用,促进社会主义现代化建设的发展。该法适用于中华人民共和国领域内的江河、湖泊、运河、渠道、水库等地表水体以及地下水体的污染防治。修订后的该法共分 8 章 92 条,对水污染防治的标准和规划、水污染防治的监督管理、水污染防治措施、饮用水水源和其他特殊水体保护、水污染事故处置等内容以及违法应承担的法律责任等方面做出了较为详细的规定,是中国在内陆水污染防治方面比较全面的综合性法律。

4)《大气污染防治法》

第一部《大气污染防治法》颁布于 1987 年 9 月 5 日,自 1988 年 6 月 1 日实施,后又分别于 1995 年和 2000 年进行了修订。目前实施的《大气污染防治法》是经第九届全国人民代表大会常务委员会第十五次会议于 2000 年 4 月 29 日修订通过,自 2000 年 9 月 1 日起施行的。修改后的该法共分为 7 章共 66 条,对大气污染防治的监督管理、防治燃煤产生的大气污染、防治机动车船排放污染、防治废气、尘和恶臭污染等内容做出了明确规定。《大气污染防治法》是我国在防治大气污染方面的综合性法律,也是国家各地方制定保护和改善大气环境的实施细则、条例、规定和办法等法规的依据。

2013 年以来,我国中东部地区多次出现大范围雾霾天气,持续时间之长、影响范围之广,前所未有。许多地区都发布了雾霾橙色预警,部分城市细颗粒物即 PM2. 5 浓度一度接近 $1000\mu g/m^3$,2013 年 1 月,北京仅 5 天无雾霾。环保部数据显示,出现长时间、大范围的雾霾天气,影响 17 个省(市、区),约占国土面积的 1/4,受影响人口达 6 亿。空气处于极重污染中,引起人们的普遍关注和强烈担忧。目前,我国仍有约 70% 的城市不能达到新的环境空气质量标准。这不禁使人们质疑的焦点集中在了《大气污染防治法》。

目前的《大气污染防治法》已难以适应区域性、复合性和压缩性大气污染防治的需求。持续大范围雾霾天气和空气质量下降是自然因素和人为活动共同作用的结果。原因有多方面,大气污染物排放负荷巨大、复合型大气污染日益突出、机动车污染问题突出、不利气象条件造成污染物持续累积等都是造成 PM2. 5 严重超标的原因。

从法律角度看,目前的《大气污染防治法》基本仍是 1987 年的面貌,

1995年和2000年的两次修订实质性改动不大。现行《大气污染防治法》存在不足且修订过程缓慢，面临过时的问题，该法一直被要求修改。

第一，责任不明确。当前《大气污染防治法》对于大气环境责任的设定比较模糊，规定的处罚力度也很不充足，难以起到遏制环境违法的效果。

第二，由于我国实行自上而下的立法模式，法律规范比较抽象概括，这极大地削弱了法律的规范力度和可实施性。据了解，日本的大气环境立法走的是自下而上的路线，先有地方立法，之后在地方立法的经验基础上形成国家立法。这样，日本的大气环境法律就比较具体明确，而且相关制度比较成熟，实施性较强。由此可见，在今后的大气污染防治立法发展中，应当赋予地方更多的机会和功能，国家立法应当为地方或区域立法提供基础和必要的协调及保障机制。

第三，面临诸如PM2.5、排污权交易等新法律制度的出新，现有立法主要制度有些过时，不足以应对目前更为复杂多变的大气环境状况。

第四，大气污染涉及经济生产及消费生活的多个层面，因此从行政管理的角度出发，就不是一个部门能完成管理的领域，需要不同部门协作管理。比如对于大气污染，需要涉及能源、工业、交通等部门的涉入和协同。目前的大气污染防治立法对于部门协作管理方面的规定极为原则化，缺乏具体、可操作的机制设计。

第五，当前《大气污染防治法》偏重行政法，一定程度上对于民事及刑事部分较为忽视。这使得相关污染排放主体仅有行政法上的责任，难以通过民事诉讼甚至刑事诉讼追究其责任。这主要是由于在《大气污染防治法》中对民事及刑事责任的规定极为简单，缺乏更进一步的相关规定，使其难以与民事及刑事有关法律进行配合、协调，不能顺畅衔接。

5)《固体废物污染环境防治法》

该法首次颁布于1995年10月30日，自1996年4月1日起施行，于2004年12月29日由第十届全国人民代表大会常务委员会第十三次会议修订通过，自2005年4月1日起施行。

该法共分为6章91条，规定了固体废弃物污染环境防治的监督管理、固体废弃物(包括工业固体废弃物和生活垃圾)污染环境的防治、危险废物污染环境防治以及法律责任等方面的内容。

2013年6月29日第十二届全国人民代表大会常务委员会第三次会议通过对《中华人民共和国固体废物污染环境防治法》做出的修改，将第44条第2款修改为:“禁止擅自关闭、闲置或者拆除生活垃圾处置的设施、场所;确有必要关闭、闲置或者拆除的,必须经所在地的市、县人民政府环境卫生行政主管部门和环境保护行政主管部门核准,并采取措施,防止污染环境”。

6)《环境噪声污染防治法》

该法于1996年10月29日第八届全国人民代表大会常务委员会第二十二次会议通过,1996年10月29日中华人民共和国主席令第77号公布自1997年3月1日起施行。

该法共分8章64条,对环境噪声污染防治的监督管理、工业噪声污染防治、建筑施工噪声污染防治、交通运输噪声污染防治、社会生活噪声污染防治以及相应的法律责任等方面做出了明确的规定。

2. 自然资源保护法律法规

自然资源保护法律法规是我国环境保护法律法规体系的重要组成部分,目前主要的和自然资源保护有关的法律有:

1)《森林法》

《森林法》是我国较早制定的有关自然资源保护的法律法规。1950年6月30日发布的《中华人民共和国土地改革法》第18条规定大森林收归国有,由人民政府管理经营。同年还颁布了《关于禁止砍伐铁路沿线树木的通令》《各级部队不得自行采伐森林的通令》。1958年中共中央、国务院发出了《关于在全国大规模造林的指示》,1961年中共中央制定了《关于确定林权、保护山林和发展林业的若干政策规定(试行草案)》,1963年国务院发布了《森林保护条例》,1967年中共中央、国务院颁布了《关于加强山林保护管理、制止破坏山林树木的通知》。1979年2月23日,第五届全国人民代表大会常务委员会原则通过了《中华人民共和国森林法(试行)》,并决定每年3月12日为中华人民共和国植树节。制定该法的目的是为了保护、培育和合理利用森林资源,加快国土绿化,发挥森林蓄水保土、调节气候、改善环境和提供林产品的作用,适应社会主义建设和人民生活的需要。1984年9月20日第六届全国人民代表大会常务委员会第七次会议通过对该法的修正,1998年4月29日第九届全国人民代表大会常务委员会第二次会议通过对其再次修正。修正后的《森林法》共分为7章49条,分别对森林经营管理、森林保护、植树造林、森林采伐以及违反该法所应承担的法律责任做出了规定。

2)《草原法》

《草原法》首次于1985年6月18日由第六届全国人民代表大会常务委员会第十一次会议通过。制定该法的目的是为了保护、建设和合理利用草原,改善生态环境,维护生物多样性,发展现代畜牧业,促进经济和社会的可持续发展。2002年12月28日第九届全国人民代表大会常务委员会第三十一次会议通过对《草原法》的修正,自2003年3月1日起施行。修正后的该法共分为9章75条,分别对草原权属、规划和建设、利用与保护、监督检查和法律责任做出了规定。

3)《渔业法》

《渔业法》于1986年1月20日第六届全国人民代表大会常务委员会第十四次会议通过。制定该法的目的是为了加强渔业资源的保护、增殖、开发和合理利用,发展人工养殖,保障渔业生产者的合法权益,促进渔业生产的发展,适应社会主义建设和人民生活的需要。2000年10月31日第九届全国人民代表大会常务委员会第十八次会议通过了《关于修改〈中华人民共和国渔业法〉的决定》。2004年8月28日中华人民共和国主席令第25号发布《关于修改〈中华人民共和国渔业法〉的决定》,对其进行第二次修正。修正后的该法共分为6章50条,规定了养殖业、捕捞业、渔业资源的增殖和保护以及违反该法所应承担的法律责任等内容。

4)《矿产资源法》

《矿产资源法》于1986年3月19日第六届全国人民代表大会常务委员会第十五次会议通过,根据1996年8月29日第八届全国人民代表大会常务委员会第二十一次会议《关于修改〈中华人民共和国矿产资源法〉的决定》对该法进行了修正。制定该法的目的是为了发展矿业,加强矿产资源的勘查、开发利用和保护工作,保障社会主义现代化建设的当前和长远的需要。该法共7章158条,主要针对矿产资源勘查的登记和开采审批、矿产资源的勘查、矿产资源的开采、集体矿山企业和个体采矿以及违反该法应承担的法律责任等做出了规定。

5)《土地管理法》

《土地管理法》于1986年6月25日经第六届全国人民代表大会常务委员会第十六次会议审议通过,1987年1月1日起实施。此后,该法又经过了三次修正。

第一次修正:1988 年 4 月 12 日,第七届全国人民代表大会第一次会议通过的《宪法修正案》规定:“土地使用权可以依照法律的规定转让”。1988 年 12 月 23 日,第七届全国人民代表大会常务委员会第五次会议根据《宪法修正案》对《土地管理法》作了相应的修改,规定:“国有土地和集体所有土地使用权可以依法转让;国家依法实行国有土地有偿使用制度”。这些规定为国有土地进入市场奠定了法律基础。

第二次修正:为适应市场经济体制下严格保护耕地的需要,1998 年 8 月 29 日第九届全国人民代表大会常务委员会第四次会议对《土地管理法》进行了全面修订,明确规定:国家依法实行国有土地有偿使用制度。建设单位使用国有土地,应当以有偿使用方式取得。修订后的该法于 1999 年 1 月 1 日正式施行。

第三次修正:根据 2004 年 3 月 4 日第十届全国人民代表大会第二次会议通过的《宪法修正案》第二十条关于“国家为了公共利益的需要,可以依照法律规定对土地实行征收或者征用并给予补偿”的规定,2004 年 8 月 28 日第十届全国人民代表大会常务委员会第十一次会议对《土地管理法》进行了第三次修正。修订后的该法共分为 8 章 46 条,主要对土地的所有权和使用权、土地利用总体规划、耕地保护、建设用地、监督检查以及违反该法应承担的法律责任做出了规定,其中,规定:“国家为了公共利益的需要,可以依法对土地实行征收或者征用并给予补偿”。

制定该法的目的是为了加强土地管理,维护土地的社会主义公有制,保护、开发土地资源,合理利用土地,切实保护耕地,促进社会经济的可持续发展。

6)《水法》

《水法》首次颁布于 1988 年 1 月 21 日,由第六届全国人民代表大会常务委员会通过。制定该法的目的是合理开发、利用、节约和保护水资源,防治水害,实现水资源的可持续利用,适应国民经济和社会发展的需要。第九届全国人民代表大会常务委员会第二十九次会议于 2002 年 8 月 29 日修订通过了新版《水法》,修订后的《水法》自 2002 年 10 月 1 日起施行。该法共分为 8 个章节,主要对水资源规划、水资源开发利用以及水资源、水域和水工程的保护、水资源配置和节约使用、水事纠纷处理与执法监督检查及违反该法应承担的法律责任做出了规定。

7)《野生动物保护法》

《野生动物保护法》于1988年11月8日由第七届全国人民代表大会常务委员会第四次会议通过，自1989年3月1日起施行。2004年8月28日第十届全国人民代表大会常务委员会第十一次会议通过了对该法的修正。制定该法的目的在于保护、拯救珍贵、濒危野生动物，保护、发展和合理利用野生动物资源，维护生态平衡。该法共分为5章42条，主要规定了野生动物保护、管理以及违反该法应承担的法律责任。

8)《水土保持法》

《水土保持法》是人们在预防和治理水土流失活动中所应遵循的法律规范。防治水土流失，是改变山区、丘陵区、风沙区面貌，治理江河，减少水、旱、风沙灾害，建立良好的生态环境，发展农业生产的一项根本措施，是国土整治的一项重要内容。我国于1957年发布了《中华人民共和国水土保持暂行纲要》，1982年发布了《水土保持工作条例》。此后，国务院及其有关部门和地方人民政府还制定了许多专门的水土保持规定。为了进一步加强水土保持工作，防治严重的水土流失，保护生态环境，1991年6月29日第七届全国人民代表大会常务委员会第二十次会议通过《水土保持法》，同日生效实施。2010年12月25日第十一届全国人民代表大会常务委员会第十八次会议通过了对该法的修订。

制定该法的目的是预防和治理水土流失，保护和合理利用水土资源，减轻水、旱、风沙灾害，改善生态环境，保障经济社会可持续发展。该法主要规定了水土保持的规划以及水土流失的预防、治理、监测和监督以及违反该法应承担的法律责任等内容。

9)《煤炭法》

《煤炭法》由第八届全国人民代表大会常务委员会第二十一次会议于1996年8月29日通过，自1996年12月1日起施行。制定该法的目的是合理开发利用和保护煤炭资源，规范煤炭生产、经营活动，促进和保障煤炭行业的发展。

2011年4月22日第十一届全国人民代表大会常务委员会第二十次会议决定对《煤炭法》第四十四条修改为："煤矿企业应当依法为职工参加工伤保险缴纳工伤保险费。鼓励企业为井下作业职工办理意外伤害保险，支付保险费"。

《煤炭法》是我国煤炭行业发展走上规范化、法制化轨道的一个重要里程碑,该法实施以来,对完善我国煤炭法律法规体系,合理开发利用和保护煤炭资源,规范煤炭生产、经营活动,促进和保障煤炭行业的发展发挥了重要和积极的作用。但是随着我国政府机构改革和市场经济的深入发展,《煤炭法》颁布实施的社会背景已经发生了深刻变化,该法已经不能适应当前形势发展和实际工作的需要,亟待修订和完善。

2013 年 6 月 29 日第十二届全国人民代表大会常务委员会第三次会议决定对《煤炭法》做出修改。修改后的煤炭法共分为 8 章 69 条。该法主要规定了煤炭生产开发规划与煤矿建设、煤炭生产与煤矿安全、煤炭经营、煤矿矿区保护、监督检查以及违反该法应当承担的法律责任等内容。

10)《防洪法》

该法于 1997 年 8 月 29 日第八届全国人民代表大会常务委员会第二十七次会议通过,1997 年 8 月 29 日中华人民共和国主席令第 88 号公布,自 1998 年 1 月 1 日起施行。该法共分为 8 章 66 条。制定该法的目的是防治洪水,防御、减轻洪涝灾害,维护人民的生命和财产安全,保障社会主义现代化建设顺利进行。该法对防洪规划、治理防护、防洪区和防洪工程设施的管理、防汛抗洪、保障措施及有关的法律责任做出了规定。

11)《节约能源法》

《节约能源法》首次颁布于 1997 年 11 月 1 日,自 1998 年 1 月 1 日起施行。后由第十届全国人民代表大会常务委员会第三十次会议于 2007 年 10 月 28 日修订通过,自 2008 年 4 月 1 日起施行。本部法律由 7 章 87 条组成,7 章分别是总则、节能管理、合理使用与节约能源、节能技术进步、激励措施、法律责任与附则。制定该法的目的在于推动全社会节约能源,提高能源利用效率,保护和改善环境,促进经济社会全面协调可持续发展。

12)《防震减灾法》

《防震减灾法》于 1997 年 12 月 29 日由第八届全国人民代表大会常务委员会第二十九次会议通过。第十一届全国人民代表大会常务委员会第六次会议于 2008 年 12 月 27 日通过对其修订,自 2009 年 5 月 1 日起施行。制定该法的目的是防御和减轻地震灾害,保护人民生命和财产安全,促进经济社会的可持续发展。该法共分为 9 章 92 条,分别对防震减灾规划、地震监测预报、地震灾害预防、地震应急救援、恢复重建、监督管理及相应的法律责任做出了规定。

13)《环境影响评价法》

该法由第九届全国人民代表大会常务委员会第三十次会议于2002年10月28日通过，自2003年9月1日起施行。该法共分为5章38条，对规划的环境影响评价、建设项目的环境影响评价及其相应的法律责任做出了规定。制定该法的目的是从根本上、全局上和发展的源头上注重环境影响、控制污染、保护生态环境，及时采取措施，减少后患。规划环境影响评价最重要的意义就是找到了一种比较合理的环境管理机制，充分调动了社会各方面的力量，可以形成政府审批，环境保护行政主管部门统一监督管理，有关部门对规划产生的环境影响负责，公众参与，共同保护环境的新机制。

3. 其他与环境保护有关的法律

除了上述环境与资源保护的专门性法律以外，在其他许多法律中也有不少环境与资源保护方面的法律规定。

《中华人民共和国民法通则》第124条规定"违反国家保护环境防止污染的规定，污染环境造成他人损害的，应当依法承担民事责任"，旨在调整平等主体之间因环境损害行为而产生的民事权利、义务关系。

在其他许多法律法规中也都有不少关于环境与资源保护的法律法规，如《乡镇企业法》《城市规划法》《农业法》《对外贸易法》《公路法》《电力法》等。这些法律法规涉及某一具体领域的环境与资源保护问题，因此针对性较强，也较易于操作，对于解决相关领域的环境与资源破坏问题起到了积极作用。

附录二　建设项目竣工环境保护验收申请

建设项目竣工环境保护验收申请

项目名称____

建设单位__________________________（盖章）________

法定代表人_______________________________________

联　系　人_______________________________________

联系电话____

邮政编码____

邮寄地址____

中华人民共和国环境保护部制

说　明

1. 本验收申请替代我部环发〔2001〕214 号文件和环发〔2002〕97 号文件中适用于编制环境影响报告书、表建设项目的环保验收申请。编制环境影响登记表建设项目的环保验收申请仍执行环发〔2001〕214 号文件和环发〔2002〕97 号文件。

2. 本验收申请表一、表二由建设单位在申请环保验收前填写，表三、表四由负责建设项目竣工环保验收的环保行政主管部门在验收现场检查后填写。

3. 表格中填不下或仍需另加说明的内容可以另加附页补充说明。

4. 本验收申请一式两份，由负责建设项目竣工环保验收的环保行政主管部门随验收审批文件一并存档。

表一　基本信息

建设项目名称(验收申请)	
建设项目名称(环评批复)	
建设地点	
行业主管部门或隶属集团	
建设项目性质 (新建、改扩建、技术改造)	
环境影响报告书(表) 审批机关及批准文号、时间	
审批、核准、备案 机关及批准文号、时间	
环境影响报告书 (表)编制单位	
项目设计单位	
环境监理单位	
环保验收调查或监测单位	
工程实际总投资(万元)	
环保投资(万元)	
建设项目开工日期	
同意试生产(试运行)的环境 保护行政主管部门及审查 决定文号、日期	
建设项目投入 试生产(试运行)日期	

表二　环境保护执行情况

项　目	环评及其批复情况	实际执行情况	备　注
建设内容（地点、规模、性质等）			
生态保护设施和措施			
污染防治设施和措施			
其他相关环保要求			

注：表二中建设单位对照环评及其批复，就项目设计、施工和试运行期间的环保设施和措施落实情况予以介绍。

表三 验收组意见

<table>
<tr><td>

组长:(签字)</td></tr>
</table>

表四　验收组名单

组　成	姓　名	单　　位	职务/职称	签　名
组　长				
（副组长）				
成　员				

附录三　建设项目环境影响评价政府信息公开指南

环办〔2013〕103号

为进一步保障公众对环境保护的参与权、知情权和监督权，加强环境影响评价工作的公开、透明，方便公民、法人和其他组织获取环境保护主管部门环境影响评价信息，加大环境影响评价公众参与公开力度，依据《环境影响评价法》《政府信息公开条例》以及环境保护部《环境信息公开办法（试行）》，制定本指南。

环境影响评价政府信息指环境保护主管部门在履行环境影响评价文件审批、建设项目竣工环境保护验收和建设项目环境影响评价资质管理过程中制作或者获取的，以一定形式记录、保存的信息。

一、主动公开范围

（一）环境影响评价相关法律、法规、规章及管理程序。

（二）建设项目环境影响评价审批，包括环境影响评价文件受理情况、拟做出的审批意见、做出的审批决定。

（三）建设项目竣工环境保护验收，包括竣工环境保护验收申请受理情况、拟做出的验收意见、做出的验收决定。

（四）建设项目环境影响评价资质管理信息，包括建设项目环境影响评价资质受理情况、审查情况、批准的建设项目环境影响评价资质、环境影响评价机构基本情况、业绩及人员信息。公开环境影响评价信息，删除涉及国家秘密、商业秘密、个人隐私以及涉及国家安全、公共安全、经济安全和社会稳定等内容应按国家有关法律、法规规定执行。

二、主动公开方式

（一）各级环境保护主管部门应将主动公开的环境影响评价政府信息通过本部门政府网站公开。

（二）有条件的部门可采取其他多种公开方式，如通过行政服务大厅或服务窗口集中公开;通过电视、广播、报刊等传媒公开。

三、主动公开期限

属于主动公开的环境影响评价政府信息,应当自该信息形成或者变更之日起20个工作日内予以公开。法律、法规对环境影响评价政府信息公开的期限另有规定的,从其规定。

四、建设项目环境影响评价

文件审批信息的主动公开内容环境影响报告书、表项目的审批信息公开按下面要求执行,环境影响登记表项目的审批信息公开由地方各级环境保护主管部门根据实际情况自行确定。

(一)受理情况公开

各级环境保护主管部门在受理建设项目环境影响报告书、表后向社会公开受理情况,征求公众意见。公开内容包括:

1. 项目名称;
2. 建设地点;
3. 建设单位;
4. 环境影响评价机构;
5. 受理日期;
6. 环境影响报告书、表全本(除涉及国家秘密和商业秘密等内容外);
7. 公众反馈意见的联系方式。

建设单位在向环境保护主管部门提交建设项目环境影响报告书、表前,应依法主动公开建设项目环境影响报告书、表全本信息,并在提交环境影响报告书、表全本同时附删除的涉及国家秘密、商业秘密等内容及删除依据和理由说明报告。环境保护主管部门在受理建设项目环境影响报告书、表时,应对说明报告进行审核,依法公开环境影响报告书、表全本信息。

(二)拟作出审批意见公开

各级环境保护主管部门在对建设项目做出审批意见前,向社会公开拟做出的批准和不予批准环境影响报告书、表的意见,并告知申请人、利害关系人听证权利。公开内容包括:

拟批准环境评价报告书、表的项目

1. 项目名称;

2. 建设地点；
3. 建设单位；
4. 环境影响评价机构；
5. 项目概况；
6. 主要环境影响及预防或者减轻不良环境影响的对策和措施；
7. 公众参与情况；
8. 建设单位或地方政府所作出的相关环境保护措施承诺文件；
9. 听证权利告知；
10. 公众反馈意见的联系方式。

拟不予批准环境影响报告书、表的项目

1. 项目名称；
2. 建设地点；
3. 建设单位；
4. 环境影响评价机构；
5. 项目概况；
6. 公众参与情况；
7. 拟不予批准的原因；
8. 听证权利告知；
9. 公众反馈意见的联系方式。

（三）做出审批决定公开

各级环境保护主管部门在对建设项目做出批准或不予批准环境影响评价报告书、表的审批决定后向社会公开审批情况，告知申请人、利害关系人行政复议与行政诉讼权利。公开内容包括：

1. 文件名称、文号、时间及全文；
2. 行政复议与行政诉讼权利告知；
3. 公众反馈意见的联系方式。

五、建设项目竣工环境保护验收信息的主动公开内容

环境影响报告书、表项目的验收信息公开按下面要求执行，环境影响登记表项目的验收信息公开由地方各级环境保护主管部门根据实际情况自行确定。

（一）受理情况公开

各级环境保护主管部门在受理竣工环境保护验收申请后向社会公开受

理情况。公开内容包括:

1. 项目名称;
2. 建设地点;
3. 建设单位;
4. 验收监测(调查)单位;
5. 受理日期;
6. 验收监测(调查)报告书、表全本(除涉及国家秘密和商业秘密等内容外);
7. 公众反馈意见的联系方式。

建设单位在向环境保护主管部门提交验收监测(调查)报告书、表前,应依法主动公开验收监测(调查)报告书、表全本,并在提交验收监测(调查)报告书、表全本同时附删除的涉及国家秘密、商业秘密等内容及删除依据和理由说明报告。环境保护主管部门在受理验收监测(调查)报告书、表时,应对说明报告进行审核,依法公开验收监测(调查)报告书、表全本信息。

(二)拟做出验收意见公开

各级环境保护主管部门在对建设项目做出验收意见前,向社会公开拟做出的验收合格和验收不合格的意见,告知申请人、利害关系人听证权利。公开内容包括:

拟验收合格的项目

1. 项目名称;
2. 建设地点;
3. 建设单位;
4. 验收监测(调查)单位;
5. 项目概况;
6. 环保措施落实情况;
7. 公众参与情况;
8. 听证权利告知;
9. 公众反馈意见的联系方式。

拟验收不合格的项目

1. 项目名称;
2. 建设地点;
3. 建设单位;
4. 验收监测(调查)单位;

5. 项目概况;
6. 公众参与情况;
7. 验收不合格的原因;
8. 听证权利告知;
9. 公众反馈意见的联系方式。

(三)做出验收决定公开

各级环境保护主管部门在对建设项目做出验收合格或验收不合格的审批决定后向社会公开审批情况,告知申请人、利害关系人行政复议与行政诉讼权利。公开内容包括:

1. 文件名称、文号、时间及全文;
2. 行政复议与行政诉讼权利告知;
3. 公众反馈意见的联系方式。

六、建设项目环境影响评价资质管理信息主动公开内容

(一)资质受理情况公开

环境保护部在受理建设项目环境影响评价资质申请后向社会公开受理情况,征求公众意见。公开内容包括:

1. 环境影响评价机构名称;
2. 环境影响评价机构所在地;
3. 资质证书编号;
4. 申请事项;
5. 公众反馈意见的联系方式。

(二)资质审查情况公开

环境保护部在批准建设项目环境影响评价资质前向社会公开审查情况,征求申请人和公众意见。公开内容包括:

1. 环境影响评价机构名称;
2. 环境影响评价机构所在地;
3. 资质证书编号;
4. 申请事项及相关业绩和人员情况;
5. 环境影响评价机构基本情况;
6. 审查意见;
7. 公众反馈意见的联系方式。

（三）做出批准资质决定公开

环境保护部做出批准建设项目环境影响评价资质决定后向社会公开审批情况。公开内容包括：

1. 环境影响评价机构名称；

2. 资质证书编号；

3. 批准的事项及内容；

4. 领证地点、联系人及联系方式及相关事项。

（四）环境影响评价机构及人员管理信息公开

公开内容包括：

1. 环境保护部对违规环境影响评价机构及人员的处理信息；

2. 省级环境保护主管部门对环境影响评价机构年度考核结果；

3. 环境保护部发布环境影响评价机构及人员信息，内容包括：机构名称、所在地、联系人及联系方式、机构基本情况、资质证书编号、评价范围、资质有效期；专职环境影响评价工程师（姓名、职业资格证书编号、类别、有效期）、岗位证书持有人员（姓名、岗位证书编号）；机构及人员诚信信息。

七、依申请公开

环境影响评价政府信息依申请公开按照国家和地方有关政府信息公开规定执行。

八、生效时间

本指南生效时间为2014年1月1日。2012年第51号公告同时废止。

附录四　环境监理工作基本表式

表一　环境监理日志(巡视记录)

工程名称：　　　　　　　　　　　　　　　　　　　　　　　　编号：

<table>
<tr><td colspan="7">单位工程名称及编号：
分部工程名称及编号：</td></tr>
<tr><td>巡视日期</td><td>天气</td><td>气温</td><td>到达现场时间</td><td>离开现场时间</td><td>施工单位</td><td>工程部位</td></tr>
<tr><td></td><td></td><td></td><td></td><td></td><td></td><td></td></tr>
<tr><td>监理内容</td><td colspan="6"></td></tr>
<tr><td>环保问题及处理结果</td><td colspan="6"></td></tr>
<tr><td>备注</td><td colspan="6"></td></tr>
<tr><td colspan="4">环境监理工程师：</td><td colspan="3">日期</td></tr>
</table>

表二　环境监理巡视检查记录

工程名称：　　　　　　　　　　　　　　　编　　　号：
施工单位：　　　　　　　　　　　　　　　环境监理单位：

开始时间	终止时间	工程部位	天气
巡视范围、主要部位、工序			
施工工艺的符合性，环境影响情况描述，相关照片及编号			
发现问题及处理情况简介			
其他情况			
监理工程师		日期	

表三　环境监理旁站检查记录

工程名称：　　　　　　　　　　　　　　　编　　　号：
施工单位：　　　　　　　　　　　　　　　环境监理单位：

<table>
<tr><td>开始时间</td><td>终止时间</td><td>工程部位</td><td>天气</td></tr>
<tr><td></td><td></td><td></td><td></td></tr>
<tr><td>旁站范围、
主要工序内容</td><td colspan="3"></td></tr>
<tr><td>施工过程简述与环境影响情况描述,监理工作情况与相关照片</td><td colspan="3"></td></tr>
<tr><td>发现问题及
处理情况简介</td><td colspan="3"></td></tr>
<tr><td>其他情况</td><td colspan="3"></td></tr>
<tr><td>监理工程师</td><td></td><td>日期</td><td></td></tr>
</table>

表四 工程环境污染/生态破坏事故报告单

工程名称： 编 号：

施工单位： 监理单位：

<table>
<tr><td>致 （环境监理单位）：
年 月 日 时在 部位（详见设计图纸 ），发生环境污染/生态破坏事故，报告如下：
1. 问题（事故）经过及原因初步分析：
2. 造成环境污染/生态破坏情况：
3. 补救措施及初步处理意见：
待进一步调查后，再另作详细报告，并提出处理方案上报审查。
签发单位：
签 名：
日 期：</td></tr>
<tr><td>环境监理单位审查意见：
环境监理工程师：
日 期：</td></tr>
<tr><td>建设单位意见：
负责人：
日 期：</td></tr>
<tr><td>抄报：</td></tr>
</table>

本表由施工单位填报，一式四份，建设单位、环境监理、施工单位、设计单位各一份，重大事故报当地环境保护行政主管部门。

表五　自然保护区环境监理检查表

工程名称：　　　　　　　　　　　　　　编号：

<table>
<tr><td>自然保护区名称</td><td>施工单位</td><td>天气状况</td><td>检查时间</td></tr>
<tr><td></td><td></td><td></td><td></td></tr>
<tr><td colspan="4">检查内容：
申请登记并办理相关许可手续　□符合　□不符合
控制施工占用土地符合性情况　□符合　□不符合
管沟开挖/回填土符合性情况　□符合　□不符合
管沟回填后多余的土方符合性情况　□符合　□不符合
生物多样性保护符合性情况　□符合　□不符合
植被保护及恢复符合性情况　□符合　□不符合
林地保护符合性情况　□符合　□不符合
生态景观保护符合性情况　□符合　□不符合
珍稀动物保护符合性情况　□符合　□不符合
基本农田保护符合性情况　□符合　□不符合
污水、垃圾和施工机械的废油等污染物处理　□符合　□不符合</td></tr>
<tr><td>发现问题及处理情况简介</td><td colspan="3"></td></tr>
<tr><td>其他情况</td><td colspan="3"></td></tr>
<tr><td>监理工程师</td><td></td><td>日期</td><td></td></tr>
</table>

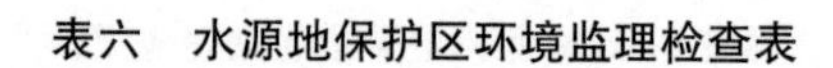

表六　水源地保护区环境监理检查表

工程名称：　　　　　　　　　　　　　　　　编号：

<table>
<tr><td>水源地保护区名称</td><td>施工单位</td><td>天气状况</td><td>检查时间</td></tr>
<tr><td></td><td></td><td></td><td></td></tr>
<tr><td colspan="4">检查内容：
施工便道的修建和管理　□符合　□不符合
取(弃)土场管理符合性情况　□符合　□不符合
临时材料堆放场设置和管理　□符合　□不符合
临时营地管理符合性情况　□符合　□不符合
污水、废料管理符合性情况　□符合　□不符合
水源地附近隧道作业管理符合性情况　□符合　□不符合
泥浆处理符合性情况　□符合　□不符合
珍稀鱼类保护符合性情况　□符合　□不符合
水生植物保护符合性情况　□符合　□不符合</td></tr>
<tr><td>发现问题及处理情况简介</td><td colspan="3"></td></tr>
<tr><td>其他情况</td><td colspan="3"></td></tr>
<tr><td>监理工程师</td><td></td><td>日期</td><td></td></tr>
</table>

表七 隧道穿越工程环境监理检查表

工程名称： 编号：

<table>
<tr><td>隧道穿越工程名称</td><td>施工单位</td><td colspan="2">天气状况</td><td>检查时间</td></tr>
<tr><td></td><td></td><td colspan="2"></td><td></td></tr>
<tr><td colspan="5">检查内容：
隧道弃渣场选择 □符合 □不符合
场地平整施工的符合性情况 □符合 □不符合
临时材料堆放场设置和管理 □符合 □不符合
弃渣场是否设置挡渣墙 □是 □否
沿施工场地边界是否布设临时排水边沟 □是 □否
隧道内产生的涌水、渗水处理情况 □符合 □不符合
地表植被恢复情况 □符合 □不符合
渣场使用完毕后处理情况 □符合 □不符合
爆破噪声消减措施 □符合 □不符合
空气粉尘消减措施 □符合 □不符合</td></tr>
<tr><td>发现问题及处理情况简介</td><td colspan="4"></td></tr>
<tr><td>其他情况</td><td colspan="4"></td></tr>
<tr><td>监理工程师</td><td colspan="2"></td><td>日期</td><td></td></tr>
</table>

表八　定向钻穿越工程环境监理检查表

工程名称：　　　　　　　　　　　　　　　　　编号

<table>
<tr><td>定向钻穿越工程名称</td><td>施工单位</td><td>天气状况</td><td colspan="2">检查时间</td></tr>
<tr><td></td><td></td><td></td><td colspan="2"></td></tr>
<tr><td colspan="5">检查内容：
施工营地设置位置　□符合　□不符合
施工人员的生活污水、生活垃圾和粪便处理　□符合　□不符合
临时材料堆放场设置和管理　□符合　□不符合
定向钻施工作业面　□符合　□不符合
泥浆池设立符合性　□符合　□不符合
含有有害物质的建筑材料处理情况　□符合　□不符合
河道穿越作业过程排放的废弃土石方处理　□符合　□不符合
废弃泥浆池处理情况　□符合　□不符合
各种垃圾和多余的填方土方处理　□符合　□不符合
施工生产废水处理　□符合　□不符合</td></tr>
<tr><td>发现问题及处理情况简介</td><td colspan="4"></td></tr>
<tr><td>其他情况</td><td colspan="4"></td></tr>
<tr><td>监理工程师</td><td></td><td>日期</td><td colspan="2"></td></tr>
</table>

参考文献

[1] 陈耕. 西气东输工程建设丛书. 北京:石油工业出版社,2004.

[2] 陈连山,尹辉庆,赵杰. 长输油气管道施工技术. 北京:石油工业出版社,2009.

[3] 中国石油天然气股份有限公司. 天然气工业管理实用手册. 北京:石油工业出版社,2005.

[4] 梁鹏,蔡梅,赵瑞霞,等. 环境影响评价技术方法. 北京:中国环境科学出版社,2014.

[5] 环境保护部环境工程评估中心. 建设项目环境监理. 北京:中国环境科学出版社,2012.